21世纪高等学校计算机类专业
核心课程规划教材

数据库原理与应用教程
——SQL Server 2008

（第3版）微课视频版

◎ 尹志宇 郭晴 主编

李青茹 解春燕 于富强 陈敬利 副主编

清华大学出版社

北京

内 容 简 介

本书全面讲述数据库的基本原理和 SQL Server 2008 的应用,全书以理论够用、实用,实践第一为编写原则,使读者能够快速、轻松地掌握 SQL Server 数据库技术与应用。全书共包括 14 章,其中,第 1～3 章讲述数据库的基本理论知识,内容包括数据库系统概述、关系数据库和数据库设计;第 4～13 章讲述数据库管理系统 SQL Server 2008 的应用,内容包括 SQL Server 2008 基础、数据库的概念和操作、表的操作、数据库查询、视图和索引、T-SQL 编程、存储过程和触发器、事务与并发控制、数据库的安全管理、数据库的备份与还原;第 14 章利用一个实例介绍基于 C♯. NET 的 SQL Server 数据库系统的开发过程。

本书理论与实践相结合,既阐述了数据库的基本理论,又强调了 SQL Server 2008 数据库管理系统的应用,内容翔实、实例丰富、图文并茂、体系完整、通俗易懂,有助于读者理解数据库的基本概念,掌握要点并攻克难点;为便于学习,每章还配有丰富的习题。

本书可以作为高等院校 SQL Server 数据库课程的教学用书,也可以作为培养数据库系统工程师的培训教材,还可以作为数据库管理人员及数据库应用系统开发人员的参考用书。

图书在版编目(CIP)数据

数据库原理与应用教程:SQL Server 2008:微课视频版/尹志宇,郭晴主编. —3 版. —北京:清华大学出版社,2021.2(2024.1重印)

21 世纪高等学校计算机类专业核心课程规划教材

ISBN 978-7-302-55401-1

Ⅰ. ①数… Ⅱ. ①尹… ②郭… Ⅲ. ①关系数据库系统－高等学校－教材 Ⅳ. ①TP311.132.3

中国版本图书馆 CIP 数据核字(2020)第 068580 号

策划编辑:魏江江
责任编辑:王冰飞
封面设计:刘　键
责任校对:白　蕾
责任印制:杨　艳

出版发行:清华大学出版社
　　　网　　　址:https://www.tup.com.cn, https://www.wqxuetang.com
　　　地　　　址:北京清华大学学研大厦 A 座　　　邮　　编:100084
　　　社 总 机:010-83470000　　　邮　　购:010-62786544
　　　投稿与读者服务:010-62776969, c-service@tup.tsinghua.edu.cn
　　　质量反馈:010-62772015, zhiliang@tup.tsinghua.edu.cn
　　　课件下载:https://www.tup.com.cn,010-83470236
印 装 者:天津鑫丰华印务有限公司
经　　销:全国新华书店
开　　本:185mm×260mm　　　印　　张:20.75　　　字　　数:532 千字
版　　次:2013 年 8 月第 1 版　　2021 年 2 月第 3 版　　　印　　次:2024 年 1 月第 8 次印刷
印　　数:80901～82900
定　　价:49.80 元

产品编号:087961-01

前　言

党的二十大报告中指出：教育、科技、人才是全面建设社会主义现代化国家的基础性、战略性支撑。必须坚持科技是第一生产力、人才是第一资源、创新是第一动力，深入实施科教兴国战略、人才强国战略、创新驱动发展战略，这三大战略共同服务于创新型国家的建设。高等教育与经济社会发展紧密相连，对促进就业创业、助力经济社会发展、增进人民福祉具有重要意义。

数据库技术是目前计算机领域发展最快、应用最广泛的技术，它的应用遍及各行各业，大到操作系统程序，如全国联网的飞机票、火车票订票系统，银行业务系统；小到个人的管理信息系统，如家庭理财系统。在互联网日渐流行的动态网站中，数据库的应用显得尤为重要。

SQL Server 2008 是一个功能完备的数据库管理系统，提供了完整的关系数据库创建、开发和管理功能。它功能强大、操作简便，日益被广大数据库用户所喜爱，而且越来越多的开发工具提供与 SQL Server 的接口。

本书系统地介绍数据库技术的基本理论，全面介绍 SQL Server 2008 的各项功能、数据库系统设计方法、维护及管理以及数据库系统开发应用的相关技术。全书共 14 章。第 1～3 章系统讲述数据库的基本理论知识，内容包括数据库系统概述、关系数据库和数据库设计；第 4～13 章全面讲述数据库管理系统 SQL Server 2008 的应用，内容包括 SQL Server 2008 基础、数据库的概念和操作、表的操作、数据库查询、视图和索引、T-SQL 编程、存储过程和触发器、事务与并发控制、数据库的安全管理、数据库的备份与还原；第 14 章利用一个"教学管理系统"实例介绍基于 C♯.NET 的 SQL Server 数据库应用系统的开发过程。

本书作者长期从事本科计算机类专业的教学工作，不仅具有丰富的教学经验，而且具有多年的数据库开发经验。依据长期的教学经验，作者深知数据库的主要知识点和重点、难点，什么样的教材适合教学使用，学生及各类读者对数据库的学习方式和兴趣所在，以及如何组织内容更利于教学和自学，在此基础上形成本书的结构体系。

本书第 1、5、9 和第 10 章由尹志宇编写，第 2～4 章和第 8 章由郭晴编写，第 6 章由于富强编写，第 7 章由陈敬利编写，第 11 章和第 12 章由李青茹编写，第 13 章和第 14 章由解春燕编写。全书由尹志宇统稿。

本书配套资源丰富，包括教学大纲、教学课件、电子教案、习题答案、程序源码；编者还为本书精心录制了 1400 分钟的微课视频。

资源下载提示

　　课件等资源：扫描封底的"课件下载"二维码，在公众号"书圈"下载。

　　素材（源码）等资源：扫描目录上方的二维码下载。

　　视频等资源：扫描封底刮刮卡中的二维码，再扫描书中相应章节中的二维码，可以在线学习。

　　由于编者水平有限，书中难免有疏漏之处，衷心希望广大读者批评、指正。

编　者

2020 年 8 月

目 录

源码下载

第 1 章

数据库系统概述

　　数据库技术是信息系统的一个核心技术,是一门信息管理自动化学科,是计算机学科的一个重要分支。数据库技术所研究的问题是如何科学地组织和存储数据,在数据库系统中减少数据存储冗余,实现数据共享,以及如何保障数据安全、有效地获取和处理。

　　在数据库系统中是如何抽象、表示、处理现实世界中的信息和数据的呢?客观事物是信息之源,是设计、建立数据库的出发点,也是使用数据库的最后归宿。计算机不能直接处理现实世界中的具体事物,所以人们必须事先将具体事物转换成计算机能够处理的数据,这就是数据库的数据模型。

　　本章主要介绍数据库技术的发展史;数据库系统的组成和功能,数据库的体系结构;信息的 3 种世界,概念模型和 E-R 图的画法,最常见的 3 种数据模型。

1.1　数据库技术的发展史

　　从 20 世纪 60 年代末开始到现在,数据库技术已经发展了 50 多年。在这 50 多年的历程中,人们在数据库技术的理论研究和系统开发上取得了辉煌的成就,数据库系统已经成为现代计算机系统的重要组成部分。数据库技术最初是在大公司或大机构中用作大规模事务处理,随着个人计算机的普及,数据库技术被移植到个人计算机(Personal Computer,PC)上供单用户应用;接着,由于 PC 在工作组内连成网,数据库技术就移植到工作组级;如今,数据库技术正在互联网(Internet)中被广泛使用。

1.1.1　数据处理技术

1. 数据

　　数据(Data)是描述现实世界中各种具体事物或抽象概念的符号记录,除了常用的数字数据外,文字(如名称)、图形、图像、声音等信息也都是数据。在日常生活中,人们使用交流语言(如汉语)去描述事物;在计算机中,为了存储和处理这些事物,就要抽出人们对这些事物感兴趣的特征组成一个记录来描述。例如,在学生管理系统中可以将学生的学号、姓名、性别和年龄情况描述为"201601001,张强,男,18"。

2. 数据处理

　　数据处理(Data Process)是指对数据进行的收集、分类、组织、编码、存储、加工、计算、检索、维护、传播以及打印等一系列活动。数据处理的目的是从大量的数据中根据数据自身的规律和它们之间固有的联系,通过分析、归纳、推理等科学手段提取有效的信息资源。

　　在数据处理中,通常数据的加工、计算等比较简单,而数据的管理比较复杂。数据管理是数据处理的核心,是指对数据的收集、分类、组织、编码、存储、检索、维护等操作,这部分操作是

视频讲解

数据处理业务的基本环节，是任何数据处理业务中必不可少的共有部分，因此学习和掌握数据管理技术能对数据处理提供有力的支持。

1.1.2 数据库技术的 3 个发展阶段

随着计算机硬件和软件的发展，数据库技术也在不断发展。从数据管理的角度而言，数据库技术经历了人工管理、文件系统和数据库系统 3 个阶段。

视频讲解

1. 人工管理阶段

在 20 世纪 50 年代中期以前，计算机主要用于科学计算，从硬件上看，外存只有磁带、卡片、纸带，没有磁盘等直接存取的存储设备；从软件上看，没有操作系统，没有管理数据的软件。

这个时期数据管理的特点是数据由计算或处理它的程序自行携带，数据和应用程序一一对应，应用程序依赖于数据的物理组织，数据的独立性差，数据不能被长期保存，数据的冗余度大等，给数据的维护带来许多问题。

人工管理阶段应用程序与数据之间的关系如图 1-1 所示。

2. 文件系统阶段

在 20 世纪 50 年代后期至 60 年代中后期，计算机的应用范围逐渐扩大，不仅用于科学计算，还大量用于管理。在硬件方面，磁盘成为计算机的主要外存储器；在软件方面，出现了高级语言和操作系统，出现了新的数据处理系统——文件系统，该系统把计算机中的数据组织成相互独立的数据文件，可以按照文件的名称对其进行访问，实现对文件中记录的查询、修改、插入和删除。文件系统实现了记录内的结构化，即给出了记录内各种数据间的关系。但是，文件从整体来看是无结构的，其数据面向特定的应用程序，所以依然存在数据共享性和独立性差、冗余度大、管理和维护的代价大等缺点。

文件系统阶段应用程序与数据之间的关系如图 1-2 所示。

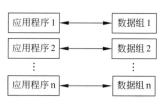

图 1-1　人工管理阶段应用程序与
　　　　数据的对应关系

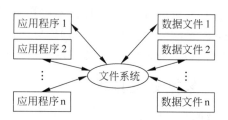

图 1-2　文件系统阶段应用程序与
　　　　数据的对应关系

视频讲解

3. 数据库系统阶段

自 20 世纪 60 年代后期以来，计算机的应用越来越广泛，数据量急剧增加，而且数据的共享要求越来越高。计算机的硬件和软件都有了进一步的发展，在硬件方面，有了大容量的磁盘；在软件方面，传统的文件系统已经不能满足人们的需求，能够统一管理和共享数据的数据库管理系统（DataBase Management System，DBMS）应运而生。所以，此阶段将数据集中存储在一台计算机上（数据库中）进行统一组织和管理，从处理方式上讲，联机实时处理要求更多了，并开始提出和考虑分布处理。

数据库系统阶段的特点（也是优点）如下。

（1）数据结构化：数据结构化是数据库系统与文件系统的根本区别。有了 DBMS 以后，数据库中的数据不再针对某一应用,而是面向整个应用系统,它是对整个组织的各种应用(包括将来可能的应用)进行考虑后建立起来的总的数据结构。

(2) 较高的数据共享性:数据共享,是指允许多个用户同时存取数据而互不影响,该特征正是数据库技术先进性的体现。数据库系统从整体角度描述数据,数据不再面向某个应用而是面向整个系统,因此数据可以被多个用户、多个应用共享使用。数据共享可以大大减少数据冗余,节约存储空间。

(3) 较高的数据独立性:所谓数据独立,是指数据与应用程序的彼此独立,它们之间不存在相互依赖的关系。应用程序不随数据存储结构的变化而变化,简化了应用程序的编制,减轻了程序员的工作负担。

(4) 数据由 DBMS 统一管理和控制:数据库的共享是并发的共享,即多个用户可以同时存取数据库中的数据,甚至可以同时存取数据库中的同一数据,因此 DBMS 还必须提供数据的统一管理和控制功能。

DBMS 加入了安全保密机制,可以防止数据被非法存取。DBMS 的数据完整性保护可以保障数据的正确性、有效性和相容性,完整性检查将数据控制在有效的范围内或保证数据之间满足一定的关系。当多个用户的并发进程同时存取、修改数据库时可能会发生相互干扰而得到错误的结果,或使得数据库的完整性遭到破坏,因此 DBMS 必须对多用户的并发操作加以控制和协调。另外,DBMS 还采取了一系列措施,以实现对数据库破坏后的恢复。

图 1-3　数据库系统阶段应用程序与数据的对应关系

数据库系统阶段应用程序与数据之间的对应关系如图 1-3 所示。

1.1.3　数据库技术的新进展

数据库技术发展之快、应用之广是计算机科学其他领域的技术无可比拟的,例如 CAD(计算机辅助设计)、CAM(计算机辅助制造)、CIMS(计算机集成制造系统)、CASE(计算机辅助软件工程)、OA(办公自动化)、GIS(地理信息系统)、MIS(管理信息系统)、KBS(知识库系统)等应用领域都需要数据库新技术的支持。

1. 分布式数据库

分布式数据库系统(Distributed DataBase System,DDBS)通常使用较小的计算机系统,每台计算机可单独放在一个地方,每台计算机中都有 DBMS 的一份完整副本,并具有自己局部的数据库,位于不同地点的许多计算机通过网络互相连接,共同组成一个完整的、全局的大型数据库。

这种组织数据库的方法克服了物理中心数据库组织的弱点。首先,降低了数据传送代价,因为大多数对数据库的访问操作都是针对局部数据库的,而不是对其他位置的数据库访问;其次,系统的可靠性提高了很多,因为当网络出现故障时仍然允许对局部数据库的操作,而且一个位置的故障不影响其他位置的处理工作,只有当访问出现故障位置的数据时在某种程度上才受影响;最后,便于系统的扩充,增加一个新的局部数据库或在某个位置扩充一台适当的小型计算机都很容易实现,然而有些功能要付出较高的代价。例如,为了调配在几个位置上的活动,事务管理的时间比在中心数据库时花费更高,而且甚至抵消了许多其他的优点。

分布式数据库系统的主要特点如下。

（1）数据是分布的：数据库中的数据分布在计算机网络的不同结点上，而不是集中在一个结点，区别于数据存放在服务器上由各用户共享的网络数据库系统。

（2）数据是逻辑相关的：分布在不同结点的数据，逻辑上属于同一个数据库系统，数据间存在相互关联，区别于由计算机网络连接的多个独立数据库系统。

（3）结点的自治性：每个结点都有自己的计算机软/硬件资源、数据库、数据库管理系统（Local DataBase Management System，LDBMS，局部数据库管理系统），因而能够独立地管理局部数据库。

2. 面向对象数据库

面向对象（Object-Oriented，OO）是一种认识方法学，也是一种新的程序设计方法学。把面向对象的方法和数据库技术结合起来可以使数据库系统的分析、设计最大限度地与人们对客观世界的认识相一致。面向对象数据库系统（Object-Oriented DataBase System，OODBS）是为了满足新的数据库应用需要而产生的新一代数据库系统。

面向对象数据库系统强调在数据库框架中发展类型、数据抽象、继承和持久性。它的基本设计思想是一方面把面向对象语言向数据库方向扩展，使应用程序能够存取并处理对象，另一方面扩展数据库系统，使其具有面向对象的特征，提供一种综合的语义数据建模概念集，以便对现实世界中复杂应用的实体和联系建模。因此，面向对象数据库系统，首先是一个数据库系统，具备数据库系统的基本功能；其次是一个面向对象的系统，针对面向对象的程序设计语言的永久性对象的存储管理而设计，充分支持完整的面向对象概念和机制。

面向对象数据库将面向对象的能力赋予了数据库设计人员和数据库应用开发人员，从而扩展了数据库系统的应用领域，并提高了开发人员的工作效率和应用系统的质量。

3. 多媒体数据库

多媒体数据库系统（Multi-media DataBase System，MDBS）是数据库技术与多媒体技术相结合的产物。在许多数据库应用领域中都涉及大量的多媒体数据，它们与传统的数字、字符等格式化数据有很大的不同，都是一些结构复杂的对象。

因此，多媒体数据库不是对现有的数据进行界面上的包装，而是从多媒体数据与信息本身的特性出发，考虑将其引入到数据库中之后而带来的有关问题。多媒体数据库从本质上来说要解决 3 个难题，第一是信息媒体的多样化，不仅仅是数值数据和字符数据，还要扩大到多媒体数据的存储、组织、使用和管理；第二是多媒体数据集成或表现集成，实现多媒体数据之间的交叉调用和融合，集成粒度越细，多媒体一体化表现越强，应用的价值才越大；第三是多媒体数据与人之间的交互性，没有交互性就没有多媒体，要改变传统数据库查询的被动性，能以多媒体方式主动表现。

从实际应用的角度考虑，多媒体数据库管理系统（MDBMS）应具有以下基本功能。

（1）能够有效地表示多种媒体数据，对不同媒体的数据（如文本、图形、图像、声音等）能够按应用的不同采用不同的表示方法。

（2）能够处理各种媒体数据，正确识别和表现各种媒体数据的特征以及各种媒体间的空间或时间关联。

（3）能够像其他格式化数据那样对多媒体数据进行操作，包括对多媒体数据的浏览、查询、检索，对不同的媒体提供不同的操作，如声音的合成、图像的缩放等。

（4）开放功能，提供多媒体数据库的应用程序接口等。

4. 数据仓库

数据仓库之父 Bill Inmon 在 1991 年出版的 *Building the Data Warehouse* 一书中所提出的定义被人们广泛接受——数据仓库(Data Warehouse)是一个面向主题的、集成的、相对稳定的、反映历史变化的数据集合,用于支持管理决策。

(1) 面向主题:操作型数据库的数据组织面向事务处理任务,各个业务系统之间各自分离,而数据仓库中的数据是按照一定的主题域进行组织的。

(2) 集成的:数据仓库中的数据是在对原有分散的数据源数据抽取、清理的基础上经过系统加工、汇总和整理得到的,必须消除数据源中的不一致性,以保证数据仓库内的信息是关于整个企业的一致的全局信息。

(3) 相对稳定的:数据仓库的数据主要供企业决策分析之用,所涉及的数据操作主要是数据查询,一旦某个数据进入数据仓库以后,一般情况下将被长期保留,也就是数据仓库中一般有大量的查询操作,但修改和删除操作很少,通常只需要定期地加载、刷新。

(4) 反映历史变化:数据仓库中的数据通常包含历史信息,系统记录了企业从过去某一时点(如开始应用数据仓库的时点)到目前的各个阶段的信息,通过这些信息可以对企业的发展历程和未来趋势做出定量分析和预测。

企业数据仓库的建设是以现有企业业务系统和大量业务数据的积累为基础的。数据仓库不是静态的概念,只有把信息及时交给需要这些信息的使用者,供他们做出改善其业务经营的决策,信息才能发挥作用,信息才有意义。而把信息加以整理、归纳和重组,并及时提供给相应的管理决策人员,是数据仓库的根本任务。

数据仓库的出现并不是要取代数据库。目前,大部分数据仓库还是用关系数据库管理系统来管理的。可以说,数据库、数据仓库相辅相成、各有千秋。

数据库是面向事务的设计,数据仓库是面向主题的设计;数据库一般存储在线交易数据,数据仓库一般存储历史数据;数据库在设计时尽量避免冗余,一般采用符合范式的规则来设计,数据仓库在设计时有意引入冗余,采用反范式的方式来设计;数据库是为捕获数据而设计的,数据仓库是为分析数据而设计的,它的两个基本元素是维表和事实表。

5. 数据挖掘

数据挖掘(Data Mining)又称为数据库中的知识发现(Knowledge Discovery in DataBase,KDD),就是从大量数据中获取有效的、新颖的、潜在有用的、最终可理解的模式的过程。简单地说,数据挖掘就是从大量数据中提取或"挖掘"知识。

并非所有的信息发现任务都被视为数据挖掘。例如使用数据库管理系统查找个别的记录,或通过因特网的搜索引擎查找特定的 Web 页面,这是信息检索(Information Retrieval)领域的任务。虽然这些任务是重要的,可能涉及使用复杂的算法和数据结构,但是它们主要依赖传统的计算机科学技术和数据的明显特征来创建索引结构,从而有效地组织和检索信息。

从数据本身来考虑,数据挖掘通常需要 8 个步骤。

(1) 信息收集:根据确定的数据分析对象抽象出在数据分析中所需要的特征信息,然后选择合适的信息收集方法,将收集到的信息存入数据库。对于海量数据而言,选择一个合适的数据存储和管理的数据仓库是至关重要的。

(2) 数据集成:把不同来源、格式、特点、性质的数据在逻辑上或物理上有机地集中,从而为企业提供全面的数据共享。

(3) 数据规约:执行多数的数据挖掘算法即使在少量数据上也需要很长的时间,而做商业运营数据挖掘时往往数据量非常大。数据规约技术可以用来得到数据集的规约表示，它小得多，但接近于保持原数据的完整性，并且规约后执行数据挖掘的结果与规约前执行的结果相同或几乎相同。

（4）数据清理：数据库中的数据有一些是不完整的（有些人们感兴趣的属性缺少属性值）、含噪声的（包含错误的属性值），并且是不一致的（同样的信息用不同的表示方式），因此需要进行数据清理，将完整、正确、一致的数据信息存入数据仓库中，否则数据挖掘的结果会差强人意。

（5）数据变换：通过平滑聚集、数据概化、规范化等方式将数据转换成适用于数据挖掘的形式。对于一些实数型数据，通过概念分层和数据的离散化来转换也是重要的一步。

（6）数据挖掘：根据数据仓库中的数据信息，选择合适的分析工具，应用统计方法、事例推理、决策树、规则推理、模糊集甚至神经网络、遗传算法的方法处理信息，得出有用的分析信息。

（7）模式评估：从商业角度由行业专家来验证数据挖掘结果的正确性。

（8）知识表示：将数据挖掘所得到的分析信息以可视化的方式呈现给用户，或作为新的知识存放在知识库中，供其他应用程序使用。

数据挖掘过程是一个反复循环的过程，每一个步骤如果没有达到预期目标，都需要回到前面的步骤，重新调整并执行。注意，不是每个数据挖掘工作都需要列出这里的每一步，例如在某个工作中不存在多个数据源，此时数据集成的步骤便可以省略。

6. 大数据

近几年来，随着计算机和信息技术的迅猛发展和普及应用，行业应用系统的规模迅速扩大，行业应用所产生的数据呈爆炸性增长，"大数据（Big Data）"一词越来越多地被人们提及，人们用它来描述和定义信息爆炸时代产生的海量数据，并命名与之相关的技术发展与创新。

大数据（Big Data）或称巨量资料，指的是所涉及的资料量规模巨大到无法通过目前的主流软件工具在合理的时间内达到获取、管理、处理并整理成为帮助企业经营决策更具有意义的信息。大数据首先是指数据体量（Volumes）大，指代大型数据集，一般在10TB规模左右。但在实际应用中，很多企业用户把多个数据集放在一起，已经形成了PB级的数据量；其次是指数据类别（Variety）大，数据来自多种数据源，数据种类和格式日渐丰富，已冲破了以前所限定的结构化数据范畴，囊括了半结构化和非结构化数据；再者是数据处理速度（Velocity）快，在数据量非常庞大的情况下也能够做到数据的实时处理；最后是数据真实性（Veracity）高，随着社交数据、企业内容、交易与应用数据等新数据源的兴起，传统数据源的局限被打破，企业越来越需要有效的信息，以确保其真实性及安全性。

大数据技术的战略意义不在于掌握庞大的数据信息，而在于对这些含有意义的数据进行专业化处理。换言之，如果把大数据比作一种产业，那么这种产业实现盈利的关键在于提高对数据的"加工能力"，通过"加工"实现数据的"增值"。

从技术上看，大数据与云计算的关系就像一枚硬币的正反面那样密不可分。大数据无法用单台计算机进行处理，必须采用分布式架构。它的特点在于对海量数据进行分布式数据挖掘，依托云计算的分布式处理、分布式数据库和云存储以及虚拟化技术。

1.2　数据库系统介绍

数据库系统(Data Base System,DBS)是指在计算机系统中引入数据库后的系统,通常由软件、数据库和数据库管理员组成。其软件主要包括操作系统、各种宿主语言、实用程序以及数据库管理系统。数据库由数据库管理系统统一管理,数据的插入、修改和检索均要通过数据库管理系统进行。为便于管理,大多数数据库管理系统将数据库的体系结构划分为三级模式结构。数据库管理员负责创建、监控和维护整个数据库,使数据能被任何有权限的人使用。数据库管理员一般由业务水平较高、资历较深的人员担任。

1.2.1　数据库系统的组成

数据库系统一般由数据库、数据库管理系统、数据库开发工具、数据库应用系统和人员构成,是在硬件和 OS 软件支持下的层次结构。数据库系统可以用图 1-4 来表示。

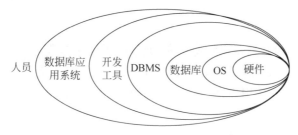

图 1-4　数据库系统的层次结构

1. 数据库

数据库(DataBase,DB)是指长期存储在计算机内有组织的、可共享的数据集合,即在计算机系统中按一定的数据模型组织、存储和使用的相关联的数据集合。它不仅包括描述事物的数据本身,还包括相关事物之间的联系。数据库中的数据以文件的形式存储在存储介质上,它是数据库系统操作的对象和结果。

2. 数据库管理系统

数据库管理系统(DBMS)是数据库系统的核心,是为数据库的建立、使用和维护而配置的软件。它建立在操作系统的基础之上,是位于用户和操作系统之间的一层数据管理软件,它为用户或应用程序提供访问数据库的方法,包括数据库的创建、查询、更新及各种数据控制等。数据库中数据的插入、修改和检索均要通过数据库管理系统进行,用户发出的或应用程序中的各种操作数据库中数据的命令都要通过数据库管理系统来执行。数据库管理系统还承担着数据库的维护工作,能够按照数据库管理员所规定的要求保证数据库的安全性和完整性。

一般来说,数据库管理系统的功能主要有以下 4 个方面。

(1) 数据定义和操纵功能:DBMS 提供数据定义语言(Data Definition Language,DDL)对数据库中的对象进行定义,并提供数据操纵语言(Data Manipulation Language,DML)操纵数据库中的数据,实现对数据库的基本操作,使用户能够定义构成数据库结构的各级模式,也能够对数据库中的数据进行检索、插入、修改和删除等基本操作。

(2) 数据库运行控制功能:对数据库的运行进行管理是数据库管理系统运行时的核心部分,包括对数据库进行并发控制、安全性检查、完整性约束条件的检查和执行、数据库的内部维护等。所有访问数据库的操作都要在这些控制程序的统一管理下进行，以保证数据的安全性、完整性、一致性以及多用户对数据库的并发使用。

（3）数据库的组织、存储和管理：在数据库中需要存放多种数据，如数据字典、用户数据、存取路径等。数据库管理系统负责分门别类地组织、存储和管理这些数据，确定以何种文件结构和存取方式物理地组织这些数据，如何实现数据之间的联系，以便提高存储空间利用率以及提高随机查找、顺序查找、增加、删除和修改等操作的时间效率。

（4）建立和维护数据库：建立数据库包括数据库初始数据的输入与数据转换等。维护数据库包括数据库的备份与还原、数据库的重组织与重构造、性能的监视与分析等。

常见的数据库管理系统有 Access、SQL Server、MySQL、Oracle、DB2 等。

视频讲解

3. 数据库应用系统

凡是使用数据库技术管理其数据的系统都称为数据库应用系统（DataBase Application System，DBAS）。数据库应用系统的应用非常广泛，可以用于事务管理、计算机辅助设计、计算机图形分析和处理以及人工智能等系统中。

4. 人员

1）终端用户

终端用户（End User）是数据库的使用者，通过应用程序与数据库进行交互。他们不需要具有数据库的专业知识，只是通过应用程序的用户接口存取数据库的数据，使用数据库来完成其业务活动，直观地显示和使用数据。

2）应用程序员

应用程序员（Application Programmer）负责分析、设计、开发、维护数据库系统中的各类应用程序，数据库系统一般需要一个以上的应用程序员在开发周期内完成数据库结构设计、应用程序开发等任务，在后期管理应用程序，保证在使用周期中对应用程序的功能及性能方面的维护、修改工作。

3）数据库管理员

数据库管理员（DataBase Administrator，DBA）的职能是管理、监督、维护数据库系统的正常运行，负责全面管理和控制数据库系统。数据库管理员的主要职责包括设计与定义数据库系统、帮助最终用户使用数据库系统、监督与控制数据库系统的使用和运行、改进和重组数据库系统、优化数据库系统的性能、定义数据的安全性和完整性约束、备份与恢复数据库等。

1.2.2 数据库的体系结构

虽然现在 DBMS 的产品多种多样，在不同的操作系统支持下工作，但是大多数系统在总的体系结构上都具有三级模式的结构特征。

视频讲解

1. 数据库的三级模式结构

为了保障数据与程序之间的独立性，使用户能以简单的逻辑结构操作数据而无须考虑数据的物理结构，简化应用程序的编制和程序员的负担，增强系统的可靠性，通常 DBMS 将数据库的体系结构分为三级模式，即外模式、模式和内模式。三级模式结构如图 1-5 所示。

1）外模式

外模式（External Schema）也称子模式或用户模式，它是对数据库用户能够看见和使用的局部数据的逻辑结构和特征的描述。外模式通常是模式的子集，一个数据库可以有多个外模式，但一个应用程序只能使用同一个外模式。外模式是保证数据库安全性的一个有效措施，每

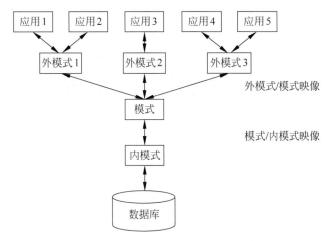

图 1-5　数据库系统的三级模式结构

个用户只能看见或访问所对应的外模式中的数据,数据库中的其余数据是不可见的。数据库管理系统提供外模式描述语言(外模式 DDL)来定义外模式。

2) 模式

模式(Schema)也称概念模式或逻辑模式,是对数据库中全部数据的逻辑结构和特征的描述,是所有用户的公共数据视图。一个数据库只有一个模式,通常以某种数据模型为基础,统一综合地考虑所有用户的需求,并将这些需求有机地结合成一个逻辑整体。在定义模式时不仅要定义数据的逻辑结构,例如数据记录由哪些数据项构成,数据项的名称、类型、取值范围等,还要定义数据项之间的联系,定义不同记录之间的联系,以及定义与数据有关的完整性、安全性等要求。数据库管理系统提供模式描述语言(模式 DDL)来定义模式。

3) 内模式

内模式(Internal Schema)也称存储模式或物理模式,是对数据物理结构和存储方式的描述,是数据在数据库内部的表示方式,一个数据库只有一个内模式。例如,记录的存储方式是顺序存储、按照 B+树结构存储还是按 Hash(哈希)方法存储;索引按照什么方式组织;数据是否压缩存储、是否加密等。数据库管理系统提供内模式描述语言(内模式 DDL)来定义内模式。

例如,在图书出版公司数据库三级模式实例中,模式和内模式都只有 1 个,外模式有 3 个,如图 1-6 所示。

2. 数据库的两级映像

数据库的三级模式结构是数据的 3 个抽象级别,它把数据的具体组织留给 DBMS 去做,用户只要抽象地处理数据,而不必关心数据在计算机中的表示和存储,这样减轻了用户使用系统的负担。

视频讲解

三级模式结构之间的差别往往很大,为了实现这 3 个抽象级别的联系和转换,DBMS 在三级模式结构之间提供了两级映像,即外模式/模式映像和模式/内模式映像。

1) 外模式/模式映像

模式描述的是数据的全局逻辑结构,外模式描述的是数据的局部逻辑结构,对应于同一个模式可以有任意多个外模式。对于每个外模式,数据库系统都有一个外模式/模式映像,它定义了该外模式与模式之间的对应关系。这些映像定义通常包含在各自外模式的描述中。当模

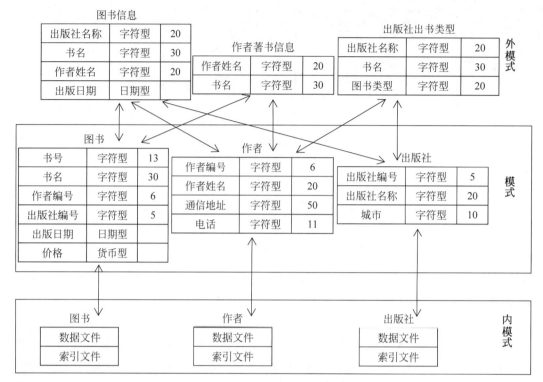

图 1-6　图书出版公司数据库三级模式实例

式改变时（如增加新的关系、新的属性，改变属性的数据类型等），由数据库管理员对各个外模式/模式映像做相应改变，可以使外模式保持不变。应用程序是依据数据的外模式编写的，因而应用程序不必修改，保证了数据与程序的逻辑独立性，简称逻辑数据独立性。

2）模式/内模式映像

在数据库中只有一个模式，也只有一个内模式，所以模式/内模式映像是唯一的，它定义了数据库全局逻辑结构与存储结构之间的对应关系。例如，说明逻辑记录和字段在内部是如何表示的。该映像定义通常包含在模式描述中。当数据库的存储结构改变时（如选用了另一种存储结构），由数据库管理员对模式/内模式映像做相应改变，可以保证模式不变，因而应用程序也不必改变。这保证了数据与程序的物理独立性，简称物理数据独立性。

数据与程序之间的独立性使数据的定义和描述可以从应用程序中分离出去。另外，由于数据的存取由 DBMS 管理，用户不必考虑存取路径等细节，从而简化了应用程序的编写，大大减少了对应用程序的维护和修改。

1.3　数　据　模　型

计算机不能直接处理现实世界中的具体事物，人们必须事先将具体事物转换成计算机能够处理的数据，这就是数据库的数据模型。

1.3.1　信息的 3 种世界

计算机信息处理的对象是现实生活中的客观事物，在对客观事物实施处理的过程中，首先

视频讲解

要经历了解、熟悉的过程,从观测中抽象出大量描述客观事物的信息,再对这些信息进行整理、分类和规范,进而将规范化的信息数据化,最终由数据库系统存储、处理。在这一过程中涉及3个世界,即现实世界、概念世界和机器世界,经历了两次抽象和转换。

1. 现实世界

现实世界就是人们所能看到的、接触到的世界,是存在于人脑之外的客观世界。现实世界当中的事物是客观存在的,事物与事物之间的联系也是客观存在的。

客观事物及其相互联系就处于现实世界中,客观事物可以用对象和性质来描述。

2. 概念世界

概念世界就是现实世界在人们头脑中的反映,又称信息世界。客观事物在概念世界中称为实体,反映事物间联系的是实体模型(又称概念模型)。现实世界是物质的,相对而言概念世界是抽象的。

3. 机器世界

机器世界又叫数据世界,就是概念世界中的信息数据化后对应的产物。现实世界中的客观事物及其联系在机器世界中以数据模型描述。相对于抽象的概念世界,机器世界是量化的、物化的。

在数据库技术中通过用数据模型对现实世界数据特征进行抽象来描述数据库的结构与语义。不同的数据模型是提供给人们模型化数据和信息的不同工具。根据模型应用的不同目的可以将模型分为两类,即概念模型和数据模型。概念模型是按用户的观点对数据和信息建模;数据模型是按计算机系统的观点对数据建模。

1.3.2　概念模型

概念模型是现实世界的抽象反映,它表示实体类型及实体间的联系,是独立于计算机系统的模型,是现实世界到机器世界的一个中间层次。

1. 基本概念

1) 实体

视频讲解

实体(Entity)是客观存在并可以相互区分的事物,从具体的人、物、事件到抽象的状态与概念都可以用实体抽象地表示。实体不仅可指事物本身,也可指事物之间的具体联系。例如,在学校里一名学生、一名教师、一门课程、一次会议等都称为实体。

2) 属性

属性(Attribute)是实体所具有的某些特性。实体是由属性组成的,通过属性对实体进行描述。一个实体本身具有许多属性,例如,学生实体可以由学号、姓名、性别、年龄、系、专业等组成,201602001、程立、男、19、计算机、软件工程这些属性组合起来就可以表示"程立"这个学生。

3) 码

一个实体往往有多个属性,这些属性之间是有关系的,它们构成该实体的属性集合。如果其中有一个属性或属性集能够唯一地标识每一个实体,则称该属性或属性集为该实体的码(Key)。例如,学号是学生实体的码,每个学生都有一个属于自己的学号,通过学号可以唯一确定是哪位学生,在学校里不可能有两个学生具有相同的学号。需要注意的是,实体的属性集可能有多个码,每一个码都称为候选码。但一个实体只能确定其中一个候选码作为唯一标识。这个候选码一旦确定,就称其为该实体的主码。

4）实体型

具有相同属性的实体必然具有共同的特征和性质，用实体名及其属性名集合来抽象和刻画同类实体称为实体型（Entity Type）。例如，学生（学号，姓名，性别，出生日期，系，专业）就是一个实体型。

5）实体集

同型实体的集合称为实体集（Entity Set）。例如，全体学生就是一个学生实体集。

视频讲解

6）联系

现实世界中的事物之间是有联系的，即各实体型之间是有联系的。例如，教师实体与学生实体之间存在教和学的关系，学生和课程之间存在选课关系，这种实体和实体之间的关系被抽象为联系（Relationship）。实体间的联系是错综复杂的，但对于两个实体型的联系来说主要有以下 3 种情况。

（1）一对一联系（1∶1）：对于实体集 A 中的每一个实体，实体集 B 最多有一个实体与之对应，反之亦然，则称实体集 A 与实体集 B 具有一对一联系，记为 1∶1，如图 1-7 所示。例如，部门与经理之间的联系、学校与校长之间的联系等就是一对一的联系。

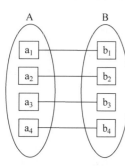

图 1-7　一对一联系

（2）一对多联系（1∶M）：对于实体集 A 中的每一个实体，实体集 B 中有多个实体与之对应；反过来，对于实体集 B 中的每一个实体，实体集 A 中最多有一个实体与之对应，则称实体集 A 与实体集 B 具有一对多联系，记为 1∶M，如图 1-8 所示。例如，一个班可以有多个学生，但一个学生只能属于一个班，班级与学生之间的联系就是一对多的联系。

（3）多对多联系（M∶N）：对于实体集 A 中的每一个实体，实体集 B 中有多个实体与之对应；反过来，对于实体集 B 中的每一个实体，实体集 A 中也有多个实体与之对应，则称实体集 A 与实体集 B 具有多对多联系，记为 M∶N，如图 1-9 所示。例如学生在选课时，一个学生可以选多门课程，一门课程也可以被多个学生选，则学生和课程之间具有多对多联系。

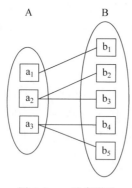
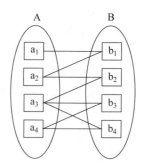

図 1-8　一对多联系　　图 1-9　多对多联系

视频讲解

2. 实体-联系模型

概念模型的表示方法有很多，其中最为著名、使用最为广泛的是 P. P. Chen 于 1976 年提出的实体-联系（Entity-Relationship，E-R）模型。E-R 模型是直接从现实世界中抽象出实体类型及实体间的联系，是对现实世界的一种抽象，它的主要构成是实体、联系和属性。E-R 模型的图形表示称为 E-R 图。

E-R 图通用的表示方式如下。

（1）用矩形表示实体，在矩形框内写上实体名。例如学生实体、班级实体，如图 1-10 所示。

（2）用椭圆形表示实体的属性，并用无向边把实体和属性连接起来。例如学生实体有学号、姓名、性别、出生日期属性，班级实体有班级名、班主任属性，如图 1-11 所示。

| 学生 | 班级 |

图 1-10 学生、班级实体

（3）用菱形表示实体间的联系，在菱形框内写上联系名，用无向边分别把菱形框与有关实体连接起来，在无向边旁注明联系的类型。如果实体间的联系也有属性，则把属性和菱形框也用无向边连接起来。例如学生实体和班级实体的联系，如图 1-12 所示。

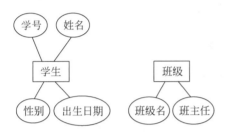

图 1-11 学生、班级实体及属性

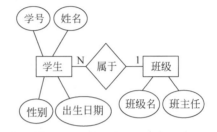

图 1-12 学生实体和班级实体间的联系

【例 1-1】 有一个简单的学生信息数据库系统，包含班级（班级名，班主任）、学生（学号，姓名，性别，出生日期）和课程（课程号，课程名，学分）实体。其中一个班可以有若干个学生，一个学生只能属于一个班；一个学生可以选修多门课，一门课也可以被多个学生选修，学生选课后有成绩。该数据库系统的 E-R 模型如图 1-13 所示。

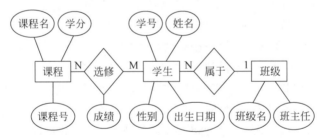

图 1-13 学生信息数据库系统的 E-R 图

【例 1-2】 有一个高等学校信息数据库系统，包含学生、教师、专业、教科书和课程 5 个实体，其中一个专业可以有若干个学生，一个学生只能属于一个专业；一个专业可以开多门课，一门课只能在一个专业开课；一个专业可以有若干个教师，一个教师只能属于一个专业；一位教师可以讲授多门课，一门课也可以由多位教师讲授，每个教师讲授每门课都有一个开课学期；一个专业可以订购若干本教科书，一本教科书也可以有多个专业订购，每个专业订购的每本教科书都有一个数量；一个学生可以选修多门课，每一门课都可以有多个学生选修，学生选课后有成绩。该数据库系统的 E-R 模型如图 1-14 所示。

概念模型是从用户角度看到的模型，是第一层抽象，要求概念简单、表达清晰、易于理解，它与具体的计算机和 DBMS 无关。数据模型是从计算机角度看到的模型，要求用有严格语法和语义的语言对数据进行严格的形式化定义、限制和规定，使模型能转变为计算机可以理解的

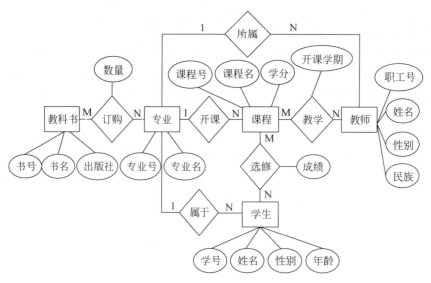

图 1-14　高等学校信息数据库系统的 E-R 图

格式。

1.3.3　常见的 3 种数据模型

数据模型是对客观事物及联系的数据描述，是概念模型的数据化，即数据模型提供表示和组织数据的方法。一般来讲，数据模型是严格定义的概念的集合，这些概念精确地描述系统的静态特性（数据结构）、动态特性（数据操作）和完整性约束条件，因此数据模型通常由数据结构、数据操作和数据的完整性约束三要素组成。

（1）数据结构：数据结构是对计算机的数据组织方式和数据之间的联系进行框架性描述的集合，是对数据库静态特征的描述。它研究存储在数据库中的对象类型的集合，这些对象类型是数据库的组成部分。数据库系统是按数据结构的类型来组织数据的，因此数据库系统通常按照数据结构的类型来命名数据模型，例如将层次结构、网状结构和关系结构的模型分别命名为层次模型、网状模型和关系模型，其中层次模型和网状模型统称为非关系模型。

（2）数据操作：数据操作是指数据库中的各记录允许执行的操作的集合，包括操作方法及有关的操作规则等，例如插入、删除、修改、检索等操作，是对数据库动态特征的描述。数据模型要定义这些操作的确切含义、操作符号、操作规则以及实现操作的语言等。

（3）数据的完整性约束：数据的约束条件是关于数据状态和状态变化的一组完整性约束规则的集合，以保证数据的正确性、有效性和一致性。数据模型中的数据及其联系都要遵循完整性规则的制约。例如，数据库的主码不允许取空值，性别的取值范围为"男或女"等。此外，数据模型应该提供定义完整性约束条件的机制，以反映某一个应用所涉及的数据必须遵守的特定的语义约束条件。

1. 层次模型

层次模型用树形结构来表示各类实体以及实体间的联系，每个结点表示一个记录，结点之间的连线表示记录间的联系，这种联系只能是父子联系。最著名、最典型的层次模型数据库系统是 IBM 公司在 1968 年开发的 IMS（Information Management System），这是一种适合其主机的层次模型数据库。

层次模型具有以下特点：

（1）只有一个结点没有双亲结点，称为根结点；

（2）根结点以外的其他结点有且只有一个双亲结点。

在这种模型中，数据被组织成由"根"开始的"树"，每个实体由根开始沿着不同的分支放在不同的层次上，如果不再向下分支，那么此分支序列中最后的结点称为"叶子"。上级结点与下级结点之间为一对一或一对多的联系，层次模型不能直接表示多对多联系。学校教学机构的层次模型如图 1-15 所示。

对层次数据模型的操作主要有查询、插入、删除和更新，在进行插入、删除、更新操作时要满足层次模型的完整性约束条件。

（1）在进行插入操作时，如果没有相应的双亲结点值，就不能插入子女结点值。

（2）在进行删除操作时，如果删除双亲结点值，则相应的子女结点值也被同时删除。

（3）在进行更新操作时，应更新所有相应记录，以保证数据的一致性。

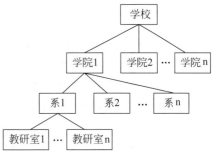

图 1-15　学校教学机构的层次模型

层次模型的优点是模型本身比较简单，只需很少几条命令就能操作数据库；对于实体间联系是固定的且预先定义好的应用系统，采用层次模型最易实现。但其缺点也很多，如插入和删除操作的限制比较多，查询子女结点必须通过双亲结点，无法直接表示多对多联系，等等。

2. 网状模型

1964 年通用电气公司（General Electric Co.）的 Charles Bachman 成功地开发出世界上第一个网状模型数据库管理系统（即第一个数据库管理系统）——集成数据存储（Integrated Data Store，IDS），奠定了网状模型数据库的基础，并在当时得到了广泛的发行和应用。

网状模型是一种比层次模型更具普遍性的结构，它允许多个结点没有双亲结点，也允许一个结点有多个双亲结点，因此网状模型可以方便地表示各种类型的联系。网状模型是一种较为通用的模型，从图论的观点来看，它是一个不加任何条件的无向图。一般来说，层次模型是网状模型的特殊形式，网状模型是层次模型的一般形式。学生选课系统的网状模型如图 1-16 所示。

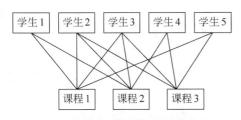

图 1-16　学生选课系统的网状模型

对网状模型的操作主要有查询、插入、删除和更新数据，在进行插入、删除、更新操作时要满足网状模型的完整性约束条件。

（1）插入操作允许插入尚未确定双亲结点值的子女结点值。

（2）删除操作允许只删除双亲结点值。

（3）更新操作只需要更新指定记录即可。

（4）查询操作有多种方法，用户可根据具体情况选用。

网状模型与层次模型相比提供了更大的灵活性，能更直接地描述现实世界，性能和效率也比较好。网状模型的缺点是结构比较复杂，用户不易掌握；DDL 和 DML 语言复杂，用户不易使用；记录之间的联系变动后涉及链接指针的调整，扩充和维护都比较复杂。

总之，这两种非关系模型对数据的操作是过程化的，由于实体间的联系本质上是通过存取路径指示的，因此应用程序在访问数据时要指定存取路径。

3. 关系模型

网状和层次模型已经很好地解决了数据的集中和共享问题，但是在数据的独立性和抽象级别上仍有很大欠缺，用户在对这两种数据模型进行存取时仍然需要明确数据的存储结构，指出存取路径，后来出现的关系模型较好地解决了这些问题。1970 年，IBM 公司的研究员 E. F. Codd 博士在刊物 *Communication of the ACM* 上发表了一篇名为"*A Relational Model of Data for Large Shared Data Banks*"的论文，提出了关系模型的概念，奠定了关系模型的理论基础。

用二维表格结构表示实体以及实体之间的联系的数据模型称为关系模型。关系模型在用户看来是一个二维表格，其概念单一，容易被初学者接受。关系模型以关系数学为理论基础。在关系模型中，操作的对象和操作结果都是二维表。

视频讲解

下面以表 1-1 所示的职工信息表为例说明关系模型的基本概念。

表 1-1　职工信息表

职　工　号	姓　　名	性　　别	年　　龄	工　资
201331	张焕之	男	50	8000
201332	黎　明	男	40	6500
201334	王　洪	男	33	5200
201346	赵灵锦	女	42	6000

（1）关系：一个关系就是一张二维表，每个关系都有一个关系名，表 1-1 就是一个职工信息关系表。在计算机中，一个关系可以存储为一个文件。

（2）元组：二维表中的行称为元组，每一行是一个元组，元组对应存储文件中的一个记录，职工信息表中包括 4 个元组。

（3）属性：二维表的列称为属性，每一列有一个属性名，属性值是属性的具体值，属性对应存储文件中的一个字段。职工信息表中包括 5 个属性，属性名分别是职工号、姓名、性别、年龄和工资，属性的具体取值形成了表中的一个个元组。

（4）域：域是属性的取值范围。例如，职工信息表中性别的取值范围只能是男和女，即性别的域为（男，女）。

（5）关系模式：对关系的信息结构及语义限制的描述称为关系模式，用关系名和包含的属性名的集合表示。例如，职工信息表的关系模式是：职工（职工号，姓名，性别，年龄，工资），属性间用逗号间隔。

（6）关键字或码：在关系的属性中，能够用来唯一标识元组的属性（或属性组合）称为关键字或码（Key）。

视频讲

（7）候选关键字或候选码：如果在一个关系中存在多个属性（或属性组合）都能用来唯一标识该关系中的元组，那么这些属性（或属性组合）都称为该关系的候选关键字或候选码，候选码可以有多个。例如，在职工信息表中，如果没有重名的职工，则职工号和姓名都是职工信息表的候选码。

（8）主键或主码：在一个关系的若干候选关键字中，被指定作为关键字的候选关键字称为该关系的主键或主码（Primary Key）。通常，我们习惯选择号码作为一个关系的主码，例如在职工信息表中，我们一般会选择职工号作为该关系的主码。当然，在姓名也是候选码的情况下,也可以选择姓名作为该关系的主码。但是,一个关系的主码在同一时刻只能有一个。

(9) 主属性和非主属性:在一个关系中,包含在任何候选关键字中的各个属性都称为主属性,不包含在任一候选关键字中的属性称为非主属性。例如,职工信息表中的职工号和姓名是主属性,性别、年龄和工资是非主属性。

(10) 外键或外码:一个关系的某个属性(或属性组合)不是该关系的主键或只是主键的一部分,却是另一个关系的主键,则称这样的属性为该关系的外键或外码(Foreign Key)。外码是表与表联系的纽带。例如,表 1-2 所示学生表中的系编号不是学生表的主码,却是表 1-3 所示系信息表中的主码,因此系编号是学生表的外码,通过系编号可以使学生表与系信息表建立联系。

表 1-2　学生表

学号	姓名	性别	系编号
2015002	张三	男	01
2015025	李四	女	02
2016023	刘明	男	03
2016033	王晓	女	03

表 1-3　系信息表

系编号	系名	系主任	电话
01	电子	张承	82222288
02	机械	李华	82222287
03	网络	钟辉	82222289

对关系模型的操作主要有查询、插入、删除和修改数据,这些操作必须满足关系的完整性约束条件,使得关系数据库从一种一致性状态转变到另一种一致性状态。

关系模型中的数据操作是集合操作,操作对象和操作结果都是关系(元组的集合),而不像非关系模型中那样是单记录的操作方式。另外,关系模型把存取路径向用户隐藏起来,用户只要指出“干什么”或“找什么”,不必详细说明“怎么干”或“怎么找”。

关系模型的完整性规则也可称为关系的约束条件,它是对关系的一些限制和规定,通过这些限制保证数据库中数据的有效性、正确性和一致性。关系模型必须遵循实体完整性规则、参照完整性规则和用户定义的完整性规则,详细内容请读者参阅第 2 章。

习　题　1

1. 数据库技术的发展史分为哪几个阶段? 各有什么特点?

2. 简述数据、数据库、数据库管理系统、数据库应用系统的概念。

3. 简述数据库管理系统的功能。

4. 简述数据库的三级模式和两级映像。

5. 名词解释:模式、内模式、外模式。

6. 简述数据库的逻辑独立性和物理独立性。

7. 简述几种数据库新技术的特点。

8. 信息有哪 3 种世界? 它们各有什么特点? 它们之间有什么联系?

9. 什么是概念模型? 什么是数据模型?

10. 什么是实体、属性、码、联系? 实体的联系有哪 3 种?

11. 分析层次模型、网状模型和关系模型的特点。

12. 解释关系模型的基本概念:关系、元组、属性、域、关系模式、候选关键字、主键、外键、主属性。

13. 设某工厂数据库中有4个实体集，一是"仓库"实体集，属性有仓库号、仓库面积等；二是"零件"实体集，属性有零件号、零件名、规格、单价等；三是"供应商"实体集，属性有供应商号、供应商名、地址等；四是"保管员"实体集，属性有职工号、姓名等。

设每个仓库可存放多种零件，每种零件可存放于若干个仓库中，每个仓库存放每种零件要记录库存量；一个供应商可供应多种零件，每种零件也可由多个供应商提供，每个供应商每提供一种零件要记录供应量；一个仓库可以有多名保管员，但一名保管员只能在一个仓库工作。

试为该工厂的数据库设计一个 E-R 模型，要求标注联系类型。

14. 某网上订书系统涉及以下信息。

（1）客户：客户号、姓名、地址、联系电话。

（2）图书：书号、书名、出版社、单价。

（3）订单：订单号、日期、付款方式、总金额。

其中，一份订单可订购多种图书，每种图书可订购多本；一位客户可有多份订单，一份订单仅对应一位客户。

根据以上叙述建立 E-R 模型，要求标注联系类型。

第 2 章

关系数据库

关系数据库系统是支持关系模型的数据库系统,它由关系数据结构、关系操作集合和关系完整性约束三要素组成。在关系数据库设计中,为使其数据模型合理可靠、简单实用,需要使用关系数据库的规范化设计理论。

本章首先介绍关系数据库的基本概念,围绕关系数据模型的三要素展开,利用集合、代数等抽象的数学知识深刻而透彻地介绍关系数据结构、关系数据库操作及关系数据库完整性等内容;然后介绍如何对关系数据库进行规范化,讲述函数依赖的概念及分类、常见的几种范式、关系规范化理论及方法。

2.1 关系数据结构

在关系数据模型中,现实世界的实体以及实体间的各种联系均用关系来表示。在用户看来,关系模型中数据的逻辑结构是一张二维表。

2.1.1 关系的定义和性质

关系就是一张二维表格,但并不是任何二维表都叫关系,不能把日常生活中所用的任何表格都当成一个关系直接存放到数据库中。

1. 关系的数学定义

(1)域:一组具有相同数据类型的值的集合。

(2)笛卡儿积:设 $D_1, D_2, \cdots, D_n$ 为任意域,定义 $D_1, D_2, \cdots, D_n$ 的笛卡儿积为 $D_1 \times D_2 \times \cdots \times D_n = \{(d_1, d_2, \cdots, d_n) \mid d_i \in D_i, i=1,2,\cdots,n\}$。

视频讲解

例如有两个域,D_1=动物集合={猫,狗,猪},D_2=食物集合={鱼,骨头,白菜},则 D_1 与 D_2 的笛卡儿积为 $D_1 \times D_2$={(猫,鱼)(狗,鱼)(猪,鱼)(猫,骨头)(狗,骨头)(猪,骨头)(猫,白菜)(狗,白菜)(猪,白菜)}。

可以把这个笛卡儿积做成一个二维表格的形式,如表 2-1 所示。

表 2-1 动物食物表

动 物	食 物	动 物	食 物
猫	鱼	猪	骨头
狗	鱼	猫	白菜
猪	鱼	狗	白菜
猫	骨头	猪	白菜
狗	骨头		

取每种动物最喜欢吃的食物的行中的数据形成动物食物表的子集，即动物食物关系表，如表 2-2 所示。

表 2-2　动物食物关系表

动　物	食　物
猫	鱼
狗	骨头
猪	白菜

（3）关系：$D_1 \times D_2 \times \cdots \times D_n$ 中有关系的行形成的一个子集叫 $D_1 \times D_2 \times \cdots \times D_n$ 上的一个关系（Relation），用 $R(D_1, D_2, \cdots, D_n)$ 表示。其中，R 表示关系名，n 表示关系的目、度或元。

IBM 公司的 E. F. Codd 于 1970 年发表了关于"关系模型"的概念，但在 1980 年才真正实现，然后大规模使用。其真正的实现难度在前 5 年，因为层次模型和网状模型所采用的树和图结构用计算机来表达和实现已经非常成熟，而关系模型采用的是数学概念，如何用计算机实现、用计算机表达，要考虑很多问题（例如时间、空间复杂度等）才能得出一个合理的方法。"关系模型"真正实现后，数据处理变得很简单、很直观，编程也很容易，所以一直沿用至今。

视频讲解

2. 关系的性质

关系数据库要求其中的关系必须是具有以下性质的。

（1）列是同质的，即每一列中的分量是同一类型的数据，来自同一个域。

（2）在同一个关系中，不同的列的数据可以是同一种数据类型，但各属性的名称必须互不相同。

（3）在同一个关系中，任意两个元组都不能完全相同。

（4）在同一个关系中，列的次序无关紧要，即列的排列顺序是不分先后的，一般按使用习惯排列各列的顺序。

（5）在同一个关系中，元组的位置无关紧要，即排行不分先后，可以任意交换两行的位置。同样，一般按使用习惯排列行的顺序。

（6）关系中的每个属性必须是单值，即不可再分，这就要求关系的结构不能嵌套，这是关系应满足的最基本的条件。

例如，有这样一个学生表，如表 2-3 所示的复合表，这种表格不是关系，应对其进行结构上的修改，这样才能成为数据库中的关系。对于该复合表，可以把它转化成一个关系，即学生成绩关系（学号，姓名，性别，系编号，程序设计，英语，高数）；也可以转化成两个关系（如表 2-4 和表 2-5 所示），即学生关系（学号，姓名，性别，系编号）和成绩关系（学号，程序设计，英语，高数）。

表 2-3　复合表

学　号	姓　名	性　别	系 编 号	成　绩		
				程序设计	英语	高数
2016002	张三	男	01	77	87	86
2017025	李四	女	02	69	89	76
2016023	刘明	男	03	79	84	82
2016033	王晓	女	03	66	90	76

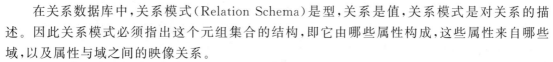

表 2-4　学生表				表 2-5　成绩表			
学号	姓名	性别	系编号	学号	程序设计	英语	高数
2016002	张三	男	01	2016002	77	87	86
2017025	李四	女	02	2017025	69	89	76
2016023	刘明	男	03	2016023	79	84	82
2016033	王晓	女	03	2016033	66	90	76

2.1.2　关系模式和关系数据库

1. 关系模式概述

视频讲解

在关系数据库中,关系模式(Relation Schema)是型,关系是值,关系模式是对关系的描述。因此关系模式必须指出这个元组集合的结构,即它由哪些属性构成,这些属性来自哪些域,以及属性与域之间的映像关系。

一个关系模式应当是一个五元组,关系模式可以形式化地表示为 $R(U, D, dom, F)$,其中 R 是关系名,U 是组成该关系的属性名集合,D 是属性组 U 中属性所来自的域,dom 是属性向域的映像集合,F 是属性间的数据依赖关系集合。

关系模式通常可以简记为 $R(U)$ 或 $R(A_1, A_2, \cdots, A_n)$。

其中,R 是关系名,$A_1, A_2, \cdots, A_n$ 为属性名;域名及属性向域的映像,常常直接说明为属性的类型和长度;省略属性间的数据依赖关系。

【例 2-1】 已知学生情况表如表 2-6 所示,写出其对应的关系模式。

表 2-6　学生情况表

学　号	姓　名	性　别	年　龄	所　在　系
20160101	王萧	男	19	计算机系
20160207	李云虎	男	18	物理系
20170302	郭敏	女	18	数学系
20170408	高红	女	17	数学系
20150309	王睿	男	19	美术系
20150506	路旭青	女	20	美术系

表 2-6 所示的学生情况表的关系模式可以描述为学生情况表(学号,姓名,性别,年龄,所在系)。

关系实际上就是关系模式在某一时刻的状态或内容。也就是说,关系模式是型,关系是它的值。关系模式是静态的、稳定的,而关系是动态的、随时间不断变化的,因为关系操作在不断地更新着数据库中的数据。但在实际中,人们常常把关系模式和关系统称为关系。

2. 关系数据库概述

关系数据库就是采用关系模型的数据库。在一个给定的应用领域中,所有实体及实体之间联系的关系的集合构成一个关系数据库。关系数据库的型也称为关系数据库模式,是对关系数据库的描述,它包括若干域的定义以及在这些域上定义的若干关系模式。关系数据库的值是这些关系模式在某一时刻对应的关系的集合,通常称为关系数据库。

2.2 关系的完整性

数据完整性是指关系模型中数据的正确性与一致性。

关系模型允许定义三类完整性规则，即实体完整性规则、参照完整性规则和用户定义的完整性规则。

1. 实体完整性规则

实体完整性规则（Entity Integrity Rule）要求关系的主码具有唯一性且不能取空值。例如，学生情况表中的"学号"属性具有唯一性且不能为空。

关系模型必须遵守实体完整性规则的原因如下。

（1）现实世界中的实体和实体之间都是可区分的，即它们具有某种唯一性标识。相应地，关系模型中以主码作为唯一性标识。

（2）空值就是"不知道"或"无意义"的值。主码中的属性取空值，就说明存在某个不可标识的实体，这与第（1）条矛盾。

2. 参照完整性规则

设 F 是基本关系 R 的一个或一组属性，但不是关系 R 的码，如果 F 与基本关系 S 的主码 K 相对应，则称 F 是基本关系 R 的外码（Foreign Key），并称基本关系 R 为参照关系（Referencing Relation），基本关系 S 为被参照关系（Referenced Relation）或目标关系（Target Relation）。关系 R 和 S 也可以是同一个关系，即自身参照。

目标关系 S 的主码 K 和参照关系的外码 F 可以不同名，但必须定义在同一个（或一组）域上。参照完整性规则就是定义外码与主码之间的引用规则。

对于参照完整性规则（Reference Integrity Rule），若属性（或属性组）F 是基本关系 R 的外码，它与基本关系 S 的主码 K 相对应（基本关系 R 和 S 也可能是同一个关系），则 R 中每个元组在 F 上的值或者取空值（F 的每个属性值均为空值），或者等于 S 中某个元组的主码值。

【例 2-2】 "学生"实体和"系"实体可以用下面的关系表示，其中主码用下画线标识。

学生(<u>学号</u>,姓名,性别,年龄,系号)
系(<u>系号</u>,系名,系主任)

学生关系的"系号"与系关系的主码"系号"相对应，因此"系号"属性是学生关系的外码。在这里系关系是被参照关系，学生关系为参照关系。学生关系中的每个元组的"系号"属性或者取空值，或者取系关系中"系号"已经存在的值。

【例 2-3】 学生关系的自身参照，其中主码用下画线标识。

学生(<u>学号</u>,姓名,性别,年龄,系号,班长学号)

学生关系的"班长学号"与其主码"学号"形成参照与被参照的自身参照关系，即"班长学号"为学生关系的外码。学生关系中的每个元组的"班长学号"属性或者取空值，或者取学生关系中"学号"已经存在的值。

3. 用户定义的完整性规则

对于用户定义的完整性规则（User-defined Integrity Rule），是由用户根据实际情况对数据库中的数据内容进行的规定，也称为域完整性规则。

通过这些规则限制数据库只接受符合完整性约束条件的数据,不接受违反约束条件的数据,从而保证数据库中数据的有效性和可靠性。

例如,表 2-4 所示的学生表中的"性别"数据只能是"男"或"女",表 2-5 所示的成绩表中的各科成绩数据的取值范围为 0～100。

数据完整性的作用就是要保证数据库中的数据是正确的。通过在数据模型中定义实体完整性规则、参照完整性规则和用户定义的完整性规则,数据库管理系统将检查和维护数据库中数据的完整性。

2.3　关 系 运 算

关系代数是以关系为运算对象的一组高级运算的集合。关系代数是一种抽象的查询语言,是关系数据操纵语言的一种传统表达方式,即代数方式的数据查询过程。关系代数的运算对象是关系,运算结果也是关系。

关系代数中的运算可以分为下面两类。

(1) 传统的集合运算:并、差、交、笛卡儿积。

(2) 专门的关系运算:投影(对关系进行垂直分割)、选择(对关系进行水平分割)、连接(关系的结合)、除法(笛卡儿积的逆运算)等。

在两类关系运算中还将用到下面两类辅助操作符。

(1) 比较运算符:>、>=、<、<=、=、<>。

(2) 逻辑运算符:∧(与)、∨(或)、¬(非)。

2.3.1　传统的集合运算

传统的集合运算包括并、差、交和笛卡儿积。

1. 笛卡儿积

设关系 R 和 S 的元数(属性个数)分别为 r 和 s,定义 R 和 S 的笛卡儿积(Cartesian Product)是一个 (r+s) 元的元组集合,每个元组的前 r 个分量(属性值)来自 R 的一个元组,后 s 个分量来自 S 的一个元组,记为 R×S。其形式定义如下:

视频讲解

$$R\times S=\{t|t=<t^r,t^s>\wedge t^r\in R\wedge t^s\in S\}$$

t^r,t^s 中的 r、s 为上标。若 R 有 m 个元组,S 有 n 个元组,则 R×S 有 m×n 个元组。

在实际操作时,可以从 R 的第一个元组开始,依次与 S 的每一个元组组合,然后对 R 的下一个元组进行同样的操作,直到 R 的最后一个元组也进行完同样的操作为止,即可得到 R×S 的全部元组。

【例 2-4】　已知关系 R 和 S 如表 2-7 和表 2-8 所示,求 R 和 S 的笛卡儿积。

表 2-7　关系 R			表 2-8　关系 S		
A	B	C	E	F	D
a_1	b_2	c_1	e_1	f_2	d_2
a_2	b_1	c_3	e_2	f_3	d_1
a_3	b_3	c_2	e_3	f_1	d_3

R 和 S 的笛卡儿积如表 2-9 所示。

表 2-9　关系 R×S

A	B	C	E	F	D
a_1	b_2	c_1	e_1	f_2	d_2
a_1	b_2	c_1	e_2	f_3	d_1
a_1	b_2	c_1	e_3	f_1	d_3
a_2	b_1	c_3	e_1	f_2	d_2
a_2	b_1	c_3	e_2	f_3	d_1
a_2	b_1	c_3	e_3	f_1	d_3
a_3	b_3	c_2	e_1	f_2	d_2
a_3	b_3	c_2	e_2	f_3	d_1
a_3	b_3	c_2	e_3	f_1	d_3

视频讲解

2. 并

设关系 R 和 S 具有相同的关系模式，R 和 S 是 n 元关系，R 和 S 的并（Union）是由属于 R 或属于 S 的元组构成的集合，记为 R∪S。其形式定义如下：

$$R∪S=\{t|t∈R ∨ t∈S\}$$

其含义为任取元组 t，当且仅当 t 属于 R 或 t 属于 S 时，t 属于 R∪S。R∪S 是一个 n 元关系。

关系的并操作对应于关系的插入或添加记录的操作，俗称"＋"操作，这是关系代数的基本操作。

【例 2-5】　已知关系 R 和 S 如表 2-10 和表 2-11 所示，求 R 和 S 的并。

R 和 S 的并如表 2-12 所示。

表 2-10　R

a	b	c
1	2	3
4	5	6
7	8	9

表 2-11　S

a	b	c
1	2	3
10	11	12
7	8	9

表 2-12　R∪S

a	b	c
1	2	3
4	5	6
7	8	9
10	11	12

注意：并运算可以去掉某些元组，避免表中出现重复行。

3. 差

设关系 R 和 S 具有相同的关系模式，R 和 S 是 n 元关系，R 和 S 的差（Difference）是由属于 R 但不属于 S 的元组构成的集合，记为 R−S。其形式定义如下：

$$R−S=\{t | t∈R ∧ t∉S\}$$

其含义为当且仅当 t 属于 R 并且不属于 S 时，t 属于 R−S。R−S 也是一个 n 元关系。

关系的差操作对应于关系的删除记录的操作，俗称"－"操作。

表 2-13　R−S

a	b	c
4	5	6

【例 2-6】　已知关系 R 和 S 如表 2-10 和表 2-11 所示，求 R 和 S 的差。

R 和 S 的差如表 2-13 所示。

4. 交

设关系 R 和 S 具有相同的关系模式，R 和 S 是 n 元关系，R 和 S 的交(Intersection)是由属于 R 且属于 S 的元组构成的集合，记为 R∩S。其形式定义如下：

$$R∩S=\{t \mid t∈R∧t∈S\}$$

其含义为任取元组 t，当且仅当 t 既属于 R 又属于 S 时，t 属于 R∩S。R∩S 也是一个 n 元关系。

关系的交操作对应于寻找两个关系共有记录的操作，是一种关系查询操作。

【例 2-7】已知关系 R 和 S 如表 2-10 和表 2-11 所示，求 R 和 S 的交。

R 和 S 的交如表 2-14 所示。

表 2-14　R∩S

a	b	c
1	2	3
7	8	9

2.3.2　专门的关系运算

专门的关系运算有选择、投影、连接、除等。

1. 选择

选择(Selection)运算是从关系 R 中选择满足给定条件的诸元组，记作：

$$\sigma_F(R)=\{t \mid t∈R∧F(t)='真'\}$$

其中，F 表示选择条件，它是一个逻辑表达式，取逻辑值"真"或"假"；逻辑表达式 F 的基本形式为 $X_1θY_1[ΦX_2θY_2]\cdots$；θ 表示比较运算符，它可以是 >、>=、<、<=、= 或 <>；X_1、Y_1 等是属性名、常量或简单函数，属性名也可以用它的序号来代替；Φ 表示逻辑运算符，它可以是 ¬、∧ 或 ∨；[ ] 表示任选项，即[ ]中的部分可要可不要；"…"部分表示上述格式可以重复下去。

因此选择运算实际上是从关系 R 中选取使逻辑表达式 F 为真的元组，是从行的角度进行的运算。选择运算的操作示意图如图 2-1 所示。

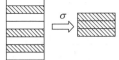

图 2-1　σ 运算示意图

设有一个学生-课程数据库，其中包括学生情况表(student)、课程表(course)和成绩表(score)。其内容如表 2-15～表 2-17 所示。

表 2-15　学生情况表(student)

学号(no)	姓名(name)	性别(sex)	年龄(age)	所在系(dep)
2016001	张超	男	18	物理系
2016002	李岚	女	17	信息系
2016003	王芳	女	19	数学系
2016004	刘娟	女	18	信息系
2016005	赵强	男	19	物理系

表 2-16　课程表(course)

课程号(cno)	课程名(cname)	学分(credit)
1	数据库	4
2	高等数学	3
3	信息系统	2
4	操作系统	3
5	数据结构	5
6	C 程序设计	3

表 2-17　成绩表(score)

学号(no)	课程号(cno)	成绩(grade)
2016001	2	78
2016001	3	88
2016001	5	81

续表

学号(no)	课程号(cno)	成绩(grade)
2016002	1	90
2016002	4	68
2016003	4	70
2016003	5	57
2016003	1	89
2016005	2	93
2016005	5	79

【例 2-8】　查询学生情况表（student）中数学系学生的信息。

$$\sigma_{dep='数学系'}(student) \quad 或 \quad \sigma_{5='数学系'}(student)$$

结果如表 2-18 所示。

表 2-18　查询数学系学生的信息

学号(no)	姓名(name)	性别(sex)	年龄(age)	所在系(dep)
2016003	王芳	女	19	数学系

【例 2-9】　查询学生情况表（student）中年龄大于 17 的女学生的信息。

$$\sigma_{age>17 \wedge sex='女'}(student) \quad 或 \quad \sigma_{4>17 \wedge 3='女'}(student)$$

结果如表 2-19 所示。

表 2-19　查询年龄大于 17 的女同学的信息

学号(no)	姓名(name)	性别(sex)	年龄(age)	所在系(dep)
2016003	王芳	女	19	数学系
2016004	刘娟	女	18	信息系

2. 投影

关系 R 上的投影（Projection）是从 R 中选择出若干属性列组成新的关系，记作：

$$\prod{}_A(R) = \{t[A] \mid t \in R\}$$

其中，A 为 R 中的属性列。

投影之后不仅取消了原关系中的某些列，还可能会取消某些元组，因为取消了某些属性列后可能出现重复行，应取消这些完全相同的行。这个操作是对一个关系进行垂直分割，投影运算的直观意义如图 2-2 所示。

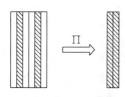

图 2-2　∏ 运算示意图

视频讲解

【例 2-10】　查询学生情况表（student）中学生的学号和姓名。

$$\prod{}_{no,name}(student) \quad 或 \quad \prod{}_{1,2}(student)$$

查询结果如表 2-20 所示。

【例 2-11】　查询课程表中的课程名和课程号。

$$\prod{}_{cname,cno}(course) \quad 或 \quad \prod{}_{2,1}(course)$$

查询结果如表 2-21 所示。

学号（no）	姓名（name）
2016001	张超
2016002	李岚
2016003	王芳
2016004	刘娟
2016005	赵强

表 2-20 查询学生的学号和姓名

课程名（cname）	课程号（cno）
数据库	1
高等数学	2
信息系统	3
操作系统	4
数据结构	5
C 程序设计	6

表 2-21 查询课程表中的课程名和课程号

3. 连接

视频讲解

1）连接运算的含义

连接（Join）也称 θ 连接，是从两个关系的笛卡儿积中选取满足某规定条件的全体元组，形成一个新的关系，记作：

$$R \underset{A\theta B}{\bowtie} S = \sigma_{A\theta B}(R \times S) = \{t_r t_s \mid t_r \in R \wedge t_s \in S \wedge t_r[A] \theta t_s[B]\}$$

其中，A 是 R 的属性组（$A_1, A_2, \cdots, A_k$），B 是 S 的属性组（$B_1, B_2, \cdots, B_k$）；$A\theta B$ 的实际形式为 $A_1 \theta B_1 \wedge A_2 \theta B_2 \wedge \cdots \wedge A_k \theta B_k$；$A_i$ 和 $B_i (i = 1, 2, \cdots, k)$ 不一定同名，但必须可比；$\theta \in \{>, <, <=, >=, =, <>\}$。

连接操作是从行和列的角度进行运算，连接运算的直观意义如图 2-3 所示。

2）连接运算的过程

首先确定结果中的属性列，然后确定参与比较的属性列，最后逐一取 R 中的元组分别和 S 中与其符合比较关系的元组进行拼接。

3）常用的两种连接运算

（1）等值连接（Equal Join）：θ 为"="的连接运算称为等值连

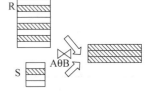

图 2-3 连接运算示意图

接，它是从关系 R 与 S 的笛卡儿积中选取 A、B 属性值相等的那些元组。等值连接记作：

$$R \underset{A=B}{\bowtie} S = \{t_r t_s \mid t_r \in R \wedge t_s \in S \wedge t_r[A] = t_s[B]\}$$

（2）自然连接（Natural Join）：自然连接是一种特殊的等值连接，即若 A、B 是相同的属性组，就可以在结果中把重复的属性去掉。这种去掉了重复属性的等值连接称为自然连接。自然连接可记作：

$$R \bowtie S = \{t_r t_s \mid t_r \in R \wedge t_s \in S \wedge t_r[B] = t_s[B]\}$$

【例 2-12】 已知关系 R 和 S 如表 2-22 和表 2-23 所示，求 $R \underset{C<E}{\bowtie} S$、$R \underset{C=E}{\bowtie} S$、$R \bowtie S$。

表 2-22 R

A	B	C
a_1	b_2	6
a_2	b_1	7
a_1	b_3	9
a_3	b_2	12

表 2-23 S

E	D	B
5	e_2	b_2
7	e_1	b_1
10	e_3	b_3
6	e_2	b_2

其中，小于连接结果如表 2-24 所示，等值连接结果如表 2-25 所示，自然连接结果如表 2-26 所示。

表 2-24　小于连接结果表

A	R.B	C	E	D	S.B
a_1	b_2	6	7	e_1	b_1
a_1	b_2	6	10	e_3	b_3
a_2	b_1	7	10	e_3	b_3
a_1	b_3	9	10	e_3	b_3

表 2-25　等值连接结果表

A	R.B	C	E	D	S.B
a_1	b_2	6	6	e_2	b_2
a_2	b_1	7	7	e_1	b_1

表 2-26　自然连接结果表

A	B	C	E	D
a_1	b_2	6	5	e_2
a_1	b_2	6	6	e_2
a_2	b_1	7	7	e_1
a_3	b_2	12	5	e_2
a_3	b_2	12	6	e_2
a_1	b_3	9	10	e_3

【例 2-13】　求表 2-15 所示学生情况表（student）、表 2-16 所示课程表（course）和表 2-17 所示成绩表（score）的自然连接结果。

student $\bowtie$ course $\bowtie$ score 指先按学生情况表和成绩表的相同属性"学号"进行等值连接，再按成绩表和课程表的相同属性"课程号"进行等值连接，最后过滤掉重复的列，即可得到这 3 个表的自然连接结果，如表 2-27 所示。

表 2-27　student $\bowtie$ course $\bowtie$ score

学号 （no）	姓名 （name）	性别 （sex）	年龄 （age）	所在系 （dep）	课程号 （cno）	课程名 （cname）	学分 （credit）	成绩 （grade）
2016001	张超	男	18	物理系	2	高等数学	3	78
2016001	张超	男	18	物理系	3	信息系统	2	88
2016001	张超	男	18	物理系	5	数据结构	3	81
2016002	李岚	女	17	信息系	1	数据库	4	90
2016002	李岚	女	17	信息系	4	操作系统	5	68
2016003	王芳	女	19	数学系	4	操作系统	5	70
2016003	王芳	女	19	数学系	5	数据结构	3	57
2016003	王芳	女	19	数学系	1	数据库	4	89
2016005	赵强	男	19	物理系	2	高等数学	3	93
2016005	赵强	男	19	物理系	5	数据结构	3	79

关系的除操作也是一种由关系代数基本操作复合而成的查询操作,能用其他基本操作表示,这里不再讲述。

4. 专门的关系运算操作举例

设教学数据库中有 3 个关系:学生关系 S(SNO,SN,AGE,SEX),各属性的含义为学号、姓名、年龄、性别;学习关系 SC(SNO,CNO,SCORE),各属性的含义为学号、课程号、成绩;课程关系 C(CNO,CN,TEACHER),各属性的含义为课程号、课程名、教师。

(1) 检索选修课程号为 C3 的学生的学号和成绩。

$$\prod_{\text{SNO,SCORE}}(\sigma_{\text{CNO}='\text{C3}'}(\text{SC}))$$

(2) 检索选修课程号为 C4 的学生的学号和姓名。

$$\prod_{\text{SNO,SN}}(\sigma_{\text{CNO}='\text{C4}'}(\text{S} \bowtie \text{SC}))$$

(3) 检索选修课程名为 MATHS 的学生的学号和姓名。

$$\prod_{\text{SNO,SN}}(\sigma_{\text{CN}='\text{MATHS}'}(\text{S} \bowtie \text{SC} \bowtie \text{C}))$$

(4) 检索选修课程号为 C1 或 C3 的学生的学号。

$$\prod_{\text{SNO}}(\sigma_{\text{CNO}='\text{C1}' \lor \text{CNO}='\text{C3}'}(\text{SC}))$$

(5) 检索没有选修课程号 C2 的学生的学号、姓名和年龄。

$$\prod_{\text{SNO,SN,AGE}}(\text{S}) - \prod_{\text{SNO,SN,AGE}}(\sigma_{\text{CNO}='\text{C2}'}(\text{S} \bowtie \text{SC}))$$

2.4 关系的规范化

在客观世界的实体间有着错综复杂的联系。实体的联系有两类,一类是实体与实体之间的联系;另一类是实体内部各属性间的联系。定义属性值间的相互关联(主要体现在值相等与否),这就是数据依赖,它是数据库模式设计的关键。数据依赖是现实世界属性间相互联系的抽象,是世界内在的性质,是语义的体现。

为使数据库模式设计合理可靠、简单实用,长期以来形成了关系数据库设计理论,即规范化理论。它是根据现实世界存在的数据依赖而进行的关系模式的规范化处理,从而得到一个合理的数据库模式设计效果。

2.4.1 函数依赖

数据依赖共有 3 种,即函数依赖(Functional Dependency,FD)、多值依赖(Multivalued Dependency,MVD)和连接依赖(Join Dependency,JD),其中最重要的是函数依赖。

1. 函数依赖的概念

函数依赖是关系模式中各属性之间的一种依赖关系,是规范化理论中的一个最重要、最基本的概念。

所谓函数依赖,是指在关系 R 中,X、Y 为 R 的两个属性或属性组,如果关系 R 存在“对于 X 的每一个具体值,Y 都只有一个具体值与之对应”,则称属性 Y 函数依赖于属性 X。记作 X→Y。当 Y 不函数依赖于 X 时,记作 X↛Y。当 X→Y 且 Y→X 时,记作 X↔Y。

简单表述:如果属性 X 的值决定属性 Y 的值,那么属性 Y 函数依赖于属性 X;或者,如果知道 X 的值,就可以获得 Y 的值。

【例 2-14】 学生情况表如表 2-28 所示，其对应的关系模式可描述为学生情况表(<u>学号</u>,姓名,专业名,性别,出生日期,总学分)。其中,学号为主关键字,求其函数依赖关系有哪些。

表 2-28 学生情况表

学 号	姓 名	专 业 名	性 别	出 生 日 期	总 学 分
20161101	王林	计算机	男	1998-02-10	50
20161102	程明	计算机	男	1998-02-01	50
20161103	王燕	计算机	女	1997-10-06	50
20161104	韦晓平	网络	男	1997-08-26	50
20161106	李方方	网络	女	1997-11-20	50

由函数依赖的定义可知存在以下函数依赖关系集：

学号→姓名；学号→专业名；学号→性别；学号→出生日期；学号→总学分。

2. 几种特定的函数依赖

1) 非平凡函数依赖和平凡函数依赖

设关系模式 $R(U)$，U 是 R 上的属性集，X、$Y \subseteq U$。如果 $X \to Y$，且 $Y \subseteq X$，则称 $X \to Y$ 为平凡函数依赖；如果 $X \to Y$，且 Y 不是 X 的子集，则称 $X \to Y$ 为非平凡函数依赖。

【例 2-15】 在学生课程(学号,课程号,成绩)关系中,(学号,课程号)→成绩为非平凡函数依赖,(学号,课程号)→学号为平凡函数依赖。

我们所讨论的全部为非平凡函数依赖。

2) 完全函数依赖和部分函数依赖

设关系模式 $R(U)$，U 是 R 上的属性集，X、$Y \subseteq U$。如果 $X \to Y$，并且对于 X 的任何一个真子集 Z，$Z \to Y$ 都不成立，则称 Y 完全函数依赖于 X；如果 $X \to Y$，但对于 X 的某一个真子集 Z 有 $Z \to Y$ 成立，则称 Y 部分函数依赖于 X。

【例 2-16】 在学生课程(学号,课程号,成绩)关系中,学号、课程号的组合是主码,由于学号→成绩不成立,课程号→成绩也不成立,因此成绩完全函数依赖于(学号,课程号)。

3) 传递函数依赖

设关系模式 $R(U)$，X、Y、$Z \subseteq U$。如果 $X \to Y$，$Y \nrightarrow X$，且 $Y \to Z$ 成立，则称 $X \to Z$ 为传递函数依赖。

【例 2-17】 学生关系(学号,姓名,性别,年龄,所在系,系主任)上的函数依赖集 $F = \{$学号→姓名,学号→性别,学号→年龄,学号→所在系,所在系→系主任$\}$,则学号→系主任为传递函数依赖。

3. 码的函数依赖表示

使用函数依赖的概念可以给出关系模式中码的更严格的定义。

(1) 候选码(Candidate Key)：设 K 为关系模式 $R(U)$ 中的属性或属性集合。若 $K \to U$，则 K 称为 R 的一个候选码。

(2) 主码(Primary Key)：若关系模式 R 有多个候选码,则选择其中一个作为主码。

2.4.2 关系规范化的目的

设计一个描述学校的数据库：一个系有若干学生,一个学生只属于一个系,一个系只有一名主任,一个学生可以选修多门课程,每门课程有若干学生选修,每个学生所学的每门课程都有一个成绩,如表 2-29 所示。

表 2-29 学生信息表

学号	姓 名	年龄	系别	系主任	课程号	成绩
S_1	赵红	20	计算机	张力	C_1	90
S_1	赵红	20	计算机	张力	C_2	85
S_2	王小明	17	数学	王晓	C_5	57
S_2	王小明	17	数学	王晓	C_6	80
S_2	王小明	17	数学	王晓	C_7	76
S_2	王小明	17	数学	王晓	C_4	70
S_3	吴小林	19	信息	赵钢	C_1	75
S_3	吴小林	19	信息	赵钢	C_2	70
S_4	张涛	22	计算机	张力	C_1	93

上述数据库对应的关系模式为学生信息表(学号,姓名,年龄,系别,系主任,课程号,成绩),学号和课程号的组合为主键。

上述关系模式中存在以下问题。

(1)数据冗余:数据在数据库中的重复存放称为数据冗余。冗余度大,不仅浪费存储空间,重要的是在对数据进行修改时易造成数据的不一致性。例如系名、学生姓名、年龄等要重复存储多次,当它们发生改变时就需要修改多次,一旦遗漏就使数据不一致。

(2)更新异常:数据冗余,更新数据时维护数据完整性的代价大。如果某学生改名,则该学生的所有记录都要逐一修改姓名的值,稍有不慎就有可能漏改某些记录。

(3)插入异常:无法插入某部分信息称为插入异常,该插的数据插不进去。例如一个系刚成立,尚无学生,我们就无法把这个系及其系主任的信息存入数据库。因为学号和课程号是主键,主键不能为空。

(4)删除异常:不该删除的数据不得不删除。例如某个系的学生全部毕业了,我们在删除该系学生信息的同时把这个系及其系主任的信息也丢掉了。

上述关系模式设计不合理,不是一个好的关系模式,"好"的关系模式不会发生插入异常、删除异常、更新异常,数据冗余也应尽可能少。

关系模式规范化的目的就是解决关系模式中存在的数据冗余、插入和删除异常以及更新异常等问题。其基本思想是消除数据依赖中的不合适部分,使各关系模式达到某种程度的分离,使一个关系描述一个概念、一个实体或实体间的一种联系。因此,规范化的实质是概念的单一化。

关系数据库中的关系必须满足一定的规范化要求,对于不同的规范化程度可用范式来衡量。范式(Normal Form)是符合某一种级别的关系模式的集合,是衡量关系模式规范化程度的标准,达到某种级别的关系就是某种级别的规范化。目前主要有 6 种范式,即第一范式、第二范式、第三范式、BC 范式、第四范式和第五范式。满足最低要求的叫第一范式,简称 1NF。在第一范式的基础上进一步满足一些要求的为第二范式,简称 2NF。其余以此类推。显然,各种范式之间存在的联系为 1NF⊇2NF⊇3NF⊇BCNF⊇4NF⊇5NF。

通常把某一关系模式 R 属于第 n 范式简记为 R∈nNF。

范式的概念最早是由 E. F. Codd 提出的。在 1971 到 1972 年期间,他先后提出了 1NF、

2NF、3NF 的概念，1974 年他又和 Boyee 共同提出了 BCNF 的概念，1976 年 Fagin 提出了 4NF 的概念，后来又有人提出了 5NF 的概念。在这些范式中，最重要的是 3NF 和 BCNF，它们是进行规范化的主要目标。

2.4.3　关系的规范化过程

一个低一级范式的关系模式，通过模式分解可以转换为若干个高一级范式的关系模式的集合，这个过程称为规范化。在实际情况下，规范化到 3NF 就可以了。

1. 第一范式

视频讲解

设 R 是一个关系模式。如果 R 的每个属性的值域都是不可分的简单数据项（原子值）的集合，则称这个关系模式属于第一范式，记为 R∈1NF。

也可以说，如果关系模式 R 的每一个属性都是不可分解的，则 R 为第一范式的模式，1NF 是规范化最低的范式。

在任何一个关系数据库系统中，关系至少应该是第一范式，不满足第一范式的数据库模式不能称为关系数据库。注意，第一范式不能排除数据冗余和异常情况的发生。

例如，表 2-30 描述的是某单位职工的情况。

表 2-30　职工情况表

职 工 号	姓　　名	工　　资		
		基本工资	职务工资	工龄工资
20011	李岚	2290	800	430
20013	王晓江	2000	800	340

由于该表中"工资"一项包括 3 个部分，不满足每个属性不能分解的条件，是非规范化表，不是第一范式。其可规范化为表 2-31。

表 2-31　职工情况表

职 工 号	姓　　名	基本工资	职 务 工 资	工 龄 工 资
20011	李岚	3290	1300	830
20013	王晓江	3000	1200	810

2. 第二范式

视频讲解

如果关系模式 R 属于第一范式，且它的每个非主属性都完全函数依赖于码（候选码），则称 R 为满足第二范式的关系模式，记为 R∈2NF。

在一个关系中，包含在任何候选码中的各个属性称为主属性，不包含在任何候选码中的属性称为非主属性。

在规范化时，采用的是每个关系的最小函数依赖集，最小函数依赖集是符合以下条件的函数依赖集 F。

（1）F 中的任何一个函数依赖的右部仅含有一个属性。

（2）F 中的所有函数依赖的左边都没有冗余属性。

（3）F 中不存在冗余的函数依赖。

【例 2-18】　在学生关系 S（学号，姓名，性别，课程号，学分）中，学号和课程号的组合为主码，姓名、性别、学分为非主属性，关系 S 中的最小函数依赖集为学号→姓名，学号→性别，（学号,课程号)→学分。

实际上,函数依赖(学号,课程号)→姓名也成立,但左边的课程号是多余的;函数依赖学号→学号也成立,但这是一个冗余的函数依赖。

下面是两个推论。

(1) 关系 R∈1NF,且其主关键字只有一个属性,则关系 R 一定属于第二范式。

【例 2-19】 在关系 R(学号,姓名,性别,出生日期,成绩)中,主码为学号,姓名、性别、出生日期、成绩为非主属性,存在最小函数依赖集学号→姓名,学号→性别,学号→出生日期,学号→成绩。

由于每个非主属性都完全函数依赖于码,所以关系 R∈2NF。

(2) 主关键字是属性的组合,这样的关系模式可能不是第二范式。

对于例 2-18 中的最小函数依赖集,存在非主属性(姓名和性别)部分函数依赖于码,故关系 S 不属于 2NF。

对上述关系模式进行分解,分解方法为每个非主属性与它所依赖的属性组成新关系,新关系要尽可能少,新关系的主码为函数依赖的左侧属性或属性集。

则上述关系模式分解为两个关系:S_1(学号,姓名,性别)和 S_2(学号,课程号,学分),且 S_1∈2NF,S_2∈2NF。

【例 2-20】 在职工信息关系 P(职工号,姓名,职称,项目号,项目名称,项目排名)中,主码为职工号和项目号,非主属性为姓名、职称、项目名称、项目排名,关系 P 中的最小函数依赖集为职工号→姓名,职工号→职称,项目号→项目名称,(职工号,项目号)→项目排名。

由于存在非主属性部分依赖于码,故关系 P 不属于 2NF。对上述关系模式进行分解,分解为职工信息表(职工号,姓名,职称)、项目排名表(职工号,项目号,项目排名)和项目表(项目号,项目名称)3 个关系。

3. 第三范式

如果关系模式 R 属于第二范式,且没有一个非主属性传递函数依赖于码,则称 R 为满足第三范式的关系模式,记为 R∈3NF。

视频讲解

【例 2-21】 在关系 ST(学号,楼号,收费)中包含的最小函数依赖集为学号→楼号,楼号→收费。

函数依赖学号→收费也成立,但因为收费不是直接而是传递函数依赖于学号,所以这是一个冗余的函数依赖。

对上述关系模式进行分解,分解为 ST_1(学号,楼号)和 ST_2(楼号,收费)两个关系。

推论:如果关系模式 R∈1NF,且它的每一个非主属性既不部分也不传递函数依赖于码,则 R∈3NF。

通过 3NF 的定义,也可以得出这样的推论:不存在非主属性的关系模式一定属于 3NF。此推论由读者自行证明。

4. BC 范式

关系模式 R∈1NF,对任何非平凡的函数依赖 X→Y,X 均包含码,则 R∈BCNF。

BCNF 是从 1NF 直接定义而成的,可以证明,如果 R∈BCNF,则 R∈3NF。

由 BCNF 的定义可以看到,每个 BCNF 的关系模式都具有以下 3 个性质。

(1) 所有非主属性都完全函数依赖于每个候选码。

(2) 所有主属性都完全函数依赖于每个不包含它的候选码。

视频讲解

(3) 没有任何属性完全函数依赖于非码的任何一组属性。

如果关系模式 R∈BCNF,由定义可知,R 中不存在任何属性传递函数依赖或部分依赖于任何候选码,所以必定有 R∈3NF。但是,如果 R∈3NF,R 未必属于 BCNF。

3NF 和 BCNF 是以函数依赖为基础的关系模式规范化程度的度量。

如果一个关系数据库中的所有关系模式都属于 BCNF,那么在函数依赖范畴内,它已经实现了模式的彻底分解,达到了最高的规范化程度,消除了插入异常和删除异常。

在信息系统的设计中普遍采用的是"基于 3NF 的系统设计"方法,由于 3NF 是无条件可以达到的,并且基本解决了"异常"的问题,所以这种方法目前在信息系统的设计中仍然被广泛应用。

如果仅考虑函数依赖这一种数据依赖,属于 BCNF 的关系模式就已经很完美了。如果考虑其他数据依赖,例如多值依赖,属于 BCNF 的关系模式仍存在问题,就不能算是一个完美的关系模式。而 4NF 研究的是关系模式中多值依赖的问题,5NF 研究的是关系模式中连接依赖的问题,这里不再讲述。

5. 关系规范化总结

视频讲解

(1) 对 1NF 关系进行投影,消除原关系中非主属性对码的部分函数依赖,从而产生若干个 2NF 的关系。

(2) 对 2NF 关系进行投影,消除原关系中非主属性对码的传递函数依赖,从而产生若干个 3NF 的关系。

(3) 对 3NF 关系进行投影,消除原关系中主属性对码的部分函数依赖和传递函数依赖(也就是说使决定属性都成为投影的候选码),得到一组 BCNF 的关系。

总之,关系的规范化减少了冗余数据,节省了空间,避免了不合理的插入、删除、修改等操作,保持了数据的一致性;但是也导致了一些缺点,例如信息放在不同表中,在查询数据时有时需要把多个表连接在一起,增加了操作的时间和难度,因此关系模式要从实际设计的目标出发进行设计。

习 题 2

1. 关系数据模型由哪 3 个要素组成?

2. 简述关系的性质。

3. 简述关系的完整性。

4. 传统的集合运算和专门的关系运算有哪些?

5. 解释下列术语的含义:函数依赖、平凡函数依赖、非平凡函数依赖、部分函数依赖、完全函数依赖、传递函数依赖、范式。

6. 简述非规范化的关系中存在的问题。

7. 简述关系模式规范化的目的。

8. 根据给定的关系模式进行查询。

设有学生-课程关系数据库,它由 3 个关系组成,它们的模式为学生 S(学号 S#,姓名 SN,所在系 SD,年龄 SA)、课程 C(课程号 C#,课程名 CN,先修课号 PC#)、SC(学号 S#,课程号 C#,成绩 G)。请用关系代数分别写出下列查询:

(1) 检索年龄大于等于 20 岁的学生的姓名。

（2）检索先修课号为 C_2 的课程号。

（3）检索课程号 C_1 的成绩为 90 分以上的所有学生的姓名。

（4）检索 001 号学生选修的所有课程名及先修课号。

（5）检索数学系学生所选修的课程的课程号和课程名。

9. 建立关于系、学生、班级、研究会等信息的一个关系数据库，规定一个系有若干专业，每个专业每年只招一个班；每个班有若干学生，一个系的学生住在同一个宿舍区；每个学生可参加若干研究会，每个研究会有若干学生；学生参加某研究会有一个入会年份。

描述学生的属性有学号、姓名、出生年月、系名、班号、宿舍区。

描述班级的属性有班号、专业名、系名、人数、入校年份。

描述系的属性有系号、系名、系办公室地点、人数。

描述研究会的属性有研究会名、成立年份、地点、人数。

试给出上述数据库的关系模式；写出每个关系的基本的函数依赖集；指出是否存在传递函数依赖；指出各关系的主码和外码。

10. 设有关系模式 R(运动员编号，姓名，性别，班级，班主任，项目号，项目名，成绩)，如果规定每名运动员只能代表一个班级参加比赛，每个班级只能有一个班主任；每名运动员可参加多个项目，每个比赛项目也可有多名运动员参加；每个项目只能有一个项目名；每名运动员参加一个项目只能有一个成绩。根据上述语义解决下列问题：

（1）写出关系模式 R 的主关键字。

（2）分析 R 最高属于第几范式，说明理由。

（3）若 R 不是 3NF，将其分解为 3NF。

11. 设有关系模式 R(职工号，日期，日营业额，部门名，部门经理)，如果规定每个职工每天只有一个营业额，每个职工只在一个部门工作，每个部门只有一个经理。

（1）根据上述规定写出模式 R 的主关键字。

（2）分析 R 最高属于第几范式，说明理由。

（3）若 R 不是 3NF，将其分解为 3NF。

第 3 章

数据库设计

合理的数据库结构是数据库应用系统性能良好的基础和保证,但数据库的设计和开发却是一项庞大而复杂的工程。从事数据库设计的人员不仅要具备数据库知识和数据库设计技术,还要有程序开发的实际经验,掌握软件工程的原理和方法;数据库设计人员必须深入应用环境,了解用户具体的专业业务;在数据库设计的前期和后期与应用单位人员密切联系、共同开发,可大大提高数据库设计的成功率。

本章主要讲述数据库设计过程中的需求分析、概念结构设计、逻辑结构设计、物理结构设计、数据库实施、运行和维护等内容以及两个数据库设计实例。

视频讲解

3.1 数据库设计概述

数据库设计是根据用户需求设计数据库结构的过程。具体一点来讲,数据库设计是对于给定的应用环境在关系数据库理论的指导下构造最优的数据库模式,在数据库管理系统上建立数据库及其应用系统,使之能有效地存储数据,满足用户的各种需求的过程。

数据库设计方法有多种,概括起来分为 4 类,即直观设计法、规范设计法、计算机辅助设计法和自动化设计法。按照规范设计的方法,考虑数据库及其应用系统开发全过程,数据库设计可分为 6 个阶段,即需求分析阶段、概念结构设计阶段、逻辑结构设计阶段、物理结构设计阶段、数据库实施阶段以及数据库运行和维护阶段。

视频讲解

3.2 需求分析

需求分析是数据库设计的起点,需求分析就是数据库设计人员通过仔细地调查和向用户详细地咨询掌握用户的需求、理解用户的需求。需求分析的结果是否准确地反映了用户的实际要求将直接影响到后面各个阶段的设计,并影响到设计结果是否合理、实用。如果投入大量的人力、物力、财力和时间开发出的软件满足不了用户的要求,最后还要重新开发,这种返工是让人痛心疾首的。

总之,需求分析为数据库的开发起到了决策的作用,提供了开发的方向,并指明了开发的策略,在数据库开发及维护中均起到了举足轻重的作用。可以说在一个大型数据库系统的开发中,它的作用要远远大于其他各个阶段。永远记住,要想数据库设计的合理、可行,满足用户需求才是最重要的。

3.2.1 需求分析的任务

需求分析的任务是通过详细调查现实世界要处理的对象(组织、部门、企业等)充分了解原系统(手工系统或计算机系统)的工作概况,明确用户的各种需求,然后在此基础上确定新系统的功能。新系统必须充分考虑今后可能的扩充和改变,不能仅仅按当前的应用需求来设计数据库。

调查的重点是"数据"和"处理",通过调查、收集与分析获得用户对数据库的以下要求。

(1) 信息要求:指用户需要从数据库中获得信息的内容与性质。由信息要求可以导出数据要求,即在数据库中需要存储哪些数据。

(2) 处理要求:指用户要完成什么处理功能,对处理的响应时间有什么要求,处理方式是批处理还是联机处理。

(3) 安全性与完整性要求:安全性要求是指对数据库的用户、角色、权限、加密方法等安全保密措施的要求;完整性要求是指对数据的取值范围、数据之间各种联系的要求等。

确定用户的最终需求往往是一件很困难的事,这是因为一方面用户缺少计算机知识,开始时无法确定计算机究竟能为自己做什么,不能做什么,往往不能准确地表达自己的需求,所提出的需求往往不断变化;另一方面,设计人员缺少用户的专业知识,不易理解用户的真正需求,甚至误解用户的需求。因此,设计人员必须不断深入地与用户交流,才能逐步确定用户的实际需求。

3.2.2　需求分析的方法

进行需求分析首先是调查清楚用户的实际要求,与用户达成共识,然后分析与表达这些需求。

1. 调查用户需求的具体步骤

(1) 调查组织机构情况,包括了解该组织的部门组成情况、各部门的职责等,为分析信息流程做准备。

(2) 调查各部门的业务活动情况,包括了解各部门输入和使用什么数据,如何加工处理这些数据,输出什么信息,输出到什么部门,输出结果的格式是什么,这是调查的重点。

(3) 在熟悉业务活动的基础上协助用户明确对新系统的各种要求,包括信息要求、处理要求、完全性与完整性要求,这是调查的又一个重点。

(4) 确定新系统的边界,对前面调查的结果进行初步分析,确定哪些功能由计算机完成或将来准备让计算机完成,哪些活动由人工完成。由计算机完成的功能就是新系统应该实现的功能。在调查过程中可以根据不同的问题和条件使用不同的调查方法。

2. 常用的调查方法

(1) 跟班作业:通过亲身参加业务工作来了解业务活动的情况。这种方法可以比较准确地理解用户的需求,但比较耗费时间。

(2) 开座谈会:通过与用户座谈来了解业务活动情况及用户需求。在座谈时,参加者之间可以相互启发,一般可按职能部门组织座谈会。

(3) 询问或请专人介绍:一般应包括领导、管理人员、操作员等。

(4) 设计调查表请用户填写需求:如果调查表设计得合理,这种方法很有效,也易于用户接受。

(5) 查阅记录:查阅与原系统有关的数据记录。

在做需求调查时往往需要同时使用上述多种方法。但无论使用何种调查方法,都必须有用户的积极参与和配合,最好能建立由双方人员参加的项目实施保障小组负责沟通联系。

3.2.3　数据流图和数据字典

数据流图（Data Flow Diagram，DFD）和数据字典（Data Dictionary，DD）是对需求分析结果进行描述的两个主要工具。

1. 数据流图

数据流图表达了数据和处理过程的关系，反映的是对事务处理所需的原始数据和经处理后的数据及其流向。在结构化分析方法中，任何一个系统都可以抽象成图 3-1 所示的数据流图。

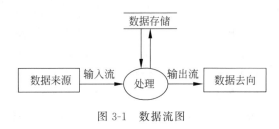

图 3-1　数据流图

1）数据流

在数据流图中，用箭头表示数据流，数据流由一组确定的数据组成；名字表示流经的数据，箭头表示数据流动的方向。

2）处理

在数据流图中，用圆圈表示处理，处理是对数据进行的操作。

3）数据存储

在数据流图中，用双线段表示存储的信息，文件数据暂时存储或永久保存的地方可以是数据库存储文件，如学生表、开课计划表等。

4）外部实体

外部实体指独立于系统存在的，但又和系统有联系的实体。它表示数据的外部来源和最后的去向，确定系统与外部环境之间的界限，从而可确定系统的范围。在数据流图中，用矩形表示外部实体。外部实体可以是某人员、组织、系统或某事物。

数据流图清楚地表达了数据与处理之间的关系。在结构化分析方法中，处理过程常常借助判定表或判定树来描述，而系统中的数据则用数据字典来描述。

2. 数据字典

数据字典是数据库系统中各类数据详细描述的集合。在数据库设计中，它提供了对各类数据描述的集中管理，是一种数据分析、系统设计和管理的有力工具。数据字典要有专人或专门小组进行管理，及时对数据字典进行更新，保证字典的安全、可靠。

数据字典通常包括数据项、数据存储、数据流和数据加工 4 个部分。这里以货物销售网站的数据库为例介绍数据字典的设计。

1）数据项

数据项是最小的数据单位，通常包括属性名、含义、别名、类型、长度、取值范围、与其他数据项的逻辑联系等。数据项的定义格式如下。

数据项名称：货物编号

别名：Goods-No

含义：公司所有货物的编号

类型：字符串

长度：10

其取值范围及含义如下。

第 1 位字符：进口/国产

第 2～4 位字符：类别

第 5～7 位字符：规格

第 8～10 位字符：品名编号

2）数据存储

数据存储是数据停留并保存的地方，也是数据流的来源和去向之一。它可以是手工文档或凭单，也可以是计算机文档。它包括数据存储名、说明、输入/输出数据流、组成的成分（数据结构或数据项）、存取方式、操作方式等。数据存储的定义格式如下。

数据存储名称：库存

别名：Inventory

说明：货物存放于仓库的情况

组成：货物编号＋仓库编号＋存放位置＋库存量

输入：进货单

输出：供货单

存取方式：索引文件，以货物编号＋仓库编号为关键字

操作方式：立即查询

3）数据流

数据流表示数据项或数据结构在某一加工过程中的输入或输出。数据流包括数据流名、说明、输入/输出的加工名、组成的成分。数据流的定义格式如下。

数据流名称：订单

说明：顾客订货时填写的项目

输入：顾客提交

输出：订单检验

组成：编号＋订货日期＋顾客编号＋地址＋电话＋银行账号＋货物名称＋规格＋数量

4）数据加工

数据加工的具体处理逻辑一般用判定表或判定树来描述，包括加工名称、说明、输入/输出数据流、加工过程简介等。加工条目是用来说明 DFD 中基本加工的处理逻辑的，由于上层的加工是由下层的基本加工分解而来，只要有了基本加工的说明，就可以理解其他加工。基本加工的定义格式如下。

加工名：查阅库存

操作条件：接收到合格订单时

输入：合格订单

输出：可供货订单或缺货订单

加工过程：根据订单数量和总库存数量可以判断供货或缺货

数据字典是在需求分析阶段建立，在数据库设计过程中不断修改、充实、完善的。

3.3　概念结构设计

系统需求分析报告反映了用户的需求，但只是现实世界的具体要求，这是远远不够的。还要将其转换为信息（概念）世界的结构，这就是概念设计阶段所要完成的任务。

数据库概念结构设计是整个数据库设计的关键，此阶段要做的工作不是直接将需求分析得到的数据格式转换为 DBMS 能处理的数据模型，而是将需求分析得到的用户需求抽象为反映用户观点的概念模型。将概念模型作为各种数据模型的共同基础，从而能更好、更准确地用某一 DBMS 实现这些需求。

描述概念结构的模型应具有以下几个特点。

（1）有丰富的语义表达能力：能表达用户的各种需求，反映现实世界中的各种数据及其复杂的联系，以及用户对数据的处理要求等。

（2）易于交流和理解：概念模型是系统分析师、数据库设计人员和用户之间主要的交流工具。

（3）易于修改：概念模型能灵活地加以改变，以反映用户需求和环境的变化。

（4）易于向各种数据模型转换：设计概念模型的最终目的是向某种 DBMS 支持的数据模型转换，建立数据库应用系统。

人们提出了多种概念设计的表达工具，其中最常用、最有名的是 E-R 模型。

3.3.1　概念结构设计的方法

概括起来，设计概念模型的总体策略和方法可以归纳为下面 4 种。

视频讲解

（1）自顶向下法：首先认定用户关心的实体及实体间的联系，建立一个初步的概念模型框架，即全局 E-R 模型，然后再逐步细化，加上必要的描述属性，得到局部 E-R 模型。

（2）自底向上法：有时又称属性综合法，先将需求分析说明书中的数据元素作为基本输入，通过对这些数据元素的分析把它们综合成相应的实体和联系，得到局部 E-R 模型，然后在此基础上进一步综合成全局 E-R 模型。

（3）逐步扩张法：先定义最重要的核心概念 E-R 模型，然后向外扩充，以滚雪球的方式逐步生成其他概念 E-R 模型。

（4）混合策略：将单位的应用划分为不同的功能，每一种功能相对独立，针对各个功能设计相应的局部 E-R 模型，最后通过归纳合并消去冗余与不一致，形成全局 E-R 模型。

其中最常用的策略是自底向上法，即先进行自顶向下的需求分析，再进行自底向上的概念设计。

3.3.2　概念结构设计的步骤

概念结构设计可以分为两步：进行数据抽象，设计局部 E-R 模型，即设计局部视图；集成各局部 E-R 模型，形成全局 E-R 模型，即视图的集成。

1. 设计局部 E-R 模型

局部 E-R 模型的设计步骤包括以下 4 步。

（1）确定局部 E-R 图描述的范围：根据需求分析所产生的文档可以确定每个局部 E-R 图描述的范围。通常采用的方法是将单位的功能划分为几个系统，将每个系统又分为几个子系统。设计局部 E-R 模型的第一步就是划分适当的系统或子系统,划分的过细或过粗都不太合适,划分的过细将造成大量的数据冗余和不一致,过粗有可能漏掉某些实体。

用户一般可以遵循以下两条原则进行功能的划分。

- 独立性原则:划分在一个范围内的应用功能具有独立性与完整性,与其他范围内的应用有最少的联系。
- 规模适度原则:局部 E-R 图的规模应适度,一般以 6 个左右实体为宜。

(2) 确定局部 E-R 图的实体:根据需求分析说明书将用户的数据需求和处理需求中涉及的数据对象进行归类,指明对象的身份是实体、联系还是属性。

(3) 定义实体的属性:根据上述实体的描述信息来确定其属性。

(4) 定义实体间的联系:在确定了实体及其属性后就可以定义实体间的联系了。实体间的联系按其特点可分为 3 种,即存在性联系(如学生有所属的班级)、功能性联系(如教师要教学生)、事件性联系(如学生借书)。实体间的联系方式分为一对一、一对多、多对多 3 种。

在设计完成某一局部结构的 E-R 模型后,看还有没有其他的局部 E-R 模型,有则转到第(2)步继续,直到所有的局部 E-R 模型都设计完为止。

2. 局部 E-R 模型的集成

由于局部 E-R 模型反映的只是单位局部子功能对应的数据视图,可能存在不一致的地方,还不能作为逻辑设计的依据,这时可以去掉不一致和重复的地方,将各个局部视图合并为全局视图,即局部 E-R 模型的集成。

视频讲解

一般来说,视图集成有两种方式:第一种是多个分 E-R 图一次集成;第二种是逐步集成,用累加的方式一次集成两个分 E-R 图。第一种方式比较复杂,做起来难度较大;第二种方式每次只集成两个分 E-R 图,可以降低复杂度。

无论采用哪种集成方法,每一次集成都分为两步:第一步是合并,以消除各局部 E-R 图之间不一致的情况,生成初步的 E-R 图;第二步是优化,消除不必要的数据冗余,包括冗余的数据和实体间冗余的联系,生成全局 E-R 图。

3.4　逻辑结构设计

数据库概念设计阶段得到的数据模式是用户需求的形式化,它独立于具体的计算机系统和 DBMS。为了建立用户所要求的数据库,必须把上述数据模式转换成某个具体的 DBMS 所支持的数据模式,并以此为基础建立相应的外模式,这是数据库逻辑设计的任务,是数据库结构设计的重要阶段。

逻辑设计的主要目标是产生一个 DBMS 可处理的数据模型和数据库模式。该模型必须满足数据库的存取、一致性及运行等各方面的用户需求。

其逻辑结构设计阶段一般要分 3 步进行:将 E-R 图转化为关系数据模型、关系模式的优化、设计用户外模式。

3.4.1　将 E-R 图转化为关系数据模型

关系数据模型是一组关系模式的集合,而 E-R 图是由实体、属性和实体之间的联系三要素组成的,所以将 E-R 图转化为关系数据模型实际上是将实体、属性和实体之间的联系转化为关系模式。

视频讲解

在转化过程中要遵循以下原则：

1. 实体的转换

一个实体转化为一个关系模式,实体的属性就是该关系模式的属性,实体的主码就是该关系模式的主码。

2. 联系的转换

在 E-R 图中,用菱形表示实体间的联系,用无向边分别把菱形与有关实体连接起来,并在无向边旁注明了联系的类型。而在关系数据模型中,实体和联系都用关系来表示,所以需要把联系转换到关系模式中。

(1) 两实体集间的 1:1 联系可以转换为一个独立的关系模式,也可以与任意一端对应的关系模式合并。

① 转换为一个独立的关系模式:转换后的关系模式中关系的属性包括与该联系相连的各实体的主码以及联系本身的属性,关系的主码为两个实体的主码的组合。

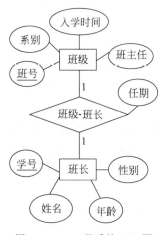

图 3-2 1:1 联系的 E-R 图

【**例 3-1**】 将图 3-2 所示的 E-R 图按方法①转换为关系模式。

转换成以下关系模式:

班级(<u>班号</u>,系别,班主任,入学时间)
班长(<u>学号</u>,姓名,性别,年龄)
班级－班长(<u>班号,学号</u>,任期)

② 与某一端对应的关系模式合并:合并后关系模式的属性包括自身关系模式的属性和另一关系模式的主码及联系本身的属性,合并后关系的主码不变。

【**例 3-2**】 将图 3-2 所示的 E-R 图按方法②转换为关系模式。

转换成以下关系模式:

班级(<u>班号</u>,系别,班主任,入学时间)
班长(<u>学号</u>,姓名,性别,年龄,班号,任期)

或:

班级(<u>班号</u>,系别,班主任,入学时间,班长学号,班长任期)
班长(<u>学号</u>,姓名,性别,年龄)

(2) 两实体集间的 1:N 联系可以转换为一个独立的关系模式,也可以与 N 端对应的关系模式合并。

① 转换为一个独立的关系模式:关系的属性包括与该联系相连的各实体的主码以及联系本身的属性,关系的主码为 N 端实体的主码。

【**例 3-3**】 将图 3-3 所示的 E-R 图按方法①转换为关系模式。

对应的关系模式如下:

系(<u>系号</u>,系名,系主任)
教师(<u>教师号</u>,教师名,年龄,职称)
工作(<u>教师号</u>,系号,入系日期)

② 与 N 端对应的关系模式合并：合并后关系的属性包括在 N 端关系中加入 1 端关系的主码和联系本身的属性，合并后关系的主码不变。

【例 3-4】　将图 3-3 所示的 E-R 图按方法②转换为关系模式。

对应的关系模式如下：

系(<u>系号</u>,系名,系主任)
教师(<u>教师号</u>,教师名,年龄,职称,系号,入系日期)

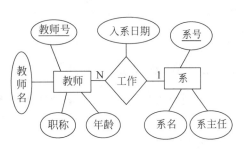

图 3-3　1：N 联系的 E-R 图

注意：在实际使用中，两实体集间的 1：1 和 1：N 联系通常都采用方法②进行转换，以减少关系模式，因为多一个关系模式就意味着在查询过程中要进行连接运算，从而降低查询的效率。

(3) 同一实体集内实体间的 1：N 联系：可以在这个实体集所对应的关系模式中多设一个属性，用来作为与该实体相联系的另一个实体的主码。

例如学生实体集中有部分学生是班长，就可以在学生关系模式中加入一个"班长学号"属性，表示这个学生所在班的班长。

(4) 两实体集间的 M：N 联系：必须为联系产生一个新的关系模式，在该关系模式中至少包含被它所联系的双方实体的主码，若联系中有属性，也要并入该关系模式中。如果没有指定另外的属性(例如此联系的 ID)作为该关系的主码，则该关系的主码为双方实体的主码的组合。

【例 3-5】　将图 3-4 所示的 E-R 图转换成对应的关系模式。

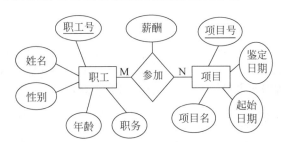

图 3-4　两实体集间 M：N 联系的 E-R 图

对应的关系模式如下：

职工(<u>职工号</u>,姓名,性别,年龄,职务)
项目(<u>项目号</u>,项目名,起始日期,鉴定日期)
参加(<u>职工号</u>,<u>项目号</u>,薪酬)

(5) 同一实体集内实体间的 M：N 联系：必须为联系产生一个新的关系模式，在该关系模式中至少包含被它所联系的双方实体的主码，若联系有属性，也要并入该关系模式中。

例如学生实体集中有部分学生是社团的负责人，而一个学生可以参加多个社团，一个社团也可以有多个学生，所以学生实体集中的学生和社团负责人就存在 M：N 联系。学生实体集转换为一个学生关系，学生实体集内实体间的 M：N 联系就生成一个新的关系模式，在该关系中至少包含"学号"和"社团负责人编号"两个属性。

(6) 两个以上实体集之间的 M：N 联系：必须为联系产生一个新的关系模式，在该关系模式中至少包含被它所联系的所有实体的主码，若联系有属性，也要并入该关系模式中，关系的主码可以指定一个单独的属性(例如此联系的 ID),否则为它所联系的所有实体的主码的组合。

3.4.2　关系模式的优化

视频讲解

在通常情况下,数据库逻辑设计的结果不是唯一的。为了进一步提高数据库应用系统的性能,还应努力减少关系模式中存在的各种异常,改善完整性、一致性和存储效率。规范化理论是数据库逻辑设计的重要理论基础和进行关系模式优化的有力工具,规范化的具体过程详见第 2 章。

为了提高数据库应用系统的性能,对规范化后的关系模式还需要进行修改、调整结构,这就是关系模式的进一步优化,通常采用合并或分解的方法。例如两个或多个关系经常进行连接查询,在确定不会造成数据操作异常的前提下可以对它们的关系模式进行合并;又如一个数据记录非常多的关系,可以将其关系模式进行横向分解,将旧数据和新数据分别存储;再如一个属性非常多的关系,可以将其关系模式进行纵向分解,将常用属性和不常用属性分别存储。

关系模式的优化方法如下。

(1) 确定函数依赖。

(2) 对于各个关系模式之间的函数依赖进行极小化处理,消除冗余的联系。

(3) 按照函数依赖的理论对关系模式逐一进行分析,考查是否存在部分函数依赖、传递函数依赖等,确定各关系模式分别属于第几范式,对不符合规范的关系模式进行规范化。

(4) 按照需求分析阶段得到的各种应用对数据处理的要求,分析对于这样的应用环境这些模式是否合适,确定是否要对它们进行合并或分解。

(5) 对关系模式进行必要的合并或分解。

规范化理论为数据库设计人员判断关系模式的优劣提供了理论标准,可用来预测关系模式可能出现的问题,使数据库设计工作有了严格的理论基础。

3.4.3　设计用户外模式

视频讲解

外模式也叫子模式,是用户可直接访问的数据模式。在同一系统中,不同用户可以有不同的外模式。外模式来自逻辑模式,但在结构和形式上可以不同于逻辑模式,所以它不是逻辑模式简单的子集。

外模式的作用为:通过外模式对逻辑模式屏蔽,为应用程序提供一定的逻辑独立性;可以更好地适应不同用户对数据的需求;为用户划定了访问数据的范围,有利于数据的保密等。

定义数据库全局模式主要是从系统的时间效率、空间效率、易维护等角度出发。由于用户外模式与模式是相对独立的,因此在定义用户外模式时要注意考虑用户的习惯与方便。这些习惯与方便如下。

(1) 使用符合用户习惯的别名。

(2) 可以对不同级别的用户定义不同的外模式,以保证系统的安全性。

(3) 简化用户对系统数据的使用。

如果某些局部应用中经常要使用一些很复杂的查询,为了方便用户,可以将这些复杂的查询定义为外模式,这样用户就可以每次只对定义好的外模式进行查询,从而大大方便了用户的使用。

视频讲解

3.5　物理结构设计

数据库最终要存储在物理设备上,将逻辑设计中产生的数据库逻辑模型结合指定的 DBMS 设计出最适合应用环境的物理结构的过程称为数据库的物理结构设计。

为了设计数据库的物理结构,设计人员必须充分了解所用 DBMS 的内部特征;充分了解数据系统的实际应用环境,特别是数据应用处理的频率和响应时间的要求;充分了解外存储设备的特性。

数据库的物理结构设计分为下面两个步骤。

(1) 确定数据库的物理结构。

(2) 对所设计的物理结构进行评价。

如果所设计的物理结构的评价结果满足原设计要求则可进入到物理实施阶段,否则需要重新设计或修改物理结构,有时甚至要返回逻辑设计阶段修改数据模型。

3.5.1　确定数据库的物理结构

数据库物理设计内容包括确定数据的存储结构、设计数据的存取路径、确定数据的存放位置和确定系统配置。

1. 确定数据的存储结构

在确定数据库的存储结构时要综合考虑存取时间、存储空间利用率和维护代价 3 个方面的因素。这 3 个方面常常是相互矛盾的,例如消除一切冗余数据虽然能够节约存储空间,但往往会导致检索代价的增加,因此必须进行权衡,选择一个折中方案。通常,确定数据的存储结构包括为各行记录分配连续或不连续的物理块等。

2. 设计数据的存取路径

DBMS 常用的存取方法有索引方法(目前主要是 B+树索引方法)、聚簇(Cluster)方法和 Hash(哈希)方法。

1) 索引方法

在关系数据库中,选择存取路径主要是指确定如何建立索引。例如,应把哪些域作为次码建立次索引,是建立单码索引还是组合索引,建立多少个合适,是否建立聚集索引等。

2) 聚簇方法

为了提高某个属性(或属性组)的查询速度,把这个或这些属性(称为聚簇码)上具有相同值的元组集中存放在连续的物理块上称为聚簇。

聚簇的用途:大大提高按聚簇属性进行查询的效率;聚簇功能不仅适用于单个关系,也适用于多个关系,假设用户经常要按系别查询学生成绩单,这一查询涉及学生关系和选修关系的连接操作,即需要按学号连接这两个关系,为提高连接操作的效率,可以把具有相同学号值的学生元组和选修元组在物理上聚簇在一起,这就相当于把多个关系按“预连接”的形式存放,从而大大提高连接操作的效率。

3) Hash 方法

有些数据库管理系统提供了 Hash 存取方法。如果一个关系的属性主要出现在等值连接条件中或主要出现在相等比较选择条件中,而且满足下列两个条件之一,则此关系可以选择

Hash存取方法。

（1）该关系的大小可预知且关系的大小不变。

（2）该关系的大小动态改变但所选用的DBMS提供了动态Hash存取方法。

3. 确定数据的存放位置

为了提高系统性能，用户应该把数据根据应用情况将易变部分与稳定部分分磁盘存放、把经常存取部分和存取频率较低部分分磁盘存放，把数据表和索引分磁盘存放、把数据和日志分磁盘存放，等等。

4. 确定系统配置

DBMS产品一般都提供了一些存储分配参数，供设计人员和DBA对数据库进行物理优化。在初始情况下，系统都为这些变量赋予了合理的默认值，但是这些值不一定适合每一种应用环境。

对于系统配置的变量，例如同时使用数据库的用户数、同时打开的数据库对象数、缓冲区分配参数、物理块装填因子、数据库的大小、锁的数目等，在进行物理设计时应根据应用环境确定这些参数值，以使系统的性能最佳。

3.5.2 评价物理结构

在数据库物理设计过程中需要对时间效率、空间效率、维护代价和各种用户要求进行权衡，可能产生多种方案，数据库设计人员必须对这些方案进行细致的评价，从中选择一个较优的方案作为数据库的物理结构。

评价物理数据库的方法完全依赖于所选用的DBMS，主要是从定量估算各种方案的存储空间、存取时间和维护代价入手对估算结果进行权衡、比较，选择出一个较优的、合理的物理结构。如果该结构不符合用户需求，则需要修改设计。

3.6 数据库的实施、运行和维护

视频讲解

在数据库正式投入运行之前还需要完成很多工作，例如在模式和子模式中加入对数据库安全性、完整性的描述，完成应用程序和加载程序的设计，数据库系统的试运行，并在试运行中对系统进行评价。如果评价结果不能满足用户要求，还需要对数据库进行修正设计，直到用户满意为止。数据库正式投入使用并不意味着数据库设计生命周期的结束，而是数据库维护阶段的开始。

3.6.1 数据库的实施

根据逻辑和物理设计的结果在计算机上建立起实际的数据库结构并装入数据、进行试运行和评价的过程叫数据库的实施（或实现）。

1. 建立实际的数据库结构

用DBMS提供的数据定义语言（DDL）编写描述逻辑设计和物理设计结果的程序（一般称为数据库脚本程序），经计算机编译处理和执行后就生成了实际的数据库结构。

2. 数据的加载

数据库应用程序的设计应该与数据库设计同时进行。通常，应用程序的设计应该包括数据库加载程序的设计。在数据加载前必须对数据进行整理。由于用户缺乏计算机应用背景的知识,常常不了解数据的准确性对数据库系统正常运行的重要性,因而未对提供的数据做严格的检查。所以在数据加载前要建立严格的数据登录、录入和校验规范,设计完善的数据校验与校正程序,排除不合格数据。

3. 数据库的试运行和评价

在加载了部分必需的数据和应用程序之后,就可以开始对数据库系统进行联合调试了,称为数据库的试运行。一般将数据库的试运行和评价结合起来,目的如下:

(1) 测试应用程序的功能;

(2) 测试数据库的运行效率是否达到设计目标,是否为用户所容忍。

测试的目的是为了发现问题,而不是为了说明能达到哪些功能,所以在测试中一定要有非设计人员的参与。

对于数据库系统的评价比较困难,需要估算不同存取方法的 CPU 服务时间及 I/O 服务时间。为此,一般从实际试运行中进行评价,确认其功能和性能是否满足设计要求,对空间占用率和时间响应是否满意等。

3.6.2　数据库的运行与维护

数据库试运行结果符合设计目标之后,数据库就可以真正投入运行了。数据库投入运行标志着开发任务的基本完成和维护工作的开始。

对数据库设计进行评价、调整、修改等维护工作是一个长期的任务,也是设计工作的继续和提高。

概括起来,维护工作包括数据库的转储和恢复;数据库的安全性和完整性控制;数据库性能的监督、分析和改造;数据库的重组织和重构造。

3.7　数据库设计实例

3.7.1　图书借阅管理系统设计

视频讲解

1. 需求分析

与用户协商,了解用户的需求,了解需要哪些数据和操作(主要是查询),确定系统中应包含书籍、员工、部门和出版社实体。

书籍的属性确定为图书号、分类、书名、作者、单价、数量;员工的属性确定为工号、姓名、性别、出生年月;部门的属性确定为部门号、部门名称、电话;出版社的属性确定为出版社名、地址、电话、联系人。

其中,每个员工可以借阅多本书,每本书也可以由多个员工借阅,每个员工每借一本书都有一个借阅日期和应还日期;每个员工只属于一个部门;每本图书只能由一个出版社出版。

2. 概念结构设计

画出图书借阅管理系统的 E-R 图,如图 3-5 所示。

3. 逻辑结构设计

根据前面的转换原则,图书借阅管理系统的关系模式设计如下:

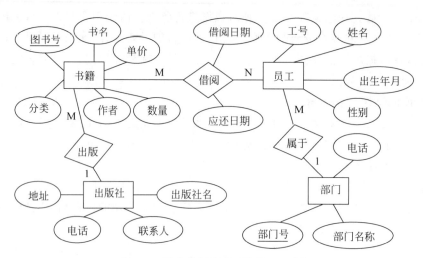

图 3-5 图书借阅管理系统的 E-R 图

书籍(图书号,分类,书名,作者,出版社名,单价,数量)
员工(工号,部门号,姓名,性别,出生年月)
部门(部门号,部门名称,电话)
出版社(出版社名,地址,电话,联系人)
借阅(工号,图书号,借阅日期,应还日期)

表结构设计如表 3-1~表 3-5 所示。

表 3-1 书籍表的表结构

属 性 名	类 型	宽 度	主 键	取 值 范 围
图书号	字符型	15	是	
分类	字符型	10		
书名	字符型	30		
作者	字符型	10		
出版社名	字符型	20		参考出版社表主键
单价	实型			0.00~999.99
数量	整型			

表 3-2 员工表的表结构

属 性 名	类 型	宽 度	主 键	取 值 范 围
工号	字符型	5	是	
部门号	字符型	4		参考部门表主键
姓名	字符型	10		
性别	字符型	2		(男,女)
出生年月	日期型			1956-1-1~2050-1-1

表 3-3 部门表的表结构

属 性 名	类 型	宽 度	主 键	取 值 范 围
部门号	字符型	4	是	
部门名	字符型	20		
电话	字符型	11		数字字符

表 3-4 出版社表的表结构

属 性 名	类 型	宽 度	主 键	取 值 范 围
出版社名	字符型	20	是	
地址	字符型	40		
电话	字符型	11		数字字符
联系人	字符型	10		

表 3-5 借阅表的表结构

属 性 名	类 型	宽 度	主 键	取 值 范 围
工号	字符型	5	是	参考员工表主键
图书号	字符型	15		参考书籍表主键
借阅日期	日期型			2012-1-1～2030-1-1
应还日期	日期型			2012-1-1～2030-2-1

4. 物理结构设计

根据查询需求设计每一个关系的索引文件。

3.7.2 钢材仓库管理系统设计

1. 需求分析

与用户协商,了解用户的需求,了解需要哪些数据和操作(主要是查询),确定系统中应包含职工、仓库、钢材和供应商实体。

职工的属性确定为工号、姓名、性别、出生年月、工种(销售员、采购员、仓库管理员);仓库的属性确定为仓库编号、仓库名称、地址、联系电话、容量;钢材的属性确定为钢材号、钢材名、品种、规格;供应商的属性确定为供应商编号、供应商名称、地址、电话、联系人。

其中,一种钢材可以存放于多个仓库内,一个仓库也可以存放多种钢材;一个供应商可以供应多种钢材,一种钢材也可以由多个供应商供应,每个供应商供应一种钢材有一个报价;钢材、仓库与销售员之间有销售关系,它们是多对多的,每个销售员销售每个仓库的每种钢材都有一个销售单号、出库数量和出库日期;采购员、钢材与仓库之间有采购关系,它们是多对多的,每个采购员采购每种钢材都有一个入库单号、入库数量和入库日期;每个仓库有多名管理员,每个管理员只能管理一个仓库。

2. 概念结构设计

画出钢材仓库管理系统的 E-R 图,如图 3-6 所示。

3. 逻辑结构设计

根据前面的转换原则,钢材仓库管理系统的关系模式设计如下:

职工(工号,姓名,性别,出生年月,工种,仓库编号)
仓库(仓库编号,仓库名称,地址,联系电话,容量)
钢材(钢材号,钢材名,品种,规格)
供应商(供应商编号,供应商名称,地址,电话,联系人)
存放(仓库编号,钢材号,存放数量)
供应(供应商编号,钢材号,报价)
销售(出库单号,钢材号,仓库编号,销售员工号,出库数量,出库日期)
采购(入库单号,钢材号,仓库编号,采购员工号,入库数量,入库日期)

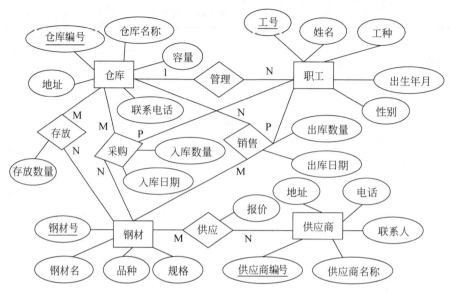

图 3-6　钢材仓库管理系统的 E-R 图

其中,职工关系的工种属性如果取值为仓库管理员,则仓库编号属性的值为某个仓库的编号,否则为空值。

表结构设计如表 3-6～表 3-13 所示。

表 3-6　职工表的表结构

属 性 名	类 型	宽 度	主 键	取 值 范 围
工号	字符型	5	是	
姓名	字符型	10		
性别	字符型	2		(男,女)
出生年月	日期型	20		1956-1-1～2050-1-1
工种	字符型	10		(销售员,采购员,仓库管理员)
仓库编号	字符型	4		参考仓库表主键或空值

表 3-7　仓库表的表结构

属 性 名	类 型	宽 度	主 键	取 值 范 围
仓库编号	字符型	4	是	
仓库名称	字符型	20		
地址	字符型	20		
联系电话	字符型	10		数字字符
容量	整型			>=总存放数量

表 3-8　钢材表的表结构

属 性 名	类 型	宽 度	主 键
钢材号	字符型	4	是
钢材名	字符型	20	
品种	字符型	10	
规格	字符型	10	

表 3-9　供应商表的表结构

属 性 名	类 型	宽 度	主 键	取 值 范 围
供应商编号	字符型	5	是	
供应商名称	字符型	30		
地址	字符型	40		
电话	字符型	10		数字字符
联系人	字符型	10		

表 3-10　存放表的表结构

属 性 名	类 型	宽 度	主 键	取 值 范 围
仓库编号	字符型	4	是	参考仓库表主键
钢材号	字符型	4		参考钢材表主键
存放数量	整型			

表 3-11　供应表的表结构

属 性 名	类 型	宽 度	主 键	取 值 范 围
供应商编号	字符型	5	是	参考供应商表主键
钢材号	字符型	4		参考钢材表主键
报价	实型			0.00～9999.99

表 3-12　销售表的表结构

属 性 名	类 型	宽 度	主 键	取 值 范 围
出库单号	字符型	10	是	
仓库编号	字符型	4		参考仓库表主键
销售员工号	字符型	5		参考员工表主键
钢材号	字符型	4		参考钢材表主键
出库数量	整型			<= 存放数量
出库日期	日期型			2000-1-1～2030-1-1

表 3-13　采购表的表结构

属 性 名	类 型	宽 度	主 键	取 值 范 围
入库单号	字符型	10	是	
仓库编号	字符型	4		参考仓库表主键
采购员工号	字符型	5		参考员工表主键
钢材号	字符型	4		参考钢材表主键
入库数量	整型	2		
入库日期	日期型	8		2000-1-1～2030-1-1

4. 物理结构设计

根据查询需求设计每一个关系的索引文件。

习　题　3

1. 简述数据库设计过程。

2. 简述数据库设计过程的各个阶段上的设计任务。

3. 简述数据库设计的特点。

4. 简述数据库概念结构设计的重要性和设计步骤。

5. 什么是数据库的逻辑结构设计？试述其设计步骤。

6. 简述把 E-R 图转换为关系模型的转换规则。

7. 将图 3-7 所示的学生信息数据库系统的 E-R 图转换为关系模型。

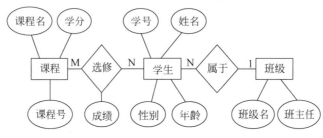

图 3-7　习题 7 图

8. 在一个设备销售管理系统中，设备实体包含设备编号、设备名称、型号规格、数量属性；部门实体包含部门编号、部门名称、部门经理、电话属性；客户实体包含客户编号、客户名称、地址、电话属性。其中，任何设备都可以销售给多个客户，每个客户购买任何一种设备都要登记购买数量；一个部门可以管理多种设备，一种设备仅由一个部门来管理。

根据以上情况完成以下设计：

（1）设计系统的 E-R 图；

（2）将 E-R 图转换为关系模式，标出每个关系模式的主码。

9. 某电子商务网站要求可随时查询库存中现有物品的名称、数量和单价，所有物品均应由物品编号唯一标识；可随时查询顾客订货情况，包括顾客号、顾客名、所订物品编号、订购数量、联系方式、交货地点，所有顾客编号不重复；当需要时，可通过数据库中保存的供应商名称、电话、邮编与地址信息向相应供应商订货，一个编号的货物只由一个供应商供货。

根据以上要求完成以下任务：

（1）根据语义设计出 E-R 模型；

（2）将该 E-R 模型转换为一组等价的关系模式，并标出各关系模式的主码。

10. 根据转换规则，将第 1 章习题的第 13 题中的 E-R 模型转换成关系模型，要求标明每个关系模型的主键和外键（如果存在）。

11. 根据转换规则，将第 1 章习题的第 14 题中的 E-R 模型转换成关系模型，要求标明每个关系模式的主键和外键。

第4章

SQL Server 2008 基础

SQL Server 2008 是一个重要的产品版本,它推出了许多新的特性和关键的改进。在现今数据的世界里,公司要获得成功和不断发展,它们需要定位主要的数据趋势的愿景,微软的这个数据平台愿景帮助公司满足这些数据爆炸和下一代数据驱动应用程序的需求。

SQL Server 提供了图形和命令行工具,用户可以使用不同的方法访问数据库,但这些工具的核心是 T-SQL 语言。

本章主要介绍 SQL Server 2008 的发展史、新增功能;安装 SQL Server 2008 的软、硬件需求及其安装过程;SQL Server 2008 的主要组件及其初步使用,以及 T-SQL 语言基础知识。

4.1 SQL Server 2008 简介

SQL Server 2008 作为微软公司新一代的数据库管理产品,虽然建立在 SQL Server 2005 的基础之上,但是在性能、稳定性、易用性方面都有相当大的改进。SQL Server 2008 已经成为至今为止最强大、最全面的 SQL Server 版本。

4.1.1 SQL Server 发展史

视频讲解

通常把 Microsoft SQL Server 简称为 SQL Server,但事实上,最早的 SQL Server 系统并不是由微软公司开发出来的,而是由赛贝斯公司推出的。

1987 年,赛贝斯公司发布了 Sybase SQL Server 系统。

1988 年,微软公司、Aston-Tate 公司参加到了赛贝斯公司的 SQL Server 系统开发中。

1989 年,联合开发团队推出了 SQL Server 1.0 for OS/2 系统。

1990 年,Aston-Tate 公司退出了联合开发团队,微软公司则希望将 SQL Server 移植到自己刚刚推出的新技术产品(即 Windows NT 系统)中。

1992 年,微软公司与赛贝斯公司联合开发用于 Windows NT 环境的 SQL Server 系统。

1993 年,微软公司与赛贝斯公司在 SQL Server 系统方面的联合开发正式结束。

1995 年,微软公司成功地发布了 Microsoft SQL Server 6.0 系统。

1996 年,微软公司又发布了 Microsoft SQL Server 6.5 系统。

1998 年,微软公司成功地推出了 Microsoft SQL Server 7.0 系统。

2000 年,微软公司迅速发布了与传统 SQL Server 有较大不同的 Microsoft SQL Server 2000 系统。

2005 年 12 月,微软公司发布了 SQL Server 2005 系统。

2008 年 8 月,微软公司发布了 Microsoft SQL Server 2008 系统,其代码名称是 Katmai。

它在安全性、可用性、易管理性、可扩展性、商业智能等方面有了更多的改进和提高，对企业的数据存储和应用需求提供了更强大的支持和更多的便利。

视频讲解

4.1.2　SQL Server 2008 的新增功能

Microsoft 数据平台提供了一个解决方案来存储和管理许多数据类型，包括 XML、E-mail、时间/日历、文件、文档、地理信息等，同时提供一个丰富的服务集合来与数据交互，实现搜索、查询、数据分析、报表、数据整合和同步功能。用户可以访问从创建到存档于任何设备的信息，从桌面到移动设备的信息。SQL Server 2008 给出了图 4-1 所示的平台。

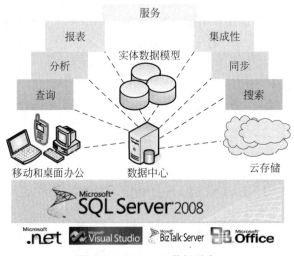

图 4-1　Microsoft 数据平台

SQL Server 2008 出现在 Microsoft 数据平台上，使得公司可以运行它们最关键的应用程序，同时降低了用户管理数据基础设施和发送观察信息的成本。这个平台具有以下特点。

1. 可信任的

在今天数据驱动的世界中，公司需要继续访问它们的数据。SQL Server 2008 为关键任务应用程序提供了强大的安全性、可靠性和可扩展性。

1）安全性

在过去的 SQL Server 版本基础之上，SQL Server 2008 做了以下方面的增强来扩展它的安全性。

（1）简单的数据加密：SQL Server 2008 可以对整个数据库、数据文件和日志文件进行加密，而不需要改动应用程序。进行加密使公司可以满足遵守规范及其关注数据隐私的要求。简单的数据加密的好处包括使用任何范围或模糊查询搜索加密的数据、加强数据安全性以防止未授权的用户访问，这些可以在不改变已有的应用程序的情况下进行。

（2）外键管理：SQL Server 2008 为加密和密钥管理提供了一个全面的解决方案。为了满足不断发展的对数据中心的信息的更强安全性的需求，公司投资给供应商来管理公司内的安全密钥。SQL Server 2008 通过支持第三方密钥管理和硬件安全模块（HSM）产品为这个需求提供了很好的支持。

（3）增强了审查：SQL Server 2008 使用户可以审查自己的数据的操作，从而提高了遵从性和安全性。审查不只包括对数据修改的所有信息，还包括什么时候对数据进行读取的信息。

SQL Server 2008 具有像服务器中加强的审查的配置和管理这样的功能，这使得公司可以满足各种规范需求。SQL Server 2008 还可以定义每一个数据库的审查规范，所以审查配置可以为每一个数据库做单独的制定。为指定对象做审查配置使审查的执行性能更好，配置的灵活性也更高。

2）可靠性

（1）改进了数据库镜像：SQL Server 2008 提供了更可靠的加强了数据库镜像的平台，包括页面自动修复、压缩输出的日志流、新增加的执行计数器以及动态管理视图和对现有视图的扩展。

（2）热添加 CPU：为了在线添加内存资源而扩展 SQL Server 中已有的支持，热添加 CPU 使数据库可以按需扩展。事实上，CPU 资源可以添加到 SQL Server 2008 所在的硬件平台上而不需要停止应用程序。

3）可扩展性

公司面对不断增长的压力，需要提供可预计的响应，并对随着用户数目的增长而不断增长的数据量进行管理。SQL Server 2008 提供了一个广泛的功能集合，使用户的数据平台上的所有工作负载的执行都是可扩展的和可预测的。

（1）性能数据的采集：性能调整和排除故障对于管理员来说是耗费时间的工作。为了给管理员提供全面的执行洞察力，SQL Server 2008 推出了范围更大的数据采集，一个用于存储性能数据的、新的、集中的数据库，以及新的报表和监控工具。

（2）扩展事件：SQL Server 扩展事件是一个用于服务器系统的一般的事件处理系统。扩展事件基础设施是一个轻量级的机制，它支持对服务器运行过程中产生的事件的捕获、过滤和响应。这个对事件进行响应的能力使用户可以通过增加前后文关联数据（例如 Transact SQL 对所有事件调用堆栈或查询计划句柄）来快速地诊断运行时的问题。事件捕获可以按几种不同的类型输出，包括 Windows 事件跟踪（Event Tracing for Windows，ETW）。当扩展事件输出到 ETW 时，操作系统和应用程序就可以关联了，这使得系统可以做更全面的跟踪。

（3）备份及数据压缩：保持在线进行基于磁盘的备份是很昂贵而且很耗时的。有了 SQL Server 2008 备份压缩，需要的磁盘 I/O 减少了，在线备份所需要的存储空间也减少了，而且备份的速度明显加快了。改进的数据压缩使数据可以更有效地存储，并且降低了数据的存储要求。数据压缩还为大型的限制输入/输出的工作负载（例如数据仓库）提供了显著的性能改进。

SQL Server 2008 随着资源监控器的推出，使公司可以提供持续的和可预测的响应给终端用户，还提供了一个新的制定查询计划的功能，从而提供了更好的查询执行稳定性和可预测性，使公司可以在硬件服务器更换、服务器升级和产品部署中提供稳定的查询计划。

2. 高效的

SQL Server 2008 降低了开发和管理数据基础设施的时间和成本，使得开发人员可以开发强大的下一代数据库应用程序。

1）基于政策的管理

作为微软正在努力降低公司的总成本所做的工作的一部分，SQL Server 2008 推出了陈述式管理架构（DMF），它是一个用于 SQL Server 数据库引擎的、新的、基于策略的管理框架。

DMF 是一个基于政策的用于管理一个或多个 SQL Server 2008 实例的系统。如果要使用 DMF，SQL Server 政策管理员使用 SQL Server 管埋套件创建政策，这些政策管理服务器上的实体，例如 SQL Server 的实例、数据库和其他 SQL Server 对象。DMF 由 3 个组件组成，即政策管理、创建政策的政策管理员和显式管理。管理员选择一个或多个要管理的对象，并显式检查这些对象是否遵守指定的政策，或显式地使这些对象遵守某个政策。

2）改进了安装

SQL Server 2008 对 SQL Server 的服务生命周期提供了显著的改进，它重新设计了安装、建立和配置架构。这些改进将计算机上的各个安装与 SQL Server 软件的配置分离开来，这使得公司和软件合作伙伴可以提供推荐的安装配置。

3）加速开发过程

SQL Server 提供了集成的开发环境和更高级的数据提取，使开发人员可以创建下一代数据应用程序，同时简化了对数据的访问。

（1）ADO.NET 实体框架：在数据库开发人员中的一个趋势是定义高级的业务对象或实体，然后可以将它们匹配到数据库中的表和字段，开发人员使用高级实体（例如"客户"或"订单"）来显示背后的数据。ADO.NET 实体框架使开发人员可以用这样的实体来设计关系数据。在这一提取级别的设计是非常高效的，并使开发人员可以充分利用。

（2）实体关系建模：微软的语言级集成查询能力（LINQ）使开发人员可以通过使用管理程序语言（例如 C♯ 或 Visual Basic.NET，而不是 SQL 语句）来对数据进行查询。LINQ 使可以用.NET 框架语言编写的无缝和强大的面向集合的查询运行于 ADO.NET（LINQ 到 SQL）、ADO.NET 数据集（LINQ 到数据集）、ADO.NET 实体框架（LINQ 到实体）。SQL Server 2008 提供了一个新的 LINQ 到 SQL 供应商，这使得开发人员可以直接将 LINQ 用于 SQL Server 2008 的表和字段。

ADO.NET 的对象服务层使得系统可以进行具体化检索、改变跟踪和实现作为公共语言运行时（CLR）的数据的可持续性。开发人员使用 ADO.NET 实体框架可以通过由 ADO.NET 管理的 CLR 对象对数据库进行编程。SQL Server 2008 提供了提高性能和简化开发过程的更有效的和最佳的支持。

另外，SQL Server 2008 增强了 Service Broker 的能力；对 Transact-SQL 进行了改进，通过几个关键的改进增强了 Transact-SQL 编程人员的开发体验。

4）偶尔连接系统

有了移动设备和活动式工作人员，偶尔连接成为一种工作方式。SQL Server 2008 推出了一个统一的同步平台，使得在应用程序、数据存储和数据类型之间达到一致性同步。在与 Visual Studio 的合作下，SQL Server 2008 可以通过 ADO.NET 中提供的新的同步服务和 Visual Studio 中的脱机设计器快速地创建偶尔连接系统。SQL Server 2008 提供了支持，可以改变跟踪和使客户用最小的执行消耗进行功能强大的执行，以此来开发基于缓存的、基于同步的和基于通知的应用程序。

5）不只是关系数据

应用程序正在使用越来越多的数据类型，而不仅仅是过去数据库所支持的那些。SQL Server 2008 基于过去对非关系型数据的强大支持提供了新的数据类型，使得开发人员和管理员可以有效地存储和管理非结构化数据，例如文档和图片，还增加了对管理高级地理数据的支持。

3. 智能的

SQL Server 2008 在整个企业范围内实现了全面的商务智能(BI),可进行任意大小、任意复杂度的报表和数据分析,实现强大的界面交互并与 Microsoft Office System 高度集成。

1) 集成任何数据

公司继续投资于商务智能和数据仓库解决方案,以便从它们的数据中获取商业价值。SQL Server 2008 提供了一个全面的和可扩展的数据仓库平台,它可以用一个单独的分析存储进行强大的分析,以满足成千上万的用户在几兆字节的数据中的需求。

2) 发送相应的报表

SQL Server 2008 提供了一个可扩展的商业智能基础设施,使得 IT 人员可以在整个公司内使用商业智能来管理报表以及任何规模和复杂度的分析。SQL Server 2008 使得公司可以有效地以用户想要的格式和他们的地址发送相应的、个人的报表给成千上万的用户,通过提供交互发送用户需要的企业报表获得报表服务的用户数目大大增加了,这使得用户可以获得对他们各自领域的洞察的相关信息的及时访问,使得他们可以做出更好、更快、更适合的决策。

3) 使用户获得全面的洞察力

及时访问准确的信息,使用户快速对问题甚至是非常复杂的问题做出反应,这是在线分析处理的前提(Online Analytical Processing,OLAP)。SQL Server 2008 基于强大的 OLAP 能力,为所有用户提供了更快的查询速度。这个性能的提升使得公司可以执行具有许多维度和聚合的非常复杂的分析。这个执行速度与 Microsoft Office 的深度集成相结合,使 SQL Server 2008 可以让所有用户获得全面的洞察力。

4.1.3 SQL Server 2008 的新特性

在 SQL Server 2008 中不仅对原有性能进行了改进,还添加了许多新特性,例如新添了数据集成功能,改进了分析服务、报表服务以及 Office 集成等。

1. SQL Server 集成服务

SQL Server 集成服务(SQL Server Integration Services,SSIS)是一个嵌入式应用程序,用于开发和执行 ETL(Extract-Transform-Load,解压缩、转换和加载)包。SSIS 代替了 SQL Server 2000 的 DTS(Data Transformation Services,数据转换服务),其集成服务功能既包含了实现简单的导入和导出包所必需的 Wizard 导向插件、工具以及任务,也有非常复杂的数据清理功能。

2. 分析服务

SQL Server 分析服务(SQL Server Analysis Services,SSAS)也得到了很大的改进和增强。其中 IB 堆叠做出了改进,性能得到很大的提高,而硬件商品能够为 Scale out 管理工具所使用,Block Computation 也增强了立体分析的性能。

3. 报表服务

SQL Server 报表服务(SQL Server Reporting Services,SSRS)的处理能力和性能得到改进,使得大型报表不再耗费所有可用内存。另外,在报表的设计和完成之间有了更好的一致性。SQL SSRS 2008 还包含了跨越表格和矩阵的 Tablix。Application Embedding 允许用户单击报表中的 URL 链接调用应用程序。

4. Microsoft Office 2007

SQL Server 2008 能够与 Microsoft Office 2007 完美结合。例如，SSRS 能够直接把报表导出成为 Word 文档，而且使用 Report Authoring 工具、Word 和 Excel 都可以作为 SSRS 报表的模板。Excel SSAS 新增添了一个数据挖掘插件，提高了其性能。

4.2　SQL Server 2008 的安装与配置

SQL Server 2008 的版本有很多，根据需求，选择的 SQL Server 2008 版本各不相同，而根据应用程序的需要，安装要求也会有所不同。不同版本的 SQL Server 能够满足单位和个人独特的性能、运行以及价格要求。安装哪些 SQL Server 组件还取决于用户的具体需要。

视频讲解

4.2.1　SQL Server 2008 的版本

SQL Server 2008 分为 SQL Server 2008 企业版、标准版、工作组版、Web 版、开发者版、Express 版、Compact 3.5 版，其功能和作用各不相同，其中 SQL Server 2008 Express 版是免费版本。

1. SQL Server 2008 企业版

SQL Server 2008 企业版是一个全面的数据管理和业务智能平台，为关键业务应用提供企业级的可扩展性、数据仓库以及安全、高级分析和报表支持。这一版本将为用户提供更加坚固的服务器和执行大规模在线事务处理的平台。

2. SQL Server 2008 标准版

SQL Server 2008 标准版是一个完整的数据管理和业务智能平台，为部门级应用提供了最佳的易用性和可管理特性。

3. SQL Server 2008 工作组版

SQL Server 2008 工作组版是一个值得信赖的数据管理和报表平台，用于实现安全的发布、远程同步和对运行分支应用的管理能力。这一版本拥有核心的数据库特性，可以很容易地升级到标准版或企业版。

4. SQL Server 2008 Web 版

SQL Server 2008 Web 版是针对运行于 Windows 服务器中的要求高可用性、面向 Internet Web 服务的环境而设计的。这一版本为实现低成本、大规模、高可用性的 Web 应用或客户托管解决方案提供了必要的支持工具。

5. SQL Server 2008 开发者版

SQL Server 2008 开发者版允许开发人员构建和测试基于 SQL Server 的任意类型的应用。这一版本拥有所有企业版的特性，但只限于在开发、测试和演示中使用。基于这一版本开发的应用和数据库可以很容易地升级到企业版。

6. SQL Server 2008 Express 版

SQL Server 2008 Express 版是 SQL Server 的一个免费版本，它拥有核心的数据库功能，其中包括了 SQL Server 2008 最新的数据类型，但它是 SQL Server 的一个微型版本。这一版本是为了学习、创建桌面应用和小型服务器应用而发布的，也可供 ISV 再发行使用。

7. SQL Server Compact 3.5 版

SQL Server Compact 3.5 版是一个针对开发人员而设计的免费的嵌入式数据库,这一版本用于构建独立、仅有少量连接需求的移动设备、桌面和 Web 客户端应用。SQL Server Compact 可以运行于所有的微软 Windows 平台之上,包括 Windows XP 和 Windows Vista 操作系统以及 Pocket PC 和 SmartPhone 设备。

版本选择:

(1) 对于大型的企业客户,大多希望以一种简洁的方式获得一个完整的、集成的数据平台,他们希望使用一个能够满足各方面需求的数据库产品,所以 SQL Server 2008 企业版是这部分客户的理想选择。

(2) 对于中小型的企业客户,使用 SQL Server 2008 标准版完全能够满足需求。对于小型机构或个人,SQL Server 2008 工作组版快捷易用,是入门级的数据库产品。当然,如果考虑到金钱的问题,Express 版也是很好的选择。

(3) 对于数据库开发人员而言,可以根据不同情况来选择开发者版或 Compact 3.5 版。SQL Server 2008 Web 版的性能要低于企业版和标准版,但对于 Web 宿主和网站的开发而言是一个低成本、高可用性的选择。

4.2.2　SQL Server 2008 的环境需求

环境需求是指系统安装时对硬件、操作系统、网络等环境的要求,这些要求也是 Microsoft SQL Server 系统运行所必需的条件。

视频讲解

1. 硬件要求

若根据现今的最低硬件规格标准来判断,哪怕是最低成本的方案,在多数情况下对于大部分的 SQL Server 版本都是能足以运行的。然而,用户可能会有较早的硬件,因此需要了解一下最低硬件要求是什么,并以此检查所拥有的计算机,以确定是否具备满足需求的硬件资源。

1) CPU

对于运行 SQL Server 的 CPU,建议的最低要求是 32 位版本对应 1 GHz 的处理器,64 位版本对应 1.6 GHz 的处理器,或兼容的处理器,或具有类似处理能力的处理器,但推荐使用 2 GHz 的处理器。然而,像这里列出的大多数最低要求一样,微软事实上推荐的是更快的处理器。处理器越快,SQL Server 运行得就越好,由此而产生的瓶颈也越少。现在的很多机器使用的都是 2 GHz 及以上的处理器,这将缩减开发所花费的时间。

另外,与提升 SQL Server 的运行速度相关的硬件并非只有处理器,SQL Server 的速度在很大程度上受当前计算机中内存空间的影响,所以内存的最低要求是 1GB,最好是 4GB 以上。

2) 硬盘空间

SQL Server 需要比较大的硬盘空间。这不足为奇,如今很多应用程序都需要大量的硬盘空间。不考虑要添加的数据文件,SQL Server 自身将占用 1 GB 以上的硬盘空间。当然,本章后面要用到的安装选项将决定总共所需的硬盘空间。通过选择不安装某个可选部件可以减少对硬盘空间的需求,例如选择不安装联机丛书。不过,如今大多数的笔记本电脑都至少配有 80 GB 的硬盘。硬盘空间是廉价的,因此最好是购买容量远远超出当前所需容量的硬盘,而不要采用恰好满足眼下空间大小要求的硬盘,否则将来不得不另行购买硬盘以满足增长的要求,这样将带来移动资料、整理原先硬盘上的空间等问题。

此外还需要在硬盘上留有备用的空间，以满足 SQL Server 和数据库的扩展，并且需要为并发过程中要用到的临时文件准备硬盘空间。

2. 软件需求

1）操作系统需求

SQL Server 2008 可以运行在 Windows Vista Home Basic 及更高版本之上，也可以在 Windows XP 上运行。从服务器端来看，它可以运行在 Windows Server 2003 SP2 及 Windows Server 2008 上。它也可以运行在 Windows XP Professional 的 64 位操作系统上，以及 Windows Server 2003 和 Windows Server 2008 的 64 位版本上。因此，可以运行 SQL Server 的操作系统是很多的。

2）其他软件需求

另外，它还需要 Microsoft Windows Installer 3.1 或更高版本、Microsoft 数据访问组件（MDAC）2.8 SP1 或更高版本、Microsoft Internet Explorer 6.0 SP1 或更高版本。

视频讲解

4.2.3 SQL Server 2008 的安装过程

安装是在使用任何软件系统之前必须做的事情，是使用软件系统的开始，正确地安装和配置系统是确保软件系统安全、健壮运行的基础工作。

如果使用光盘进行安装，插入 SQL Server 2008 的安装光盘，然后双击根目录中的 setup. exe 程序；如果不使用光盘进行安装，则双击下载的可执行安装程序即可。以下是在 Windows 7 平台上安装 SQL Server 2008 Express 版的主要步骤。

注意：Microsoft SQL Server 2008 与 Windows 7 操作系统存在一定的兼容性问题，在完成安装之后需要为 Microsoft SQL Server 2008 安装 SP1 补丁。其他版本的操作系统不存在此问题。

（1）在安装程序启动后，首先检测是否有 .NET Framework 3.5 环境，如果没有会弹出安装此环境的对话框，此时可以根据提示安装 .NET Framework 3.5。

（2）在 Windows 7 操作系统中启动 Microsoft SQL 2008 安装程序后，系统兼容性助手将提示软件存在兼容性问题，在安装完成之后必须安装 SP1 补丁才能运行，如图 4-2 所示。这里单击"运行程序"按钮开始 SQL Server 2008 的安装。

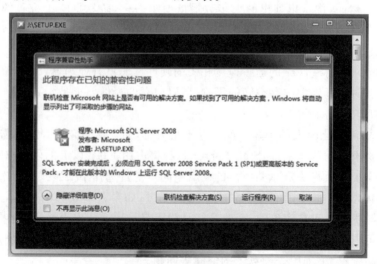

图 4-2 兼容性问题提示

（3）进入 SQL Server 安装中心后跳过"计划"内容,直接选择界面左侧列表中的"安装",进入安装列表选择。如图 4-3 所示,进入 SQL Server 安装中心-安装界面后,右侧的列表显示了不同的安装选项。由于本书以全新安装为例介绍整个安装过程,所以这里选择第一个安装选项——"全新 SQL Server 独立安装或向现有安装添加功能"。

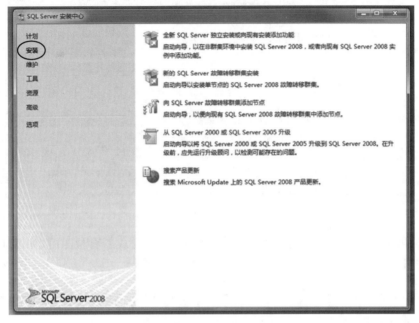

图 4-3　SQL Server 安装中心-安装

（4）选择全新安装之后,系统程序兼容助手再次提示兼容性问题,如图 4-4 所示。单击"运行程序"按钮继续安装。

图 4-4　兼容性问题提示

（5）首先安装"安装程序支持文件",如图 4-5 所示,这些文件是必需的。

（6）单击"安装"按钮,进入"安装程序支持规则"界面,安装程序将自动检测安装环境的基

图 4-5 安装程序支持文件

本支持情况,需要通过所有条件后才能进行下面的安装,在完成所有检测后(如图 4-6 所示)单击"确定"按钮进行下面的安装。

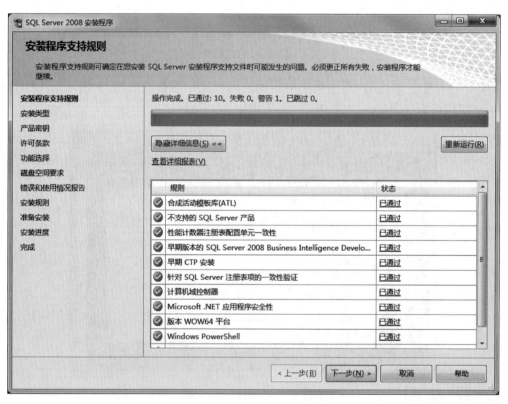

图 4-6 安装程序支持规则

(7) 单击"下一步"按钮,进入"安装类型"界面,选择"执行 SQL Server 2008 的全新安装"单选按钮,如图 4-7 所示,然后单击"下一步"按钮。

图 4-7　安装类型

（8）在进入的界面中需要进行 SQL Server 2008 版本的选择和密钥的填写，Enterprise Evaluation 的安装密钥可以向 Microsoft 官方购买。当前安装的是"具有高级服务的 Express 版本"，如图 4-8 所示。

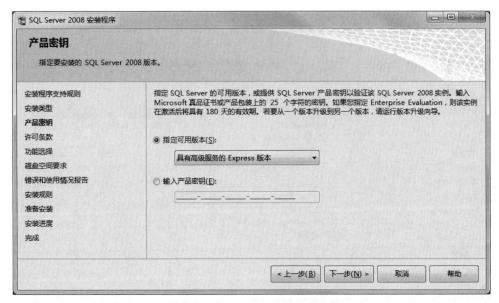

图 4-8　产品密钥

（9）单击"下一步"按钮，在"许可条款"界面中需要接受 Microsoft 软件许可条款才能安装 SQL Server 2008，如图 4-9 所示，单击"下一步"按钮。

（10）根据需要选择要安装的功能，可以单击"全选"按钮，如图 4-10 所示，然后单击"下一步"按钮。

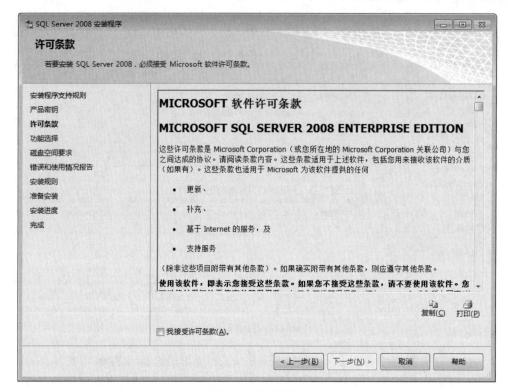

图 4-9　许可条款

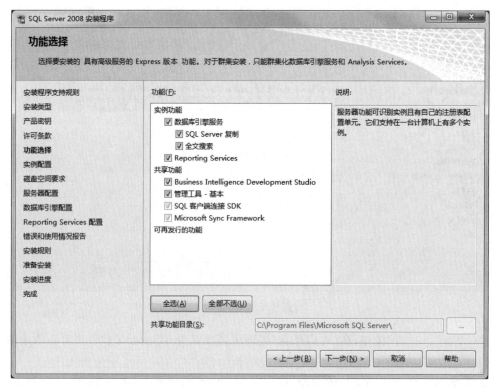

图 4-10　功能选择

（11）进入"实例配置"界面，可以选择"默认实例"，或者选择"命名实例"，然后再选择实例
要安装的路径，如图 4-11 和图 4-12 所示。

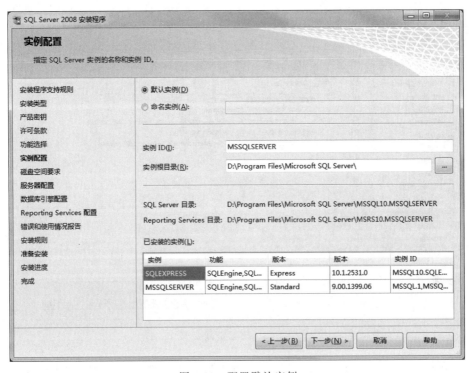

图 4-11　配置默认实例

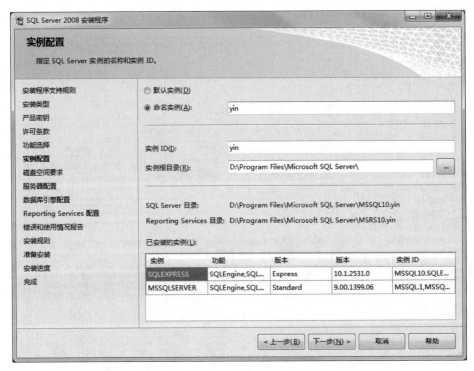

图 4-12　配置命名实例

（12）单击"下一步"按钮,进入"磁盘空间要求"界面,了解磁盘的可用情况和本软件的需求,如图4-13所示。

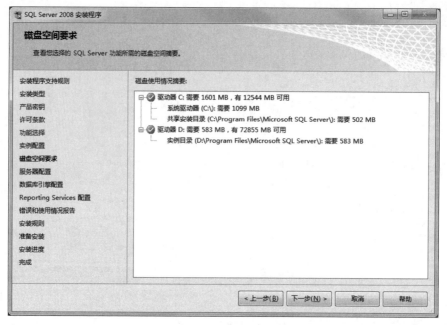

图 4-13　磁盘空间要求

（13）单击"下一步"按钮,进入"服务器配置"界面,可以选择已有的服务账号,如图4-14所示。单击"对所有 SQL Server 服务使用相同的账户",选中使用的账户。SQL Server 及 SQL Server Browser 最好选择自动启动。

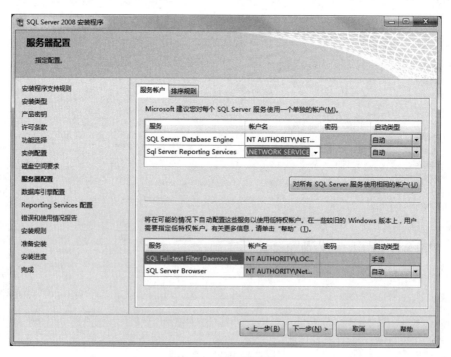

图 4-14　服务器配置

（14）单击"下一步"按钮，进入"数据库引擎配置"界面，设置数据库登录时的身份验证，需要为 SQL Server 指定一位管理员，可以选择已有的 Windows 账号，这里以系统管理员作为示例，如图 4-15 所示。如果选择"混合模式"，需要输入密码。

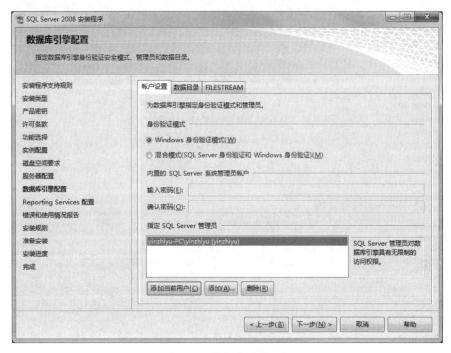

图 4-15　数据库引擎配置

（15）单击"下一步"按钮，进入"Reporting Services 配置"界面，选择"安装本机模式默认配置"单选按钮，如图 4-16 所示。

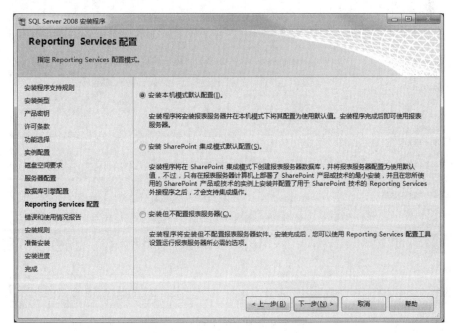

图 4-16　Reporting Services 配置

　　（16）单击"下一步"按钮，进入图 4-17 所示的"错误和使用情况报告"界面，可以选择是否将错误报告发送给微软。

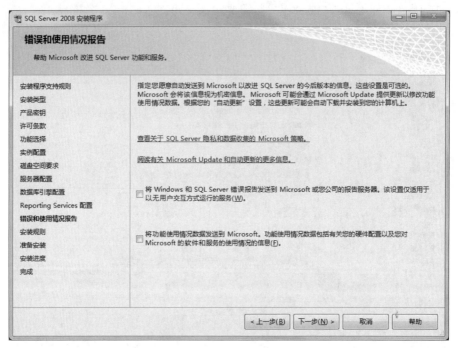

图 4-17　错误和使用情况报告

　　（17）单击"下一步"按钮，进入"安装规则"界面，根据功能配置再次进行环境检查，如图 4-18所示。

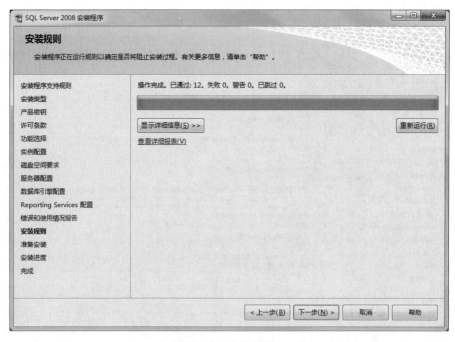

图 4-18　安装规则

　　（18）在通过检查之后单击“下一步”按钮，进入“准备安装”界面，软件将会列出所有的配置信息，最后一次确认安装，如图 4-19 所示。单击“安装”按钮开始 SQL Server 的安装。

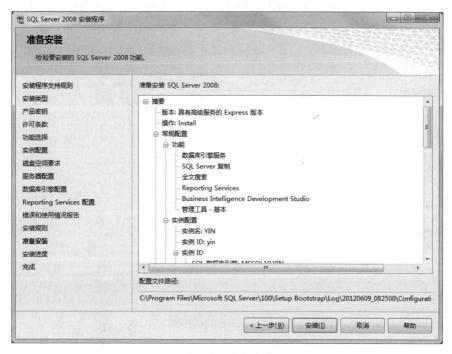

图 4-19　准备安装

　　（19）根据硬件环境的差异，安装过程可能持续 10～30 分钟，如图 4-20 所示。

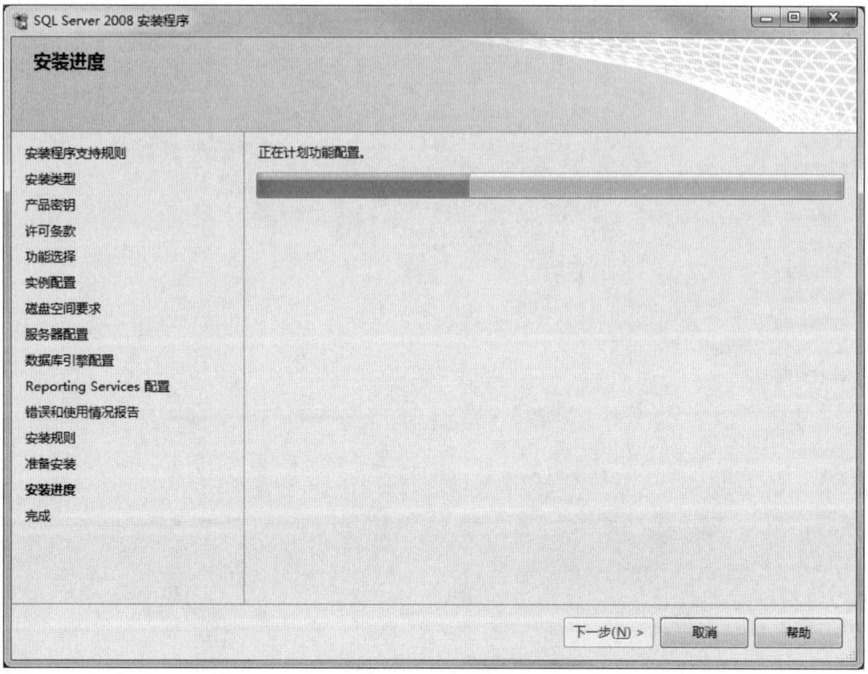

图 4-20　安装进度

（20）如图 4-21 所示，在安装完成之后，SQL Server 将列出各功能的安装状态。

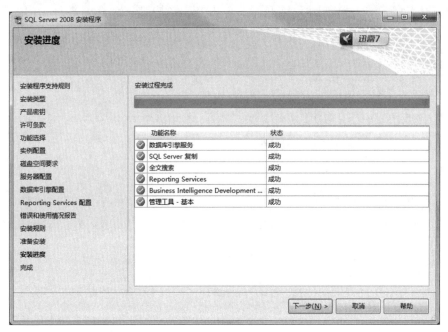

图 4-21　安装过程完成

（21）单击"下一步"按钮，进入"完成"界面，如图 4-22 所示，此时 SQL Server 2008 完成了安装，并将安装日志保存在指定的路径下。

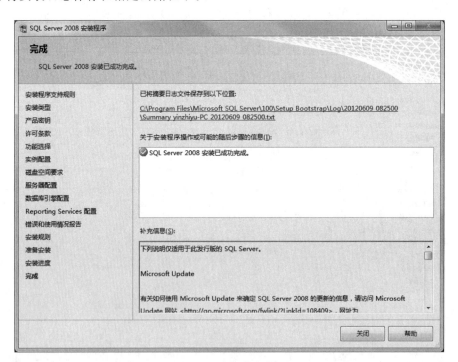

图 4-22　完成安装

其他版本的安装过程基本相同，在此不再赘述。

4.3　SQL Server 2008 的管理工具

在完成 Microsoft SQL Server 2008 的安装后,可以使用图形化工具和命令提示实用工具进一步配置 SQL Server,下面介绍用来管理 SQL Server 2008 实例的工具。

4.3.1　服务器管理

视频讲解

为了管理、配置和使用 Microsoft SQL Server 2008 系统,用户必须使用 Microsoft SQL Server Management Studio 工具注册服务器。

1. 注册服务器

注册服务器就是为 Microsoft SQL Server 客户机/服务器系统确定一个数据库所在的机器,该机器作为服务器可以为客户端的各种请求提供服务。

在安装 SQL Server Management Studio 之后首次启动它时将自动注册 SQL Server 的本地实例,可以使用 SQL Server Management Studio 注册其他服务器。

在 SQL Server Management Studio 的"视图"菜单中选择"已注册"菜单项,在出现的"已注册服务器"窗口中右击"数据库引擎"下的"Local Server Group"文件夹,在快捷菜单中选择"新建服务器注册"命令,出现图 4-23 所示的对话框。

图 4-23　注册服务器

在"服务器名称"下拉列表框中既可以输入服务器名称,也可以选择一个服务器名称。从"身份验证"下拉列表框中可以选择身份验证模式,这里选择"Windows 身份验证"。

2. 创建服务器组

服务器组是服务器的逻辑集合,可以利用 Microsoft SQL Server Management Studio 工具把许多相关的服务器集中在一个服务器组中,方便对多服务器环境的管理操作。

在"已注册服务器"窗口中右击"数据库引擎"下的"Local Server Group"文件夹，在快捷菜单中选择"新建服务器组"命令，出现图 4-24 所示的对话框。

图 4-24　创建服务器组

视频讲解

4.3.2　SQL Server Management Studio

Microsoft SQL Server Management Studio 是从 Microsoft SQL Server 2008 版本开始提供的一种新的集成环境，用于访问、配置、控制、管理和开发 SQL Server 的所有组件。SQL Server Management Studio 将一组多样化的图形工具与多种功能齐全的脚本编辑器组合在一起，可以为各种技术级别的开发人员和管理员提供对 SQL Server 的访问。

1. 访问 SQL Server Management Studio

单击"开始"按钮，选择"所有程序"中的 SQL Server 2008 程序组，然后选择 SQL Server Management Studio 命令，出现图 4-25 所示的"连接到服务器"对话框。

图 4-25　"连接到服务器"对话框

在该对话框中可以选择服务器类型、服务器名称及身份验证模式，然后单击"连接"按钮，出现图 4-26 所示的 Microsoft SQL Server Management Studio 界面。

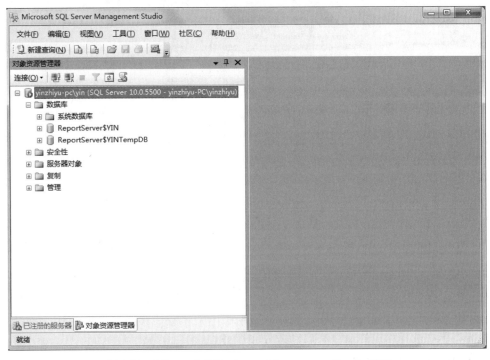

图 4-26　Microsoft SQL Server Management Studio 界面

2. 对象资源管理器

SQL Server Management Studio 的对象资源管理器组件是一种集成工具，可以查看和管理所有服务器类型的对象，位于图 4-25 左侧的位置。

用户可以通过该组件操作数据库，包括新建、修改、删除数据库以及表、视图等数据库对象，新建查询、设置关系图、设置系统安全、数据库复制、数据备份、恢复等操作，是 SQL Server Management Studio 中最常用、最重要的一个组件。

4.3.3　SQL Server 配置管理器

视频讲解

SQL Server 配置管理器用于管理与 SQL Server 相关联的服务、配置 SQL Server 使用的网络协议以及从 SQL Server 客户端计算机管理网络连接配置。

使用 SQL Server 配置管理器可以启动、暂停、恢复或停止服务，还可以查看或更改服务属性；使用 SQL Server 配置管理器可以配置服务器和客户端网络协议以及连接选项。

单击"开始"按钮，选择"所有程序"中的 Microsoft SQL Server 2008 程序组，然后选择"配置工具"程序组中的"SQL Server 配置管理器"命令，出现图 4-27 所示的"SQL Server 配置管理器"界面。

1. 管理 SQL Server 2008 服务

在"SQL Server 配置管理器"界面中启动或停止各个服务的方法是：首先在"SQL Server 配置管理器"界面的左边单击"SQL Server 2008 服务"，此时用户在界面右边会看到已安装的所有服务，可以选中某个服务，然后单击上部工具栏中的相应按钮，或右击某个服务名称，在弹

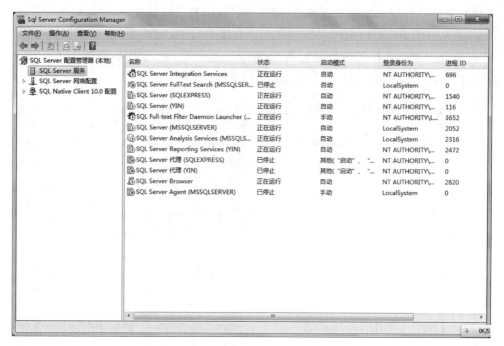

图 4-27　"SQL Server 配置管理器"界面

出的快捷菜单中选择相应的命令来启动或停止服务。

2. 管理 SQL Server 2008 网络配置

"SQL Server 2008 网络配置"用来配置本计算机作为服务器时允许使用的连接协议，可以启用或禁用某个协议。

当需要启用或禁用某个协议时，只需选中此协议并右击，在弹出的快捷菜单中选择"启用"或"禁用"命令即可。

注意：在修改协议的状态后，还需要停止并重新启动 SQL Server 服务，这样所做的更改才会生效。

3. 管理 SQL Server 2008 客户端配置

"SQL Server 2008 客户端配置"用来配置客户端与 SQL Server 2008 服务器通信时所使用的网络协议，通过 SQL Server 2008 客户端配置工具可以实现对客户端网络协议的启用或禁用，调整网络协议的启用顺序，并可以设置服务器别名等。

4.3.4　其他管理工具

1. Integration Services

Integration Services 是用于生成企业级数据集成和数据转换解决方案的平台。使用 Integration Services 可以解决复杂的业务问题，具体表现为复制或下载文件、发送电子邮件以响应事件、更新数据仓库、清除和挖掘数据以及管理 SQL Server 对象和数据。这些包可以独立使用，也可以和其他包一起使用以满足复杂的业务需求。Integration Services 可以提取和转换来自多种源（例如 XML 数据文件、平面文件和关系数据源）的数据，然后将这些数据加载到一个或多个目标。

Integration Services 包含一组丰富的内置任务和转换、用于构造包的工具以及用于运行和管理包的 Integration Services 服务。用户可以使用 Integration Services 图形工具来创建解决方案,而无须编写一行代码;也可以对各种 Integration Services 对象模型进行编程,通过编程方式创建包并编写自定义任务以及其他包对象的代码。

2. SQL Server Business Intelligence Development Studio

Business Intelligence Development Studio 是包含特定于 SQL Server 2008 商业智能的附加项目类型的 Microsoft Visual Studio 2008,是用于开发包括 Analysis Services、Integration Services 和 Reporting Services 项目在内的商业解决方案的主要环境。每个项目类型都提供了用于创建商业智能解决方案所需对象的模板,并提供了用于处理这些对象的各种设计器、工具和向导。

3. 导入和导出数据

通过导入和导出数据的操作可以在 SQL Server 2008 和其他异类数据源(例如 Excel 或 Oracle 数据库)之间轻松移动数据。"导出"是指将数据从 SQL Server 表复制到数据文件。"导入"是指将数据从数据文件加载到 SQL Server 表。

4. Reporting Services 配置管理器

使用 Reporting Services 配置管理器可以配置 Reporting Services 本机模式安装。如果使用"仅文件"选项安装报表服务器,则必须首先使用此工具配置服务器,然后才能使用该服务器。如果使用默认配置安装选项安装了报表服务器,则可以使用此工具来验证或修改在安装过程中指定的设置。Reporting Services 配置管理器可以用来配置本地或远程报表服务器实例。

4.4　T-SQL 基础

SQL(Structured Query Language,结构化查询语言)是集数据定义、数据查询、数据操纵和数据控制功能于一体的语言,具有功能丰富、使用灵活、语言简捷易学等特点。Transact-SQL(简称 T-SQL)语言是对按照国际标准化组织(ISO)和美国国家标准协会(ANSI)发布的 SQL 标准定义的语言的扩展,是用于应用程序和 SQL Server 之间通信的主要语言。对用户来说,T-SQL 是可以和 SQL Server 数据库管理系统进行交互的唯一语言。

任何应用程序,不管它是用什么形式的高级语言编写的,只要目的是向 SQL Server 的数据库管理系统发出命令以获得数据库管理系统的响应,最终都必须体现为以 T-SQL 语句为表现形式的指令;任何人,无论是数据库管理员还是数据库应用程序的开发人员,要想深入掌握 SQL Server,认真学习 T-SQL 是必经之路。

T-SQL 语言是 SQL Server 对标准 SQL 语言的扩充,它支持所有的标准 SQL 语言操作,同时它又有许多功能上的扩展,主要扩展内容包括变量和流程控制语句等。

4.4.1　T-SQL 语言的特点

视频讲解

SQL 是 20 世纪 70 年代末由 IBM 公司开发的一套程序语言,当时用在 DB2 关系数据库系统中。

1986 年 10 月美国国家标准协会(American National Standard Institute,ANSI)的数据库委员会批准了将 SQL 作为关系数据库语言的美国标准。由于 SQL 简单易学,因此是目前关系数据库系统中使用最广泛的语言。

由于 T-SQL 语言直接来源于 SQL 语言，因此它具有 SQL 语言的以下 4 个特点。

1. 综合统一

T-SQL 语言集数据定义语言、数据操纵语言、数据控制语言、数据查询语言和附加语言元素于一体。其中附加语言元素不是标准 SQL 语言的内容，是对标准 SQL 语言的扩展内容，但是它增强了用户对数据库操作的灵活性和简便性，从而增强了程序的功能。

2. 两种使用方式，统一的语法结构

两种使用方式即联机交互式和嵌入高级语言的使用方式。统一的语法结构使 T-SQL 语言可用于所有用户的数据库活动模型，包括系统管理员、数据库管理员、应用程序员、决策支持系统管理人员以及许多其他类型的终端用户。

3. 高度非过程化

T-SQL 语言一次处理一个记录，对数据提供自动导航；允许用户在高层的数据结构上工作，可操作记录集，而不是对单个记录进行操作；所有的 SQL 语句接收集合作为输入，返回集合作为输出，并允许一条 SQL 语句的结果作为另一条 SQL 语句的输入。另外，T-SQL 语言不要求用户指定对数据的存放方法，所有的 T-SQL 语句使用查询优化器，用于指定数据以最快速度存取的手段。

4. 类似于人的思维习惯，容易理解和掌握

SQL 语言具有易学、易用性，而 T-SQL 语言是对 SQL 语言的扩展，因此也是非常容易理解和掌握的。如果用户对 SQL 语言比较了解，在学习和掌握 T-SQL 语言及其高级特性时就游刃有余了。

4.4.2　T-SQL 语言的分类

视频讲解

在 SQL Server 数据库中，T-SQL 语言主要由数据定义语言、数据操纵语言、数据控制语言和数据查询语言组成。

1. 数据定义语言（DDL）

数据定义语言用于执行数据库的任务，对数据库以及数据库中的各种对象进行创建、删除、修改等操作，如表 4-1 所示。

表 4-1　数据定义语言

语　句	功　能	说　明
CREATE	创建数据库或数据库对象	不同数据库对象的创建，其 CREATE 语句的语法形式不同
ALTER	修改数据库或数据库对象	不同数据库对象的修改，其 ALTER 语句的语法形式不同
DROP	删除数据库或数据库对象	不同数据库对象的删除，其 DROP 语句的语法形式不同

2. 数据操纵语言（DML）

数据操纵语言用于操纵数据库中的各种对象，检索和修改数据，如表 4-2 所示。

表 4-2　数据操纵语言

语　句	功　能	说　明
INSERT	插入数据	插入一行或多行数据到表或视图末尾
UPDATE	修改数据	既可修改表或视图的一行数据，也可修改一组或全部数据
DELETE	删除数据	可根据条件删除表或视图中指定的数据行或全部数据行

3. 数据控制语言（DCL）

数据控制语言用于安全管理，确定哪些用户可以查看或修改数据库中的数据，DCL 包括的主要语句及功能如表 4-3 所示。

表 4-3　数据控制语言

语　句	功　能	说　明
GRANT	授予权限	可把语句许可或对象许可的权限授予其他用户或角色
REVOKE	撤销权限	与 GRANT 的功能相反，但不影响该用户或角色从其他角色中作为成员继承许可权限
DENY	禁止权限	功能与 REVOKE 相似，不同之处是除收回权限外，还禁止从其他角色继承许可权限

4. 数据查询语言（DQL）

数据查询语言用于对数据库进行查询操作，是使用最频繁的 SQL 语句之一，如表 4-4 所示。

表 4-4　数据查询语言

语　句	功　能	说　明
SELECT	检索数据	从表或视图中检索需要的数据，是使用最频繁的 SQL 语句之一

4.4.3　T-SQL 语言的基本语法

视频讲解

T-SQL 语言是使用 SQL Server 的核心，与 SQL Server 实例通信的所有应用程序都通过将 T-SQL 语句发送到服务器运行(不考虑应用程序的用户界面)来实现使用 SQL Server 及其数据的。

应该说，认真学习 T-SQL 语言是用户深入掌握 SQL Server 的必经之路。

1. 语法约定

表 4-5 列出了 T-SQL 语言参考的语法关系图中使用的约定，并进行了说明。

表 4-5　T-SQL 参考的语法约定

约　定	用　途
字母大写	T-SQL 关键字
斜体	用户提供的 T-SQL 语法的参数
粗体	数据库名、表名、列名、索引名、存储过程、实用工具、数据类型名以及必须按所显示的原样输入的文本
下画线(_)	指示当语句中省略了包含带下画线的值的子句时应用的默认值
竖线(│)	分隔括号或大括号中的语法项，只能选择其中一项
方括号([])	可选语法项，不要输入方括号
大括号({})	必选语法项，不要输入大括号
[,…n]	指示前面的项可以重复 n 次，每一项由逗号分隔
[…n]	指示前面的项可以重复 n 次，每一项由空格分隔
[;]	可选的 Transact-SQL 语句终止符，不要输入方括号
<标签>>::=	语法块的名称。此约定用于对可在语句中的多个位置使用的过长语法段或语法单元进行分组和标记，可使用的语法块的每个位置由括在尖括号内的标签指示，即<label>

2. 数据库对象名的多部分名称表示

除非另外指定,否则所有对数据库对象名的 T-SQL 引用可以是由 4 个部分组成的名称,格式为"[server_name. [database_name]. [schema_name] | database_name. [schema_name] | schema_name.]object_name"。

其中,server_name 指定链接的服务器名称或远程服务器名称。对于 database_name,如果对象驻留在 SQL Server 的本地实例中,则指定 SQL Server 数据库的名称;如果对象在链接服务器中,则 database_name 将指定 OLE DB 目录。对于 schema_name,如果对象在 SQL Server 数据库中,则指定包含对象的架构的名称;如果对象在链接服务器中,则 schema_name 将指定 OLE DB 架构名称。object_name 指定对象的名称。

若要省略中间节点,请使用句点来指示这些位置。表 4-6 显示了对象名的有效格式。

表 4-6   对象名的有效格式

对象引用格式	说　明
server. database. schema. object	4 个部分的名称
server. database..object	省略架构名称
server..schema. object	省略数据库名称
server···object	省略数据库和架构名称
database. schema. object	省略服务器名
database..object	省略服务器和架构名称
schema. object	省略服务器和数据库名称
object	省略服务器、数据库和架构名称

习　题　4

1. 安装 Microsoft SQL Server 2008 系统操作。
2. SQL Server 2008 主要提供了哪些服务？如何启动、暂停或停止 SQL Server 服务？
3. 简述 SQL Server Management Studio 的使用。
4. 简述对象资源管理器的功能。
5. 了解 SQL Server 的其他管理工具。
6. 简述 T-SQL 语言的特点。
7. 如何表示数据库对象名？

第5章

数据库的概念和操作

SQL Server 的数据库是有组织的数据的集合,这种数据集合具有逻辑结构并得到数据库系统的管理和维护。数据库由包含数据的基本表和对象(如视图、索引、存储过程和触发器等)组成,其主要用途是处理数据管理活动产生的信息。

对数据库进行操作是开发人员的一项重要的工作。本章首先介绍数据库的基本概念,然后以实例的形式介绍数据库的创建、修改和删除操作。

5.1 数据库的基本概念

数据库是 SQL Server 2008 存放表和索引等数据库对象的逻辑实体。数据库的存储结构分为逻辑存储结构和物理存储结构两种。

5.1.1 物理数据库

视频讲解

数据库的物理存储结构指的是保存数据库各种逻辑对象的物理文件是如何在磁盘上存储的,数据库在磁盘上是以文件为单位存储的,SQL Server 2008 将数据库映射为一组操作系统文件。数据库中所有的数据和对象都存储在操作系统文件中。

1. SQL Server 2008 中数据库文件的类型

SQL Server 2008 的数据库具有下面 3 种类型的文件。

(1)主数据文件:主数据文件是数据库的起点,指向数据库中的其他文件。每个数据库都有且只有一个主数据文件。主数据文件的推荐扩展名是. mdf。

(2)辅助数据文件:除主数据文件以外的其他所有数据文件都是辅助数据文件。某些数据库可能不含有任何辅助数据文件,而有些数据库则含有多个辅助数据文件。辅助数据文件的推荐扩展名是. ndf。

(3)事务日志文件:日志文件包含了用于恢复数据库的所有日志信息。每个数据库必须至少有一个日志文件,当然也可以有多个。SQL Server 2008 事务日志采用提前写入的方式,即将对数据库的修改先写入事务日志中,然后再写入数据库。日志文件的推荐扩展名是. ldf。

SQL Server 2008 不强制使用. mdf、. ndf 和. ldf 扩展名,但使用它们有助于标识文件的类型和用途。

在 SQL Server 2008 中,数据库中所有文件的位置都记录在该数据库的主数据文件和系统数据库——master 数据库中。

2. 数据库文件组

为了便于管理和分配数据而将文件组织在一起,通常可以为一个数据库创建多个文件组(File Group),将多个数据库文件分配在不同的文件组内分组管理。

SQL Server 中的数据库文件组分为主文件组（primary file group）和用户定义文件组（user_defined group）。

（1）主文件组：主文件组包含主数据文件和任何没有明确指派给其他文件组的其他文件。数据库的系统表都包含在主文件组中。

（2）用户定义文件组：用户定义文件组是在 CREATE DATABASE 或 ALTER DATABASE 语句中使用 FILEGROUP 关键字指定的文件组。

文件组的应用规则如下。

（1）一个数据文件只能存在于一个文件组中，一个文件组也只能被一个数据库使用。

（2）在主文件组中包含了所有的系统表。在建立数据库时，主文件组包括主数据文件和未指定组的其他数据文件。

（3）在创建数据库对象（例如数据表）时，如果没有指定将其放在哪一个文件组中，就会将它放在默认文件组中。如果没有指定默认文件组，则主文件组为默认文件组。

（4）事务日志文件不分组管理，即不属于任何文件组。

5.1.2 逻辑数据库

视频讲解

数据库是存储数据的容器，即数据库是一个存放数据的表和支持这些数据的存储、检索、安全性和完整性的逻辑成分所组成的集合。

组成数据库的逻辑成分称为数据库对象，SQL Server 2008 中的逻辑对象主要包括数据表、视图、同义词、存储过程、函数、触发器、规则以及用户、角色、架构等。

每个 SQL Server 都包含两种类型的数据库，即系统数据库和用户数据库。

系统数据库存储有关 SQL Server 的信息，SQL Server 使用系统数据库来管理系统，例如下面将要介绍的 master 数据库、model 数据库、msdb 数据库和 tempdb 数据库，而用户数据库由用户来建立，例如 teaching 数据库。SQL Server 可以包含一个或多个用户数据库。

1. master 数据库

顾名思义，master 数据库是 SQL Server 2008 中的主数据库，它是最重要的系统数据库，记录系统中所有系统级的信息。它对其他的数据库实施管理和控制的功能，同时该数据库还保存了用于 SQL Server 管理的许多系统级信息。master 数据库记录所有的登录账户和系统配置，它始终有一个可用的最新 master 数据库备份。

由此可知，如果在计算机上安装了一个 SQL Server 系统，那么系统首先会建立一个 master 数据库来记录系统的有关登录账户、系统配置、数据库文件等初始化信息。例如，如果用户在这个 SQL Server 系统中建立一个用户数据库（如 teaching 数据库），系统马上将用户数据库的有关用户管理、文件配置、数据库属性等信息写入 master 数据库。系统正是根据 master 数据库中的信息来管理系统和其他数据库的。因此，如果 master 数据库信息被破坏，整个 SQL Server 系统将受到影响，用户数据库将不能被使用。

2. model 数据库

model 数据库为用户新创建的数据库提供模板，它包含了用户数据库中应该包含的所有系统表的结构。当用户创建数据库时，系统会自动把 model 数据库中的内容复制到新建的用户数据库中。用户在系统中新创建的所有数据库的内容最初都与该模板数据库具有完全相同的内容。

3. msdb 数据库

msdb 数据库记录备份及还原的历史信息、维护计划信息、作业信息、异常信息以及操作者信息等,所以它可以为 SQL Server 代理程序提供要调度的警报和作业等信息。

当很多用户使用一个数据库时,经常会出现多个用户对同一个数据修改而造成数据不一致的现象,或者用户对某些数据和对象的非法操作等。为了防止上述现象的发生,SQL Server 中有一套代理程序能够按照系统管理员的设定监控上述现象的发生,及时向系统管理员发出警报。那么当代理程序调度警报和作业、记录操作者时,系统要用到或实时产生许多相关信息,这些信息一般存储在 msdb 数据库中。

4. tempdb 数据库

在使用 SQL Server 系统时,经常会产生一些临时表和临时数据库对象等,例如用户在数据库中修改表的某一行数据时,在修改数据库这一事务没有被提交的情况下,系统内就会有该数据的新、旧版本之分,往往修改后的数据表构成了临时表,所以系统要提供一个空间来存储这些临时对象。tempdb 数据库保存所有的临时表和临时存储过程。tempdb 数据库是全局资源,所有连接到系统用户的临时表和存储过程都被存储在该数据库中。

tempdb 数据库有一个特性,即它是临时的,tempdb 数据库在 SQL Server 每次启动时都被重新创建,因此该数据库在系统启动时总是空的,上一次的临时数据都被清除掉了。临时表和存储过程在连接断开时自动清除,而且在系统关闭后将没有任何连接处于活动状态,因此 tempdb 数据库中没有任何内容会从 SQL Server 的一个启动工作保存到另一个启动工作之中。

默认情况下,在 SQL Server 运行时,tempdb 数据库会根据需要自动增长。不过,与其他数据库不同,每次启动数据库引擎时它会重置初始大小。

master、model、msdb、tempdb 这 4 个系统数据库都是在 SQL Server 系统安装时生成的。

5.2　数据库的操作

在 SQL Server 2008 中,用户可以自己创建数据库(即用户数据库),并且可以对数据库进行修改、删除等操作。

5.2.1　创建数据库

若要创建数据库,必须确定数据库的名称、所有者、大小以及存储该数据库的文件和文件组。在创建数据库时,根据数据库中预期的最大数据量应创建尽可能大的数据文件。

在 SQL Server 2008 中创建数据库主要有两种方式,一是在 SQL Server Management Studio 中使用向导创建数据库;二是通过查询窗口执行 T-SQL 语句创建数据库。

1. 在 SQL Server Management Studio 中创建数据库

在 SQL Server Management Studio 中创建数据库的过程如下。

视频讲解

(1) 启动 SQL Server Management Studio,在对象资源管理器的"数据库"结点上右击,选择快捷菜单中的"新建数据库"命令,如图 5-1 所示。

(2) 弹出"新建数据库"对话框,在"常规"选择页的"数据库名称"文本框中输入要创建的数据库的名称,如图 5-2 所示。

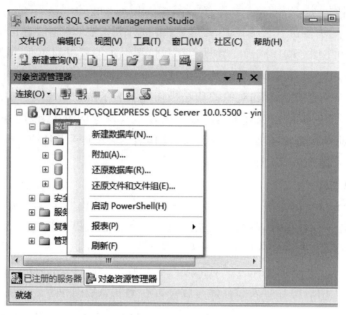

图 5-1　选择"新建数据库"命令

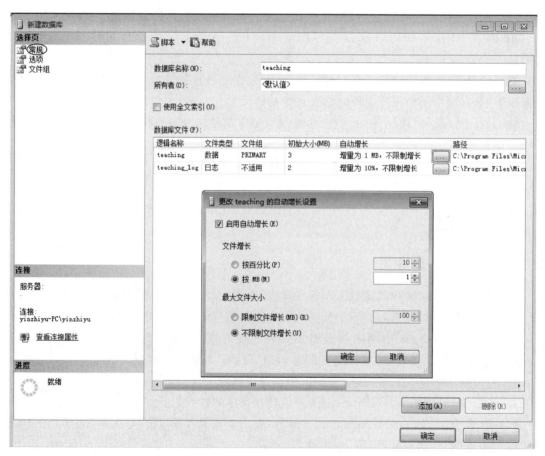

图 5-2　"新建数据库"对话框

其中,SQL Server 2008 的数据库文件拥有两个名称,即逻辑文件名和物理文件名。

- 逻辑文件名:逻辑文件名是在所有 T-SQL 语句中引用物理文件时所使用的名称。逻辑文件名必须符合 SQL Server 标识符规则,每一个数据库的逻辑文件名只有一个。
- 物理文件名:物理文件名是包括目录路径的物理文件名,它必须符合操作系统文件的命名规则。通过上面的介绍我们知道,数据库中至少包含一个主数据文件和一个事务日志文件,其存储路径和文件名都可以在图 5-2 所示对话框中修改,当然也可以利用"添加"按钮添加多个辅助数据文件和日志文件。

(3) 在"常规"选择页中数据文件的"初始大小"处可以设置文件的初始大小(MB);单击"自动增长"后的按钮可设置自动增长方式和最大文件大小;单击"路径"后的按钮可设置文件的存放路径。

(4) 在"选项"选择页中设置数据库的属性,在"文件组"选择页中增加或删除文件组。

在对象资源管理器中展开"数据库",可以看到新建的数据库,如图 5-3 所示。

图 5-3　创建数据库成功

【例 5-1】　创建数据库——teaching 教学库,主数据文件的初始大小为 5MB,增长方式是按 10% 的比例自动增长;日志文件初始为 8MB,按 1MB 增长(默认是按 10% 的比例增长)。两个文件都不限制增长,存储位置分别为"E:\DATA"和"F:\DATA"。

2. 使用 T-SQL 语句创建数据库

视频讲解

在 SQL Server 2008 中可以利用 T-SQL 语句创建数据库。T-SQL 语言提供的数据库创建语句为 CREATE DATABASE,其语法格式如下:

```
CREATE DATABASE   database_name
[ON [PRIMARY]   [<filespec>[,…n]] [,<filegroupspec>[,…n]]   ]
[LOG ON {<filespec>[,…n]}]
[FOR LOAD|FOR ATTACH]
<filespec>::=([NAME = logical_file_name,]
FILENAME = 'os_file_name'
[,SIZE = size]
[,MAXSIZE = {max_size|UNLIMITED}]
[,FILEGROWTH = growth_increment]  )  [,…n]
```

说明:在 T-SQL 语言的语法格式中,用[ ]括起来的内容表示是可选的;[,…n]表示重复前面的内容;用< >括起来的内容表示在实际编写语句时用相应的内容代替;用{ }括起来的内容表示是必选的;类似 A|B 的格式,表示 A 和 B 只能选择一个,不能同时都选。

对其中的参数说明如下。

- database_name:新数据库的名称。数据库名称在服务器中必须唯一,最长为 128 个字符,并且要符合标识符的命名规则。每个服务器管理的数据库最多为 32 767 个。
- ON:指定存放数据库的数据文件信息。该关键字后面可以包含用逗号分隔的<filespec>列表,<filespec>列表用于定义主文件组的数据文件。在主文件组的文件列表后可以包含用逗号分隔的<filegroupspec>列表,<filegroupspec>列表用于定义用户文件组及其中的文件。

- PRIMARY：用于指定主文件组中的文件。主文件组不仅包含数据库系统表中的全部内容，而且包含用户文件组中没有包含的全部对象。一个数据库只能有一个主文件，在默认情况下，如果不指定 PRIMARY 关键字，则在命令中列出的第一个文件将被默认为主文件。
- LOG ON：指明事务日志文件的明确定义。如果没有该选项，则系统会自动产生一个文件名前缀，与数据库名相同，容量为所有数据库文件大小的 1/4 的事务日志文件。
- NAME：指定数据库的逻辑名称，这是在 SQL Server 系统中使用的名称，是数据库在 SQL Server 中的标识符。
- FILENAME：指定数据库所在文件的操作系统文件名称和路径，该操作系统文件名称和 NAME 的逻辑名称一一对应。
- SIZE：指定数据库的初始容量大小。如果没有指定主文件的大小，则 SQL Server 默认其与模板数据库中的主文件大小一致，其他数据库文件和事务日志文件则默认为 1MB。指定大小的数字 size 可以使用 MB、GB 和 TB 后缀，默认的后缀为 MB。在 size 中不能使用小数，默认值为 1MB。主文件的 size 不能小于模板数据库中的主文件。
- MAXSIZE：指定操作系统文件可以增长到的最大尺寸。如果没有指定，则文件可以不断增大直到充满磁盘。
- FILEGROWTH：指定文件每次增加容量的大小，当指定数据为 0 时，表示文件不增长。增加量可以确定为以 MB、GB 等做后缀的字节数或以％做后缀的被增加容量文件的百分比来表示，默认后缀为 MB。如果没有指定 FILEGROWTH，则默认值为 1MB(数据文件)或 10％(日志文件)。

【例 5-2】 使用 CREATE DATABASE 创建一个新的数据库，名称为"STUDENT1"，其他所有参数均取默认值。

实现的步骤如下：

(1) 打开 SQL Server Management Studio，在窗口上部的工具栏的左侧找到"新建查询"按钮。

(2) 单击"新建查询"按钮，在 SQL Server Management Studio 的窗口右侧会建立一个新的查询页面，默认的名称为"SQLQuery1.sql"，在这个页面中可以输入要让 SQL Server 执行的 T-SQL 语句。

(3) 在这里输入下面列出的创建数据库的 T-SQL 语句：

```
CREATE    DATABASE    STUDENT1
```

(4) 单击工具栏中的"！执行"按钮，当系统给出的提示信息为"命令已成功完成"时，说明此数据库创建成功，如图 5-4 所示。

【例 5-3】 创建数据库名为"STUDENT2"的数据库，包含一个主数据文件和一个事务日志文件。主数据文件的逻辑名为"STUDENT2_DATA"，操作系统文件名为"STUDENT2_DATA.MDF"，初始容量大小为 5MB，最大容量为 20MB，文件的增长量为 20％。事务日志文件的逻辑文件名为"STUDENT2_LOG"，物理文件名为"STUDENT2_LOG.LDF"，初始容量大小为 5MB，最大容量为 10MB，文件增长量为 2MB。数据文件与事务日志文件都放在 F 盘的 DATA 文件夹中。

视频讲解

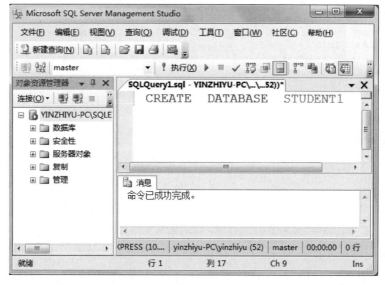

图 5-4　创建 STUDENT1 数据库

首先在 F 盘创建一个新的文件夹,名称是“DATA”。然后在 SQL Server Management Studio 窗口中单击“新建查询”按钮,在打开的窗口中输入图 5-5 所示的内容,单击“执行”按钮,可创建数据库。

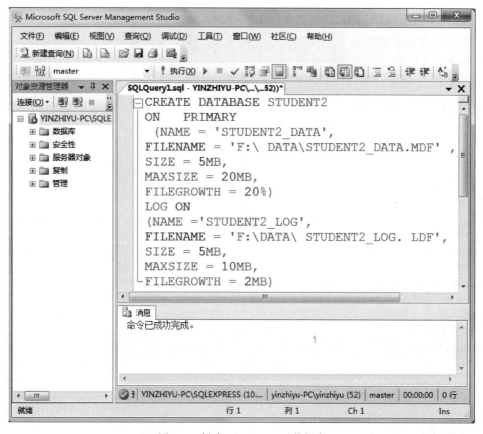

图 5-5　创建 STUDENT2 数据库

```
CREATE DATABASE STUDENT2
ON PRIMARY
(NAME = 'STUDENT2_DATA',
FILENAME = 'F:\DATA\STUDENT2_DATA.MDF',
SIZE = 5MB,
MAXSIZE = 20MB,
FILEGROWTH = 20%)
LOG ON
(NAME = 'STUDENT2_LOG',
FILENAME = 'F:\DATA\STUDENT2_LOG. LDF',
SIZE = 5MB,
MAXSIZE = 10MB,
FILEGROWTH = 2MB)
```

注意：在一个数据库中最多可以创建 32 767 个文件组，文件组不能独立于数据库文件而建立，文件组是管理数据库中一组数据文件的机制。

【**例 5-4**】 创建一个指定多个数据文件和日志文件的数据库。该数据库名称为 STUDENTS，有一个 5MB 和一个 10MB 的数据文件以及两个 5MB 的事务日志文件。数据文件的逻辑名称为 STUDENTS1 和 STUDENTS2，物理文件名为 STUDENTS1. mdf 和 STUDENTS2. ndf。主数据文件 STUDENTS1 属于 PRIMARY 文件组，辅助数据文件 STUDENTS2 属于新建文件组 FG1，两个数据文件的最大大小分别为无限大和 100MB，增长速度分别为 10％和 1MB。事务日志文件的逻辑名为 STUDENTSLOG1 和 STUDENTSLOG2，物理文件名为 STUDENTSLOG1. ldf 和 STUDENTSLOG2. ldf，最大大小均为 50MB，文件增长速度为 1MB。要求数据库文件和日志文件的物理文件都存放在 E 盘的 DATA 文件夹下。

实现的步骤如下。

（1）在 E 盘创建一个新的文件夹，名称是 DATA，然后在 SQL Server Management Studio 中新建一个查询页面。

（2）输入以下程序段，并执行此查询。

```
CREATE  DATABASE  STUDENTS
ON
(NAME = STUDENTS1,
FILENAME = 'E:\DATA\STUDENTS1.MDF',
SIZE = 5,
MAXSIZE = unlimited,
FILEGROWTH = 10%),
FILEGROUP FG1
(NAME = STUDENTS2,
FILENAME = 'E:\DATA\STUDENTS2.NDF',
SIZE = 10,
MAXSIZE = 100,
FILEGROWTH = 1)
LOG ON
(NAME = STUDENTSLOG1,
FILENAME = 'E:\DATA\STUDENTSLOG1.LDF',
SIZE = 5,
MAXSIZE = 50,
FILEGROWTH = 1),
```

```
(NAME = STUDENTSLOG2,
FILENAME = 'E:\DATA\STUDENTSLOG2.LDF',
SIZE = 5,
MAXSIZE = 50,
FILEGROWTH = 1)
```

5.2.2　修改数据库

在建好数据库之后,可以对其修改。修改数据库包括增减数据文件和日志文件、修改文件属性(包括更改文件名和文件大小)、修改数据库选项等。

1. 增加数据库空间

1) 增加已有数据库文件的大小

在 SQL Server Management Studio 的"对象资源管理器"窗口中展开"数据库",然后右击要修改的数据库的名称,在快捷菜单中选择"属性"命令,打开"数据库属性"窗口,选择"文件"选择页,如图 5-6 所示,修改"初始大小"选项以及"自动增长"中的"文件增长"和"最大文件大小"选项。

视频讲解

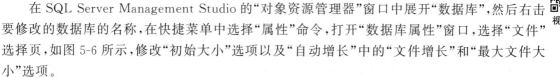

图 5-6　"数据库属性"窗口

用户也可以使用 T-SQL 语句增加已有数据库文件的初始大小,语法格式如下:

```
ALTER DATABASE 数据库名
MODIFY FILE
(NAME = 逻辑文件名,
SIZE = 文件大小)
```

【例 5-5】 为 STUDENT2 数据库增加容量，原来数据库文件 STUDENT2_DATA 的初始分配空间为 5MB，现在将 STUDENT2_DATA 的分配空间增加至 20MB。

```
ALTER DATABASE STUDENT2
MODIFY FILE
  (NAME = STUDENT2_DATA,
   SIZE = 20MB)
```

2）增加数据库文件

在 SQL Server Management Studio 中选择"数据库属性"窗口中的"文件"选择页，单击"添加"按钮，为新的数据库文件指定逻辑文件名、初始大小、文件增长方式等属性，然后单击"确定"按钮完成增加数据库文件数目的操作。

用户也可以使用 T-SQL 语句增加数据库文件的数目，语法格式如下：

```
ALTER DATABASE 数据库名
ADD FILE | ADD LOG FILE
< filespec >
```

【例 5-6】 为数据库 STUDENT2 增加数据文件 STUDENT2_DATA1，初始大小为 10MB，最大为 50MB，按照 5% 的比例增长。

```
ALTER DATABASE STUDENT2
ADD FILE
(NAME = 'STUDENT2_DATA1',
FILENAME = 'F:\DATA\ STUDENT2_DATA1.NDF',
SIZE = 10MB,
MAXSIZE = 50MB,
FILEGROWTH = 5 % )
```

视频讲解

2. 缩减已有数据库文件的大小

数据库文件的大小可以缩减，具体步骤如下：

（1）在 SQL Server Management Studio 的"对象资源管理器"窗口的数据库名上右击，选择快捷菜单中的"任务"→"收缩"→"数据库"命令，在出现的"收缩数据库"对话框中保持默认设置，单击"确定"按钮，数据库收缩完毕。

（2）如果要收缩特定的数据文件或日志文件，可选择快捷菜单中的"任务"→"收缩"→"文件"命令。

（3）数据库的自动收缩可以在"数据库属性"窗口中的"选项"选择页中设置，只要将选项中的"自动收缩"设为"True"即可。

注意：为了避免存储空间的浪费，可以进行数据库的手动收缩或设置自动收缩。但是无论怎么收缩，数据库的大小也不会小于其初始大小，所以在创建数据库时对初始大小的选择应尽可能合理。

3. 删除数据库文件

在 SQL Server Management Studio 中选择"数据库属性"窗口中的"文件"选择页，指定要删除的文件，然后单击"删除"按钮就可以删除对应的文件，从而缩减了数据库的空间。

使用 ALTER DATABASE 的 REMOVE FILE 子句可以删除指定的文件，其语法格式如下：

```
ALTER DATABASE 数据库名
REMOVE FILE 逻辑文件名
```

【例 5-7】 将数据库 STUDENT2 中增加的数据文件 STUDENT2_DATA1 删除。

```
ALTER DATABASE STUDENT2
REMOVE FILE STUDENT2_DATA1
```

4. 数据库的更名

在数据库建好后可以更改其名称,在重命名数据库之前应该确保没有用户正在使用该数据库。

常用的更名方法有下面两种。

方法一:在 SQL Server Management Studio 中选择此数据库,然后右击,在弹出的快捷菜单中选择"重命名"命令。

方法二:在查询窗口中执行系统存储过程 sp_renamedb 更改数据库的名称。系统存储过程 sp_renamedb 的语法如下:

sp_renamedb [@dbname =]'old_name',[@newname =]'new_name'

【例 5-8】 将已存在的数据库 STUDENT2 重命名为 STUDENT_BACK。

```
sp_renamedb  'STUDENT2', 'STUDENT_BACK'
```

5.2.3 删除数据库

视频讲解

对于不再使用的数据库可以删除,删除数据库的方法如下:

1. 使用 SQL Server Management Studio 删除数据库

打开 SQL Server Management Studio,选择"数据库",然后右击要删除的数据库,在弹出的快捷菜单中选择"删除"命令,在随后出现的"删除对象"对话框中单击"确定"按钮,即可完成对指定数据库的删除操作。

2. 使用 T-SQL 语言中的 DROP DATABASE 语句删除数据库

其语法格式如下:

```
DROP DATABASE 数据库名
```

【例 5-9】 删除已创建的数据库 STUDENTS。

```
DROP DATABASE STUDENTS
```

说明:用户只能根据自己的权限删除用户数据库,不能删除当前正在使用(正打开供用户读/写)的数据库,不能删除系统数据库(msdb、model、master、tempdb)。

习 题 5

1. 简述数据库的两种存储结构。

2. 数据库由哪几种类型的文件组成?其扩展名分别是什么?

3. 简述 SQL Server 2008 中文件组的作用和分类。

4. 使用 SQL Server Management Studio 创建名为 inventory(仓库库存)的数据库,并设

置数据库主文件名为 inventory_data,初始大小为 10MB,日志文件名为 inventory_log,初始大小为 2MB。所有的文件都放在目录"E:\DATA"中。

5. 删除习题 4 创建的数据库,使用 T-SQL 语句再次创建该数据库,主文件和日志文件的文件名及存放位置同上。要求:inventory_data 最大为无限大,增长速度为 20%;日志文件初始大小为 2MB,最大为 5MB,增长速度为 1MB。

6. 分别使用 SQL Server Management Studio 和 T-SQL 语句创建数据库 Student,要创建的数据库的要求如下:

数据库名称为 Student,包含 3 个 20MB 的数据文件、两个 10MB 的日志文件,创建使用一个自定义文件组,主文件为第一个文件,主文件的扩展名为.mdf,次要文件的扩展名为.ndf;要明确地定义日志文件,日志文件的扩展名为.ldf;自定义文件组包含后两个数据文件,所有的文件都放在目录"E:\DATA"中。

第 6 章

表的操作

在数据库中,表是由数据按一定的顺序和格式构成的数据集合,是存放数据的基本单位,是数据库的主要对象。表的数据组织形式是行、列结构,表中的每一行代表一条记录,每一列代表记录的一个字段。没有记录的表称为空表。

在 SQL Server 2008 中,每个数据库最多可包含 20 亿个表,每个表可包含 1024 个字段。每个表通常都有一个主关键字(又称为主码),用于唯一地确定一条记录。在同一个表中不允许有相同名称的字段。

本章将以在 teaching(教学)数据库中表的操作为例介绍表的基本操作,包括表的创建、修改和删除操作,表中数据的插入、修改、删除操作以及数据库表中数据的导入/导出等内容。

6.1 创 建 表

在创建好数据库后,数据库是空的,就像建造了一个空的房子(仓库),放入数据后才成为真正的数据库。数据库中用于存储数据的当然是表,所以需要在其中创建表。

6.1.1 数据类型

视频讲解

在定义数据表的字段、声明程序中的变量等时都需要为它们设置一个数据类型,目的是指定该字段或变量所存放的数据是整数、字符串、货币、日期时间还是其他类型的数据,以及会用多少空间来存储数据。

数据类型决定了数据的存储格式,代表了各种不同的信息类型。SQL Server 提供了系统数据类型集,该类型集定义了可与 SQL Server 一起使用的所有数据类型。

SQL Server 中的数据类型可分为系统数据类型和用户自定义数据类型两种。系统数据类型是 SQL Server 预先定义好的,可以直接使用。

1. ASCII 字符型

ASCII 字符数据的类型包括 char、varchar 和 text。ASCII 字符数据是由任何汉字、字母、符号和数字任意组合而成的数据。

- char(n):按固定长度存储字符,当字符数不满 n 个时自动补空格。n 为 1 到 8000 内的数值。
- varchar(n):按变长存储字符串,存储大小为输入数据的字节的实际长度,若输入的数据超过 n 个字节,则截断后存储,所输入的数据字符长度可以为零。char 类型的字符串查询速度快,当有空值或字符串数据长度不固定时可以使用 varchar 数据类型。
- text:可以存储最大长度为 $2^{31}-1$ 个字节的字符数据,超过 8KB 的 ASCII 数据可以使用 text 数据类型存储。

2. 整型

- bigint（大整数）：$-2^{63} \sim 2^{63}-1$ 的整型数据（所有数字），存储大小为 8 个字节。
- int（整型）：$-2^{31} \sim 2^{31}-1$ 的整型数据（所有数字），存储大小为 4 个字节。
- smallint（短整型）：$-2^{15} \sim 2^{15}-1$ 的整型数据，存储大小为 2 个字节。
- tinyint（微短整型）：$0 \sim 255$ 的整型数据，存储大小为 1 个字节。

3. 精确数值型

精确数值型数据由整数部分和小数部分构成，其所有的数字都是有效位，能够以完整的精度存储十进制数。

在 SQL Server 中精确数值型是 decimal 和 numeric，两者唯一的区别在于 decimal 不能用于带有 identity 关键字的列。

表达方式：decimal[(p[,s])]和 numeric[(p[,s])]。

其中 p 指定精度或对象能够控制的数字个数；s 指定可放到小数点右边的小数位数或数字个数，p 指定的范围为 $1 \sim 38$，s 指定的范围最少为 0，最多不可超过 p。

decimal(8,6)的取值范围是 $-99.999\,999 \sim 99.999\,999$。

4. 近似数值型

- float[(n)]：存放 $-1.79E+308 \sim 1.79E+308$ 数值范围内的浮点数，其中 n 为精度（尾数的位数），n 是从 $1 \sim 53$ 的整数。
- real：$-3.40E+38 \sim 3.40E+38$ 的浮点数字数据，存储大小为 4 个字节。

5. 日期时间型

- datetime 数据类型：可以存储从 1753 年 1 月 1 日到 9999 年 12 月 31 日的日期和时间数据，每个日期时间型数据都需要 8 个存储字节，精确度为千分之三秒，时间范围为 $00:00:00 \sim 23:59:59.999$。
- smalldatetime 数据类型：可以存储从 1900 年 1 月 1 日到 2079 年 6 月 6 日的日期和时间数据，每个小日期时间型数据都需要 4 个存储字节，精确度为分，时间范围为 $00:00 \sim 23:59$。

在使用旧的日期时间数据类型时，SQL Server 用户无法分别处理日期和时间信息。SQL Server 2008 的 4 种新数据类型（date、time、datetime2 和 datetimeoffset）改变了这一状况，从而简化了日期和时间数据的处理，并且提供了更大的日期范围、小数秒精度以及时区支持。新数据库应用程序应使用这些新数据类型，而非原来的 datetime。

- date 数据类型：仅存储日期，不存储时间。其范围是从公元元年 1 月 1 日到 9999 年 12 月 31 日。每个日期型数据都需要 3 个存储字节，且精度为 10 位。date 类型的准确性仅限于单日。
- time[(n)]数据类型：仅存储一天中的时间，不存储日期。它使用的是 24 小时时钟，因此支持的范围是 $00:00:00.0000000 \sim 23:59:59.9999999$（时、分、秒和小数秒）。用户可在创建数据类型时指定小数秒的精度，即 n 的值，默认精度是 7 位，准确度是 100 纳秒。精度影响着所需的存储空间大小，范围包括最多两位的 3 个字节、3 或 4 位的 4 个字节以及 5 到 7 位的 5 个字节。
- datetimeoffset[(n)]数据类型：提供了时区信息。time 数据类型不包含时区，因此仅适用于当地时间。然而，在全球经济形势下，人们常常需要知道某个地区的时间与另一地区的时间之间的关系。其范围是从公元元年 1 月 1 日 $00:00:00.0000000 \sim$

9999 年 12 月 31 日 23：59：59.9999999。用户可在创建数据类型时指定小数秒的精度，即 n 的值，默认精度是 7 位。

- datetime2[(n)]数据类型：原始 datetime 类型的扩展，它支持更大的日期范围以及更细的小数秒精度，同时可使用它来指定精度。datetime2 类型的日期范围是公元元年 1 月 1 日～9999 年 12 月 31 日(原始 datetime 的范围则是 1753 年 1 月 1 日～9999 年 12 月 31 日)。与 time 类型一样，它提供了 7 位小数秒精度，时间范围为 00：00：00.0000000～23：59：59.9999999。

日期的格式可以设定，设置日期格式的命令如下：

```
Set DateFormat {format | @format _var}
```

其中，format | @format_var 是日期的顺序，其有效的参数有 MDY、DMY、YMD、YDM、MYD 和 DYM。在默认情况下，日期格式为 MDY。

注：该设置仅用在将字符串转换为日期值时的解释中，它对日期的显示没有影响。

SQL Server 中常用的日期和时间表示格式如下。

(1) 分隔符可用"/" "-"或"."，例如'4/15/2008'、'4-15-08'或'4.15.2008'。

(2) 字母日期格式：'April 15,2008'。

(3) 不用分隔符：'20080501'。

(4) 时：分：秒：毫秒：'08：05：25：28'。

(5) 时：分 AM|PM：'05：08AM'、'08：05PM'。

6. 货币型

- money：货币数据值范围是 $-2^{63} \sim 2^{63}-1$，精确到货币单位的万分之一，存储大小为 8 个字节。

- smallmoney：货币数据值范围是 $-214\,748.364\,8 \sim +214\,748.364\,7$，也可以精确到货币单位的万分之一，存储大小为 4 个字节。

7. 二进制类型

- binary[(n)]：存储空间固定的数据类型，存储空间大小为 n+4 个字节，n 必须取 1～8000 的数。若输入的数据不足 n+4 个字节，则补足后存储；若输入的数据超过 n+4 个字节，则截断后存储。

- varbinary[(n)]：按变长存储二进制数据，n 必须取 1～8000 的数。若输入的数据不足 n+4 字节，则按实际数据长度存储；若输入的数据超过 n+4 个字节，则截断后存储。binary 数据比 varbinary 数据的存取速度快，但是浪费存储空间，用户在建立表时选择哪种二进制数据类型可根据具体的使用环境来决定。若不指定 n 的值，则默认为 1。

- image：可以存储最大长度为 $2^{31}-1$ 个字节的二进制数据。

8. Unicode 字符型

Unicode 为国际通用的字符编码形式，英文字母、数字、汉字、韩文等都采用国际统一的编码，每个字符占用两个字节。前文中包括 char、varchar 和 text 类型的字符型为非 Unicode 编码形式，每个国家都有自己的编码标准，中国编码标准中英文字母、数字等占一个字节，汉字占两个字节，而且不能表示除英文以外的其他国家文字。

- nchar(n)：存放固定长度的 n 个 Unicode 字符数据，n 必须是一个介于 1～4000 的数值。

- nvarchar(n)：存放长度可变的 n 个 Unicode 字符数据，n 必须是一个 1～4000 的数值。
- ntext：存储最大长度为 $2^{30}-1$ 个的 Unicode 字符数据。

9. 其他数据类型

除了前面介绍的数据类型之外，Microsoft SQL Server 2008 系统还提供了 CURSOR、SQL_VARIANT、TABLE、TIMESTAMP、UNIQUEIDENTIFIER 以及 XML 等数据类型。

Microsoft SQL Server 2008 数据类型如表 6-1 所示。

表 6-1　基本数据类型

数 据 类 型	符 号 标 识
整型	bigint、int、smallint、tinyint
精确数值型	decimal、numeric
浮点型	float、real
货币型	money、smallmoney
字符型	char、varchar
Unicode 字符型	nchar、nvarchar、ntext
ASCII 字符型	char、varchar、text
图像型	image
二进制型	binary、varbinary
日期时间型	datetime、smalldatetime、date、time、datetime2、datetimeoffset
特殊数据类型	bit、cursor、timestamp、sql_variant、table、uniqueidentifier

视频讲解

6.1.2　使用 SQL Server Management Studio 创建表

【例 6-1】　在数据库 teaching（教学库）中创建 student（学生）表，该表的结构定义如表 6-2 所示。

表 6-2　student 表的结构

字段名	数据类型	长度	是否允许为空	键值	说 明
sno	char	7	否	主键	学号
sname	nvarchar	10	否		姓名
ssex	nchar	1	否		性别
sage	tinyint		是		年龄
en_time	date		是		入学时间
specialty	nvarchar	20	是		专业
grade	nchar	3	否		年级

其创建步骤如下：

（1）打开 SQL Server Management Studio，在对象资源管理器中右击 teaching 数据库的"表"结点，选择"新建表"命令，如图 6-1 所示。

（2）出现表设计器窗口，在其上半部分输入列的基本属性，在其下半部分的列属性中指定列的详细属性，如图 6-2 所示。

（3）选中要设置为主键的列（sno），单击工具栏上的"钥匙"按钮，或选择"表设计器"菜单中的"设置主键"命令将其设为主键。

图 6-1　选择"新建表"命令

图 6-2　表设计器窗口

(4) 在定义好表中的所有列之后,单击"保存"按钮或选择"文件"菜单中的"保存表名"命令。

(5) 在弹出的"选择名称"对话框中为该表输入一个名称,如图 6-3 所示,单击"确定"按钮。

图 6-3　"选择名称"对话框

6.1.3　使用 T-SQL 语句创建表

在 SQL Server 2008 中可以使用 T-SQL 语句 CREATE TABLE 在数据库中创建表,其语法格式如下:

视频讲解

```
CREATE TABLE [ database_name.[ owner ] . | owner.] table_name
( { < column_definition >
    | column_name AS computed_column_expression
    | < table_constraint >} [ , …n ] )
[ ON { filegroup | DEFAULT } ]
[ TEXTIMAGE_ON { filegroup | DEFAULT } ]
```

其中参数的含义如下。

- database_name：用于指定所创建表的数据库名称。database_name 必须是现有数据库的名称。如果不指定数据库,database_name 默认为当前数据库。
- owner：用于指定新建表的所有者的用户名,owner 必须是 database_name 所指定的数据库中的现有用户名,owner 默认为当前注册用户名。
- table_name：用于指定新建表的名称,表名必须符合标识符规则。对于数据库来说,database_name、owner_name 及 object_name 必须是唯一的。表名最多不能超过128 个字符。
- column_name：用于指定新建表的列名。
- computed_column_expression：用于指定计算列的列值表达式。表达式可以是列名、常量、变量、函数等或它们的组合,所谓计算列是一个虚拟的列,它的值并不实际存储在表中,而是通过对同一个表中的其他列进行某种计算得到的结果。
- ON {filegroup | DEFAULT}：用于指定存储表的文件组名。如果指定 filegroup,则表将存储在指定的文件组中。在数据库中必须存在该文件组。如果使用了DEFAULT 选项或者省略了 ON 子句,则新建的表会存储在默认的文件组中。
- TEXTIMAGE_ON：用于指定 text、ntext 和 image 列的数据存储的文件组。如果表中没有 text、ntext 或 image 列,则不能使用 TEXTIMAGE_ON。如果没有指定TEXTIMAGE_ON 子句,则 text、ntext 和 image 列的数据将与数据表存储在相同的文件组中。

在上述创建表的语法中< column_definition >包含的内容如下：

```
< column_definition > > ::= { column_name data_type }
[ < column_constraint > ] [ , …n ]
```

其中,< column_constraint >包含的内容如下：

```
< column_constraint > > ::= [CONSTRAINT constraint_name]
  {[ NULL | NOT NULL ]
   [ PRIMARY KEY | UNIQUE ]
   [CHECK ( logical_expression )]
   [DEFAULT {constraint_expression}]
   [FOREIGN KEY [(column )] REFERENCES ref_table [(ref_column)]
  }
```

其中参数的含义如下。

- NULL 和 NOT NULL：如果表的某一列被指定具有 NULL 属性,那么允许在插入数据时省略该列的值。反之,如果表的某一列被指定具有 NOT NULL 属性,那么不允许在没有指定列默认值的情况下插入省略该列值的数据行。在 SQL Server 中列的默认属性是 NULL。

- PRIMARY KEY：设置字段为主键。
- UNIQUE：设置字段具有唯一性。
- CHECK：利用 logical_expression 设置字段的取值范围。
- DEFAULT：利用 constraint_expression 设置字段的默认值。
- FOREIGN KEY REFERENCES ref_table [(ref_column)]：与其他表建立关联，其中 ref_table 为表名、ref_column 为列名。

注意：在使用 T-SQL 语句创建表时应先打开其所在的数据库。

打开方式：USE 数据库名称

【例 6-2】 在数据库 teaching(教学库)中创建 course(课程)表，该表的结构如表 6-3 所示。

表 6-3 course 表的结构

列 名	数据类型	长度	是否允许为空值	键值	说 明
cno	char	4	否	主键	课程号
cname	nvarchar	20	否		课程名
classhour	tinyint		是		学时
credit	tinyint		是		学分

在 SQL Server Management Studio 中新建一个查询页面，在页面内输入以下代码：

```
USE teaching
GO
CREATE TABLE course
 (cno       char(4) PRIMARY KEY,
  cname     nvarchar(20) NOT NULL ,
  classhour tinyint,
  credit    tinyint
 )
```

执行结果如图 6-4 所示。

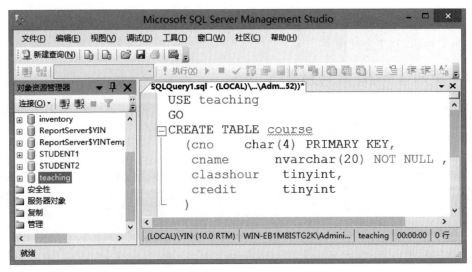

图 6-4 用 T-SQL 语句创建 course 表

视频讲解

6.2　修　改　表

在数据表的结构创建完成之后，用户还可以根据实际需要随时更改表的结构，可以增加、删除或修改字段，更改数据表的名称等。

6.2.1　在 SQL Server Management Studio 中修改表

（1）在 SQL Server Management Studio 的对象资源管理器中单击“数据库”结点前的“＋”号，展开“数据库”结点；单击目标数据库前的“＋”号，展开目标数据库。

（2）单击“表”结点前的“＋”号，展开“表”结点。然后在目标表上右击，弹出快捷菜单，选择“设计”命令，如图 6-5 所示。

图 6-5　修改表的快捷菜单

（3）用表设计器向表中添加列，修改列的数据类型、列的数据长度、列的精度、列的小数位数、列的为空性，与创建表时相同。

6.2.2　使用 T-SQL 语句修改表

SQL Server 2008 的 T-SQL 提供的修改表的语句为 ALTER TABLE，其语法格式如下，其参数与创建表的参数的含义相同。

```
ALTER TABLE table_name
[ALTER COLUMN {column_name                          /* 修改已有列的属性 */
new_data_type [< column_constraint > ] }
 | ADD{ column_name data_type                       /* 增加新列 */
[< column_constraint >] }
 | DROP                                             /* 删除列或约束 */
{[ CONSTRAINT ] constraint_name | COLUMN column_name}
```

【例 6-3】　在 student 表中修改 sname 字段的属性，使该字段的数据类型为 nvarchar(20)，允许为空。

```
USE teaching
GO
ALTER TABLE student
ALTER COLUMN sname nvarchar(20) NULL
```

【例 6-4】　在 course 表中添加任课教师——teacher 字段，数据类型为 nvarchar(10)。

```
USE teaching
GO
ALTER TABLE course
ADD teacher nvarchar(10)
```

【例 6-5】　删除 student 表中的年龄——sage 字段。

```
USE teaching
GO
ALTER TABLE student
DROP COLUMN sage
```

6.3　列约束和表约束

视频讲解

　　约束是通过限制列中数据、行中数据和表之间数据来保证数据完整性的非常有效的方法。约束可以确保把有效的数据输入到列中及维护表和表之间的特定关系。其中，列约束是针对表中一个列的约束，表约束是针对表中一个或多个列的约束。

　　Microsoft SQL Server 2008 系统提供了 6 种约束类型，即 PRIMARY KEY（主键）、[NOT] NULL（[不]允许为空）、FOREIGN KEY（外键）、UNIQUE（唯一性）、CHECK（取值范围）和 DEFAULT（默认值）约束。

6.3.1　创建和删除 PRIMARY KEY 约束

　　PRIMARY KEY（主键）约束在表中定义一个主键值，这是唯一确定表中每一行数据的标识符。在所有的约束类型中，主键约束是最重要的一种约束类型，也是使用最广泛的约束类型。该约束强制实体完整性。在一个表中最多只能有一个主键，主键列不允许取空值。

　　主键经常定义在一个列上，但是也可以定义在多个列的组合上。当主键定义在多个列上时，虽然某一个列中的数据可能重复，但是这些列的组合值不能重复。

　　1. 在定义表的同时设置主键约束

　　在例 6-2 中创建的 course 表，其主键约束即为列约束。

　　【例 6-6】　在 teaching（教学库）数据库中创建 sc（选课）表，包括字段 sno（学号）、cno（课程号）、score（成绩），其中 sno 和 cno 的组合为主键。

```
USE teaching
GO
CREATE TABLE sc
  ( sno        char(7),
    cno        char(4),
    score      int,
    CONSTRAINT pk_js PRIMARY KEY(sno,cno) /* pk_js 为约束名 */
  )
```

此例中主键约束为表约束。

在创建约束时可以指定约束的名称，否则 Microsoft SQL Server 系统将提供一个复杂的、系统自动生成的名称。对于一个数据库来说，约束名称必须是唯一的。一般来说，约束的名称应该按照格式"约束类型简称_表名_列名_代号"设置。

2. 使用 ALTER TABLE 的 ADD CONSTRAINT 子句添加约束

其一般格式如下：

```
ALTER TABLE table_name
ADD [ CONSTRAINT constraint_name ]
  PRIMARY KEY
  [CLUSTERED │ NONCLUSTERED] / * 由系统自动创建聚集或非聚集索引 * /
  {( column_name [ , … n ] ) }
```

【例 6-7】 先在 STUDENT1 数据库中创建"学生"表，然后通过修改表对"学号"字段创建 PRIMARY KEY 约束。

```
USE STUDENT1
GO
CREATE TABLE 学生
(学号        char(6)        NOT NULL,
 姓名        nvarchar(8)    NOT NULL,
 身份证号    char(18),
 性别        nchar(1)       NOT NULL
)
ALTER TABLE 学生
ADD CONSTRAINT pk_st PRIMARY KEY (学号)
```

3. 删除 PRIMARY KEY 约束

用户可以使用 ALTER TABLE 的 DROP CONSTRAINT 子句删除 PRIMARY KEY 约束，其一般格式如下：

```
ALTER TABLE table_name
DROP CONSTRAINT constraint_name [, … n]
```

【例 6-8】 删除 STUDENT1 数据库中"学生"表的 PRIMARY KEY 约束 pk_st。

```
ALTER TABLE 学生
DROP CONSTRAINT pk_st
```

6.3.2 创建和删除 UNIQUE 约束

UNIQUE（唯一性）约束指定表中某一个列或多个列不能有相同的两行或两行以上的数据存在，这种约束通过实现唯一性索引来强制实体完整性。当表中已经有了一个主键约束时，如果需要在其他列上实现实体完整性，因为表中不能有两个或两个以上的主键约束，所以只能通过创建 UNIQUE 约束来实现。一般把 UNIQUE 约束称为候选键约束。

例如，在 STUDENT1 数据库的"学生"表中，主键约束创建在"学号"列上，如果这时还需要保证该表中存储"身份证号"列的数据是唯一的，那么可以使用 UNIQUE 约束。

1. 在创建表时设置 UNIQUE 约束

【例 6-9】 创建"学生 1"表，主键约束创建在"学号"列上，要求"身份证号"列的数据是唯一的。

```
USE STUDENT1
GO
CREATE TABLE 学生 1
 ( 学号        char(6)      PRIMARY KEY,
   姓名        nvarchar(8)   NOT NULL,
   身份证号    char(18)     CONSTRAINT uk _st1 UNIQUE,
   性别        nchar(1)     NOT NULL
 )
```

2. 在修改表时设置 UNIQUE 约束

用户可以使用 ALTER TABLE 的 ADD CONSTRAINT 子句设置 UNIQUE 约束,其一般格式如下:

```
ALTER TABLE table_name
 ADD [ CONSTRAINT constraint_name ] UNIQUE
 [CLUSTERED | NONCLUSTERED] / * 由系统自动创建聚集或非聚集索引 * /
 ( column_name [ , …n ] )
```

【例 6-10】 设置"学生"表的"身份证号"字段的值具有唯一性。

```
ALTER TABLE 学生
ADD CONSTRAINT uk_st UNIQUE (身份证号)
```

3. 删除 UNIQUE 约束

其方法与删除 PRIMARY KEY 约束相同。

【例 6-11】 删除"学生 1"表中创建的 UNIQUE 约束。

```
ALTER TABLE   学生 1
DROP   CONSTRAINT uk_st1
```

4. 在使用 UNIQUE 约束时应考虑的问题

UNIQUE 约束所在的列允许空值,但是主键约束所在的列不允许空值;在一个表中可以有多个 UNIQUE 约束;可以把 UNIQUE 约束放在一个或者多个列上,这些列或列的组合必须有唯一的值,但是 UNIQUE 约束所在的列并不是表的主键列;UNIQUE 约束强制在指定的列上创建一个唯一性索引。在默认情况下是创建唯一性的非聚集索引,但是在定义 UNIQUE 约束时也可以指定所创建的索引是聚集索引。

6.3.3　创建和删除 FOREIGN KEY 约束

表和表之间的引用关系可以通过 FOREIGN KEY(外键)约束来实现。创建外键约束既可以由 FOREIGN KEY 子句完成,也可以在表设计器中完成。

1. 在图形界面下创建表之间的关系

在 SQL Server Management Studio 的对象资源管理器中创建表之间的关系图,可以实现表连接,即外键约束。其步骤如下。

(1) 在对象资源管理器中展开数据库,选择"数据库关系图"并右击,如图 6-6 所示。

(2) 在弹出的快捷菜单中选择"新建数据库关系图"命令,出现"添加表"对话框,如图 6-7 所示。

(3) 选择要建立关联的表,单击"添加"按钮添加表,然后关闭"添加表"对话框,用鼠标拖动某个表上主键（或外键）前的按钮到相关联的表上外键（或主键）前的按钮，如 student 表的 sno 列和 sc 表的 sno 列，出现表的关联关系，如图 6-8 所示。

图 6-6 "数据库关系图"快捷菜单

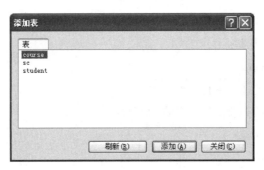

图 6-7 "添加表"对话框

图 6-8 表的关联图

（4）关联图建好后，在关闭时会弹出"是否保存更改"对话框，如图6-9所示。

（5）若要保存更改，单击"是"按钮，出现"选择名称"对话框，如图6-10所示，输入关系图名称，单击"确定"按钮，则表间关系创建完毕。

图 6-9 "是否保存更改"对话框   图 6-10 "选择名称"对话框

外键约束定义一个或多个列，这些列可以引用同一个表或另外一个表中的主键约束列或UNIQUE约束列。实际上，通过创建外键约束可以实现表和表之间的依赖关系。

一般情况下，在 Microsoft SQL Server 关系型数据库管理系统中表和表之间经常存在着大量的关系，这些关系都是通过定义主键约束和外键约束实现的。

2. 使用 T-SQL 语句在创建表时定义外键约束

【例 6-12】 在数据库 STUDENT1 中创建一个"成绩"表，包括"学号""课程号""成绩"字段，并为"成绩"表创建外键约束，该约束把"成绩"表中的"学号"字段和"学生"表中的"学号"字段关联起来。

```
USE STUDENT1
GO
CREATE TABLE 成绩
( 学号 char(6) CONSTRAINT f_st_pk
                 FOREIGN KEY REFERENCES 学生(学号),
   课程号 char(4),
   成绩 int )
```

3. 在修改表时添加外键约束

其语法格式如下：

```
ALTER TABLE table_name
ADD [ CONSTRAINT constraint_name]
FOREIGN KEY { ( column_name [ , …n ] )}
REFERENCES {ref_table ( ref_column [ , …n ] ) }
```

【例 6-13】 将 teaching（教学库）数据库中的 student 表、course 表和 sc 表进行主外键关联，student 表和 course 表为主表，其中的 sno 和 cno 字段为主键，sc 表为从表，将 sc 表的 sno 和 cno 字段定义为外键。

（1）
```
USE teaching
   GO
   ALTER TABLE sc
```

```
     ADD CONSTRAINT st_foreign
        FOREIGN KEY (sno) REFERENCES student(sno)
```

(2) USE teaching
```
        GO
        ALTER TABLE sc
        ADD CONSTRAINT c_foreign
           FOREIGN KEY (cno) REFERENCES course(cno)
```

4. 删除外键约束

使用 T-SQL 语句的 ALTER TABLE 命令可以删除外键约束。

【例 6-14】 删除例 6-12 中创建的外键约束。

```
USE STUDENT1
GO
ALTER TABLE 成绩
DROP CONSTRAINT  f_st_pk
```

6.3.4　创建和删除 CHECK 约束

CHECK 约束用来限制用户输入某一个列的数据，即在该列中只能输入指定范围的数据。CHECK 约束的作用非常类似于外键约束，两者都是限制某个列的取值范围，但是外键是通过其他表来限制列的取值范围，CHECK 约束是通过指定的逻辑表达式来限制列的取值范围。

例如，在描述学生的"性别"列中可以创建一个 CHECK 约束，指定其取值范围是"男"或者"女"。这样，当向该列输入数据时要么输入数据"男"，要么输入数据"女"，而不能输入其他不相关的数据。

1. 使用 T-SQL 语句在创建表时创建 CHECK 约束

使用 T-SQL 语句在创建表时创建 CHECK 约束的语法格式如下：

```
     CREATE TABLE table_name                        /* 指定表名 */
     (column_name datatype
     [check_name ] CHECK ( logical_expression )     /* CHECK 约束表达式 */
        [, … n])
```

【例 6-15】 在 STUDENT1 数据库中创建 books 表，其中包含 CHECK 约束定义。

```
USE STUDENT1
GO
CREATE TABLE books
(
     book_id    char(15)      PRIMARY KEY,           /* 书号 */
     book_name  nvarchar(30)  NOT NULL,              /* 书名 */
     max_lvl    tinyint       NOT NULL   CHECK  (max_lvl <= 250)
                                                     /* 书允许的最高价 CHECK 约束 */
)
```

2. 在修改表时创建 CHECK 约束

其语法格式如下：

```
ALTER TABLE table_name
ADD CONSTRAINT check_name CHECK (logical_expression)
```

【例 6-16】　通过修改 STUDENT1 数据库的"成绩"表,增加"成绩"字段的 CHECK 约束。

```
USE STUDENT1
GO
ALTER TABLE 成绩
ADD CONSTRAINT cj_constraint CHECK (成绩> = 0 and 成绩< = 100)
```

3. 删除 CHECK 约束

使用 T-SQL 语句的 ALTER TABLE 命令可以删除 CHECK 约束。

【例 6-17】　删除例 6-16 中创建的 CHECK 约束。

```
USE STUDENT1
GO
ALTER TABLE 成绩
DROP CONSTRAINT cj_constraint
```

在一个列上可以定义多个 CHECK 约束;当执行 INSERT 语句或者 UPDATE 语句时,该约束验证相应的数据是否满足 CHECK 约束的条件。但是,在执行 DELETE 语句时不检查 CHECK 约束。

6.3.5　创建和删除 DEFAULT 约束

在使用 INSERT 语句插入数据时,如果没有为某一列指定数据,那么 DEFAULT 约束就在该列中输入一个默认值。

例如,在"学生"表的"性别"列中定义了一个 DEFAULT 约束为"男"。当向该表中输入数据时,如果没有为"性别"列提供数据,那么 DEFAULT 约束将把默认值"男"自动插入到该列中。因此,DEFAULT 约束可以保证域的完整性。

1. 在创建表时定义默认值约束

其语法格式如下:

```
CREATE TABLE table_name            / * 指定表名 * /
(column_name datatype
 DEFAULT constraint_expression     / * 默认值约束表达式 * /
   [,…n])
                                   / * 定义列名、数据类型、标识列、是否空值及定义默认值约束 * /
```

【例 6-18】　先在 STUDENT1 数据库中创建 ST 表,定义"入学日期"字段的默认值为系统的当前日期。

```
USE STUDENT1
GO
CREATE TABLE ST
    (  学号      char(6)          NOT NULL,
       姓名      nvarchar(10)     NOT NULL,
       专业名     nvarchar(20)     NULL,
       性别      nchar(1)         NOT NULL,
       出生日期    date             NOT NULL,
       总学分     tinyint          NULL,
       备注      ntext            NULL,
       入学日期    date             DEFAULT date(getdate()) / * 定义默认值约束 * /
    )
```

说明： 没有使用"CONSTRAINT 约束名"则使用系统定义的名称。

2. 在修改表时定义默认值约束

【例 6-19】 修改 STUDENT1 数据库中的"学生"表，添加"入学日期"字段，并为其设置默认值约束，默认值为当前日期。

```
USE STUDENT1
GO
ALTER TABLE 学生
ADD 入学日期 date NULL
CONSTRAINT Df_date                   /* 默认值约束名 */
DEFAULT getdate( )
```

3. 删除默认值约束

【例 6-20】 删除例 6-19 中定义的默认值约束。

```
USE STUDENT1
GO
ALTER TABLE 学生
DROP CONSTRAINT Df_date
```

4. 在定义 DEFAULT 约束时应考虑的问题

（1）定义的常量值必须与该列的数据类型和精度是一致的。

（2）DEFAULT 约束只能应用于 INSERT 语句。

（3）每一个列只能定义一个 DEFAULT 约束。DEFAULT 约束不能放在有 IDENTITY 属性的列上或者数据类型为 timestamp 的列上，因为这两种列都会由系统自动提供数据。

（4）DEFAULT 约束允许指定一些由系统函数提供的值，这些系统函数包括 SYSTEM_USER、GETDATE、CURRENT_USER 等。

6.4　表数据的操作

在表的基本结构建好之后，表内没有数据，可以在 SQL Server Management Studio 中使用图形界面非常方便地对数据进行各种操作，也可以使用 T-SQL 中的命令完成相应的功能。

6.4.1　插入数据

视频讲解

1. 使用 SQL Server Management Studio 输入数据

（1）在对象资源管理器中展开数据库和表，然后右击表名，如 teaching 数据库中的 student 表，弹出快捷菜单，选择"编辑前 200 行"命令，如图 6-11 所示。

（2）此时出现一个空表，如图 6-12 所示。输入数据，如图 6-13 所示。

2. 使用 T-SQL 中的命令完成数据的插入

使用 T-SQL 中提供的 INSERT 命令可以向表中插入数据，其语法格式如下：

```
INSERT [ INTO] table_name[ ( column_name_list ) ]
  { VALUES( expression [ ,…n] ) }
```

其中参数的含义如下：

图 6-11 打开表编辑数据的快捷菜单

图 6-12 空表窗口

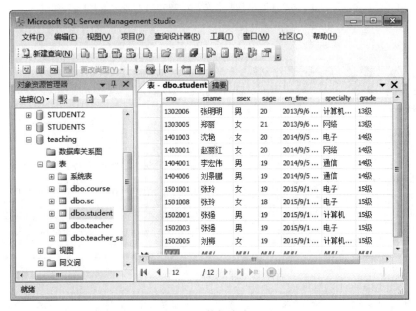

图 6-13 数据表窗口

- INTO：一个可选的关键字，可以将它用在 INSERT 和目标表之间。
- table_name：将要接收数据的表或 table 变量的名称。
- column_list：要在其中插入数据的一列或多列的列表，必须用圆括号将 column_list 括起来，并且用逗号进行分隔。
- VALUES：引入要插入的数据值的列表。column_list 中或者表中的每一列都必须有一个数据值，必须用圆括号将值列表括起来。如果 VALUES 列表中的值与表中列的顺序不相同，或者未包含表中所有列的值，那么必须使用 column_list 明确地指定存储每个传入值的列。
- expression：列值表达式。

【例 6-21】 在 teaching 数据库的 student 表中插入一行数据，即"sno，sname，ssex，grade"，值为"'1600215'，'刘玲玲'，'女'，'16 级'"。

```
USE teaching
GO
INSERT INTO student(sno,sname,ssex,grade)
VALUES('1301015','刘玲玲','女','16 级')
```

【例 6-22】 在 STUDENT1 数据库的"学生"表中插入一行数据"'160101'、'刘玲'、'130212199807190926'、'女'"。

```
USE STUDENT1
GO
INSERT INTO 学生 VALUES('160101','刘玲','130212199807190926','女')
```

【例 6-23】 在 STUDENT1 数据库的"学生"表中插入 3 行数据，即"'160102'，'王小玲'，'130212199907190926'，'女'""'160103'，'王伟'，'130212199809100871'，'男'""'160104'，'张大力'，'130212199702150812'，'男'"。

插入命令如下（如图 6-14 所示）：

```
INSERT INTO 学生 VALUES('160102','王小玲','130212199907190926','女'),
                      ('160103','王伟', '130212199809100871','男'),
                      ('160104','张大力','130212199702150812','男')
```

图 6-14 向表中插入多行数据

注意：在创建表时设置不允许为空又没有默认值约束的列必须插入数据。

视频讲解

6.4.2　修改数据

1. 使用 SQL Server Management Studio 修改数据

在 SQL Server Management Studio 中选择相应的表,然后右击,在弹出的快捷菜单中选择"打开表"命令,出现表数据窗口,在该窗口中可以直接对数据进行修改操作。

2. 使用 T-SQL 语句修改数据

使用 T-SQL 中提供的 UPDATE 命令可以修改表中的数据,其语法格式如下:

```
UPDATE table_name
  SET { column_name = expression } [ ,…n ]
  [WHERE {condition_expression}]
```

其中参数的含义如下。

- table_name:需要更新的表的名称。
- SET:指定要更新的列或变量名称的列表。
- column_name:含有要更改数据的列的名称。
- expression:列值表达式。
- condition_expression:条件表达式,对条件的个数没有限制。
- 如果没有 WHERE 子句,则 UPDATE 将会修改表中的每一行数据。

【例 6-24】　将 STUDENT1 数据库的"学生"表中的"性别"字段的值设为"男"。

```
USE STUDENT1
GO
UPDATE 学生 SET 性别 = '男'
```

【例 6-25】　在 STUDENT1 数据库的"学生"表中添加"备注"字段 nvarchar(20),"备注"字段的信息为"已毕业"。

(1) USE STUDENT1
　　GO
　　ALTER TABLE 学生
　　ADD 备注 nvarchar(20)

(2) UPDATE 学生 SET 备注 = '已毕业'

【例 6-26】　在"学生"表中将学号为"160101"的学生的姓名改为"王武"。

```
USE STUDENT1
GO
UPDATE 学生 SET 姓名 = '王武'
WHERE 学号 = '160101'
```

6.4.3　删除数据

1. 使用 SQL Server Management Studio 删除数据

在 SQL Server Management Studio 中选择相应的表,然后右击,在弹出的快捷菜单中选择"打开表"命令,出现表数据窗口,在该窗口中选择要删除的记录,右击后在弹出的快捷菜单中选择"删除"命令。

视频讲解

2. 使用 T-SQL 语句删除数据

使用 T-SQL 中提供的 DELETE 命令可以删除表中的数据，其语法格式如下：

```
DELETE table_name
[ WHERE {condition_expression} ]
```

其中参数的含义如下。

- table_name：要从其中删除行的表的名称。
- WHERE：指定用于限制删除行数的条件。如果没有提供 WHERE 子句，则 DELETE 删除表中的所有行。
- condition_expression：指定删除行的限定条件，对条件的个数没有限制。

【例 6-27】 删除"学生"表中"160101"号学生的记录。

```
USE STUDENT1
DELETE 学生 WHERE 学号 = '160101'
```

3. 使用 TRUNCATE TABLE 清空表格

其语法格式如下：

```
TRUNCATE TABLE table_name
```

其中，table_name 为要删除所有记录的表名。

TRUNCATE TABLE 与不含有 WHERE 子句的 DELETE 语句在功能上相同，但是 TRUNCATE TABLE 的速度更快，并且使用更少的系统资源和事务日志资源。

【例 6-28】 清空"学生"表中的数据。

```
TRUNCATE TABLE 学生
```

视频讲解

6.4.4 使用 MERGE 语句插入、修改和删除数据

SQL Server 2008 中的 MERGE 语句能做很多事情，它的功能是根据源表对目标表执行插入、更新或删除操作，最典型的应用就是进行两个表的同步。

下面通过一个简单示例来演示 MERGE 语句的使用方法，假设数据库中有产品表 Product 和新产品表 ProductNew 两个表，任务是将 Product 表中的数据同步到 ProductNew 表。

以下 SQL 语句创建示例表。

```
源表：Product
CREATE TABLE Product
( ProductID        char(7)          PRIMARY KEY,      -- 产品编号
  ProductName      nvarchar(30)     NOT NULL,         -- 产品名称
  Price            decimal(13,2)    DEFAULT 0 )       -- 价格
INSERT INTO Product Values ('4100037','优盘',50), ('4100038','鼠标',30)
目标表：ProductNew
CREATE TABLE ProductNew
  (ProductID        char(7)          PRIMARY KEY,
   ProductName nvarchar(30)          NOT NULL,
   Price decimal(13,2)               DEFAULT 0 )
```

MERGE 语句的基本语法如下：

```
MERGE 目标表 USING 源表 ON 匹配条件
WHEN MATCHED THEN 语句
WHEN NOT MATCHED [BY TARGET] | BY SOURCE THEN 语句;
```

以上是 MERGE 最基本的语法，语句执行时根据匹配条件的结果，如果在目标表中找到匹配记录则执行 WHEN MATCHED THEN 后面的语句；如果没有找到匹配记录则执行 WHEN NOT MATCHED THEN 后面的语句。

WHEN NOT MATCHED BY TARGET 表示目标表不匹配，BY TARGET 是默认的，所以上面我们直接使用 WHEN NOT MATCHED THEN。

WHEN NOT MATCHED BY SOURCE 表示源表不匹配，即目标表中存在、源表中不存在的情况。

注意：源表可以是表，也可以是一个子查询语句。另外强调一点，MERGE 语句最后的分号是不能省略的。

显然 Product 表和 ProductNew 表的 MERGE 匹配条件为主键——ProductID 字段，初始情况下，ProductNew 表为空，此时肯定执行的是 WHEN NOT MATCHED THEN 后的语句，根据源表对目标表执行插入的 MERGE 语句如下：

```
MERGE ProductNew AS d USING Product AS s
ON s.ProductID = d.ProductID
WHEN NOT MATCHED THEN INSERT( ProductID,ProductName,Price)
VALUES(s.ProductID,s.ProductName,s.Price);
```

运行后两行受影响，已经将 Product 表中的数据同步到了 ProductNew 表，结果如图 6-15 所示。

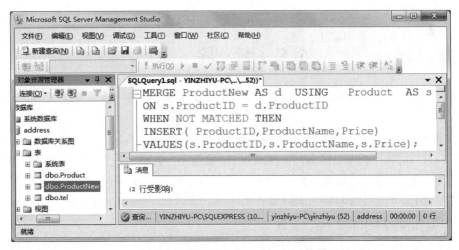

图 6-15 根据源表对目标表执行插入的 MERGE 语句

下面更新 Product 表中"4100037"号产品的价格，将其修改为 55：

```
UPDATE Product SET Price = 55 WHERE ProductID = '4100037'
```

希望每天同步时将更新后的价格同步到 ProductNew 表，显然此时在 MERGE 语句中应该添加 WHEN MATCHED THEN 语句，该语句用来更新 ProductNew 表的价格，以下为添加匹配更新后的 MERGE 语句：

```
MERGE ProductNew AS d USING Product AS s
ON s.ProductID = d.ProductId
WHEN NOT MATCHED THEN INSERT( ProductID, ProductName, Price)
VALUES(s.ProductID, s.ProductName, s.Price)
WHEN MATCHED THEN
UPDATE SET d.ProductName = s.ProductName, d.Price = s.Price;
```

执行后两行受影响，为什么是两行呢？因为匹配条件只是按 ProductID 来关联的，这样匹配出来的记录为两行。另外，UPDATE 语句里面没有更新 ProductID 字段，因为这是完全没必要的（如果修改了 ProductID 字段会直接运行 NOT MATCHED）。

下面将"4100037"号产品删除：

```
DELETE Product WHERE ProductID = '4100037'
```

将删除后的更新结果也同步到 ProductNew 表，只需对 MERGE 的 WHEN NOT MATCHED THEN 语句稍作扩展：

```
MERGE ProductNew AS d USING Product AS s
ON s.ProductID = d.ProductId WHEN NOT MATCHED BY TARGET
THEN INSERT(ProductID, ProductName, Price)
VALUES(s.ProductID, s.ProductName, s.Price)
WHEN NOT MATCHED BY SOURCE THEN DELETE
WHEN MATCHED THEN
UPDATE SET d.ProductName = s.ProductName, d.Price = s.Price;
```

以上已经使用到 MERGE 语句中的 INSERT、UPDATE 和 DELETE 语句，这足够完成大多数的同步功能了。

6.5 删 除 表

视频讲解

删除表就是将表中的数据和表的结构从数据库中永久地去除，表被删除之后就不能再恢复该表的定义。

1. 使用 SQL Server Management Studio 删除表

打开 SQL Server Management Studio，展开"数据库"，再展开"表"，然后右击要删除的表，在弹出的快捷菜单中选择"删除"命令，如图 6-16 所示，在随后出现的"删除对象"对话框中单击"确定"按钮，即可完成指定表的删除操作。

2. 使用 T-SQL 语句删除表

用户可以使用 T-SQL 语句中的 DROP TABLE 命令删除一个或多个数据表，其语法格式如下：

```
DROP TABLE table_name[, … n]
```

【例 6-29】 删除"学生"表。

```
DROP TABLE 学生
```

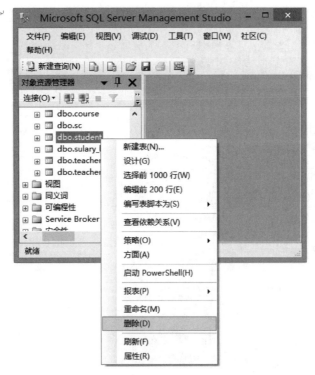

图 6-16 "删除表"的快捷菜单

6.6 数据的导入和导出

视频讲解

通过导入和导出数据的操作可以在 SQL Server 2008 和其他异类数据源(例如 Excel 或 Oracle 数据库)之间轻松地移动数据。"导出"是指将数据从 SQL Server 表复制到数据文件,"导入"是指将数据从数据文件加载到 SQL Server 表。

在 SQL Server 2008 中,导入和导出数据的操作可以在 SQL Server Management Studio 中使用向导来完成,也可以通过执行 T-SQL 语句来完成。本书只介绍前一种方法的数据库数据的导入和导出。

6.6.1 导出数据

数据的导出是将一个 SQL Server 数据库中的数据导出到一个文本文件、电子表格或其他格式的数据库中。

【例 6-30】 将 teaching 数据库中的"学生"表导出到"G:\DATA"文件夹下形成 ST. XLS 文件。

具体步骤如下:

(1) 在对象资源管理器中展开"数据库",右击要导出数据所在的 teaching 数据库,弹出快捷菜单,选择"任务"级联菜单中的"导出数据"命令,出现"SQL Server 导入和导出向导"的"欢迎使用导入和导出向导"对话框,如图 6-17 和图 6-18 所示。

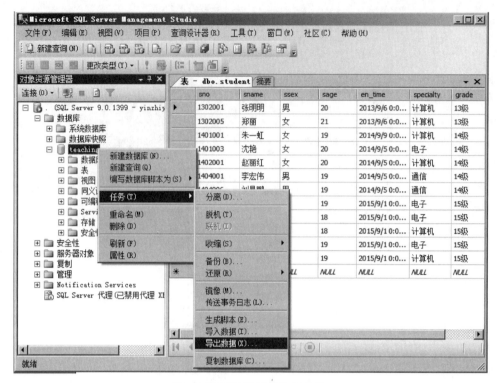

图 6-17 导出数据的快捷菜单

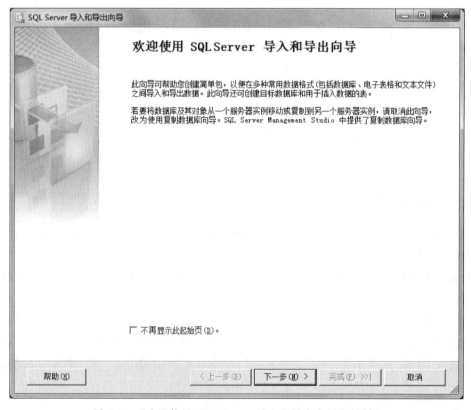

图 6-18 "欢迎使用 SQL Server 导入和导出向导"对话框

（2）单击"下一步"按钮，出现"SQL Server 导入和导出向导"的"选择数据源"对话框，如图 6-19 所示。

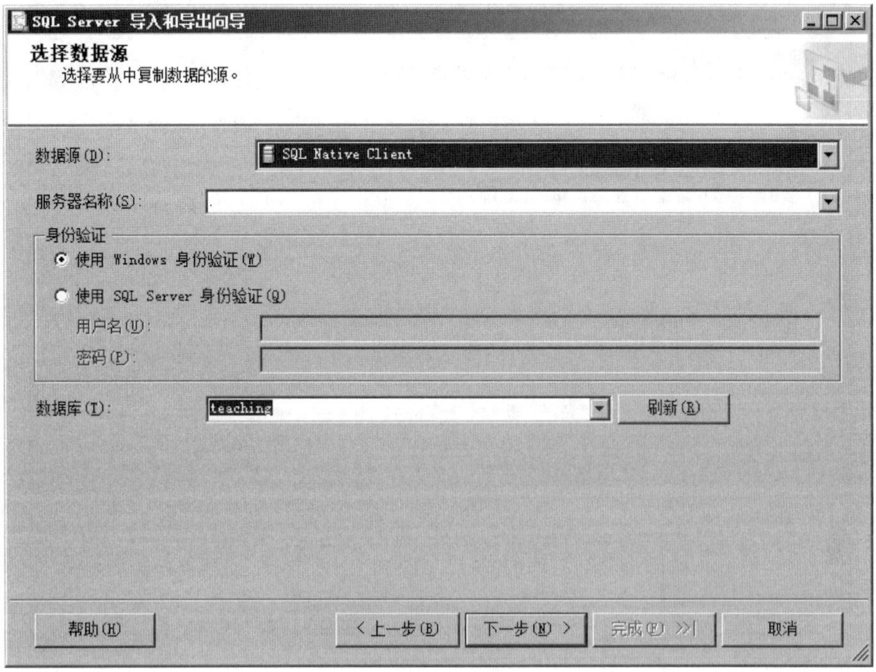

图 6-19 "选择数据源"对话框

（3）单击"下一步"按钮，出现"选择目标"对话框，如图 6-20 所示。

图 6-20 "选择目标"对话框

（4）单击"下一步"按钮，出现"指定表复制或查询"对话框，可以选择复制整个表还是表中的部分数据，如图 6-21 所示。

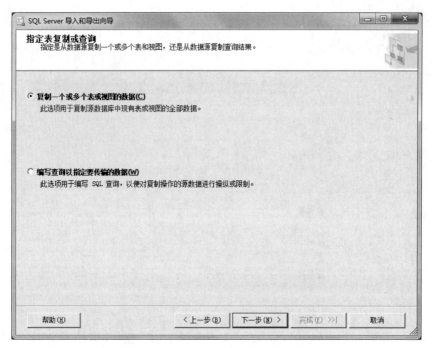

图 6-21　"指定表复制或查询"对话框

（5）单击"下一步"按钮，出现"选择源表和源视图"对话框，如图 6-22 所示。

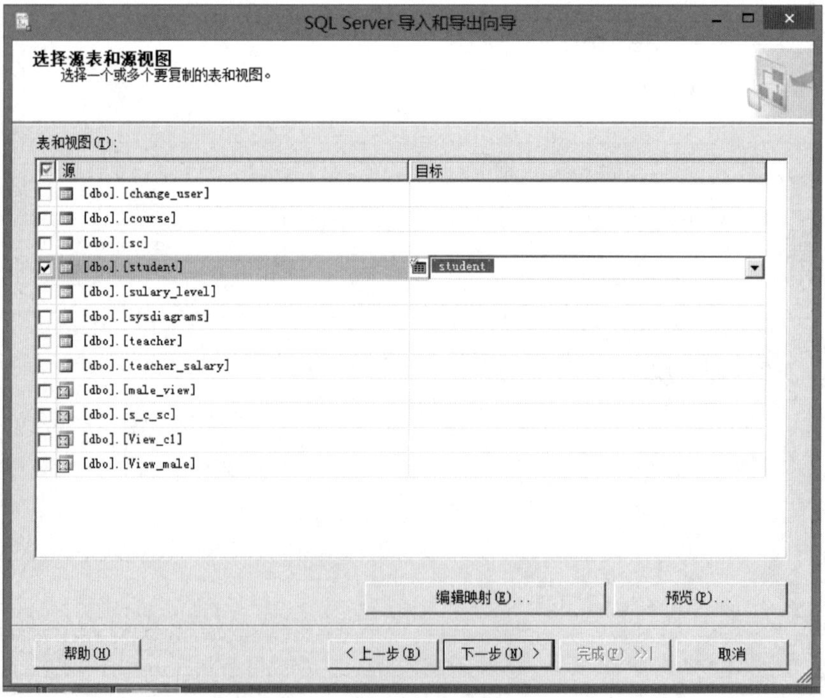

图 6-22　"选择源表和源视图"对话框

（6）单击"编辑映射"按钮,出现"列映射"对话框,可以在此对话框中修改目标列的名称、类型等,如图 6-23 所示,修改后单击"确定"按钮,返回"选择源表和源视图"对话框。

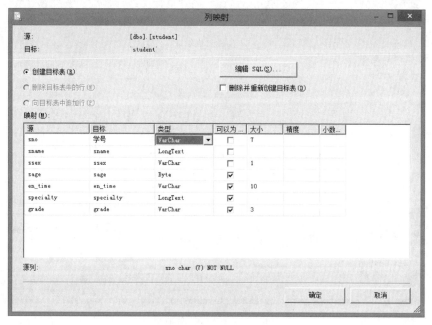

图 6-23　"列映射"对话框

（7）单击"下一步"按钮,出现"查看数据类型映射"对话框,如图 6-24 所示。

图 6-24　"查看数据类型映射"对话框

（8）单击"下一步"按钮，出现"运行包"对话框，如图 6-25 所示。

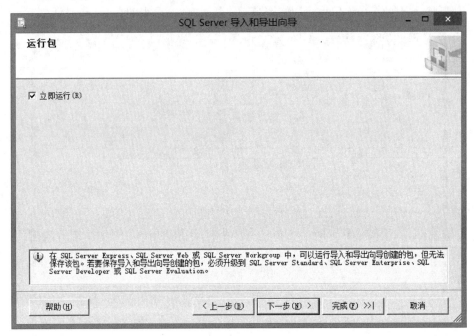

图 6-25 "运行包"对话框

（9）单击"下一步"按钮，出现"完成该向导"对话框，如图 6-26 所示。

图 6-26 "完成该向导"对话框

（10）单击"完成"按钮，出现"执行成功"对话框，如图 6-27 所示，单击"关闭"按钮即可。

图 6-27　"执行成功"对话框

打开"G:\DATA"文件夹下的"ST.XLS"文件，查看导出的结果，如图 6-28 所示。

图 6-28　ST.XLS 文件

6.6.2　导入数据

导入数据是将其他格式的数据（如文本数据、Access、Excel、FoxPro 等）导入 SQL Server 数据库中。

【例 6-31】 将一个 Excel 文件导入 STUDENT1 数据库中。

具体步骤如下：

（1）在对象资源管理器中展开“数据库”，右击要导入数据的 STUDENT1 数据库，弹出快捷菜单，选择“任务”级联菜单中的“导入数据”命令，出现“SQL Server 导入和导出向导”的“欢迎使用 SQL Server 导入和导出向导”对话框，如图 6-29 和图 6-30 所示。

图 6-29　导入数据的快捷菜单

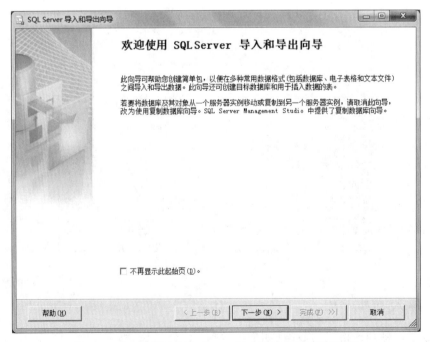

图 6-30　“欢迎使用 SQL Server 导入和导出向导”对话框

（2）单击"下一步"按钮，出现"选择数据源"对话框，如图 6-31 所示，选择文件格式和文件路径。

图 6-31　"选择数据源"对话框

（3）单击"下一步"按钮，出现"选择目标"对话框，如图 6-32 所示，选择数据库。

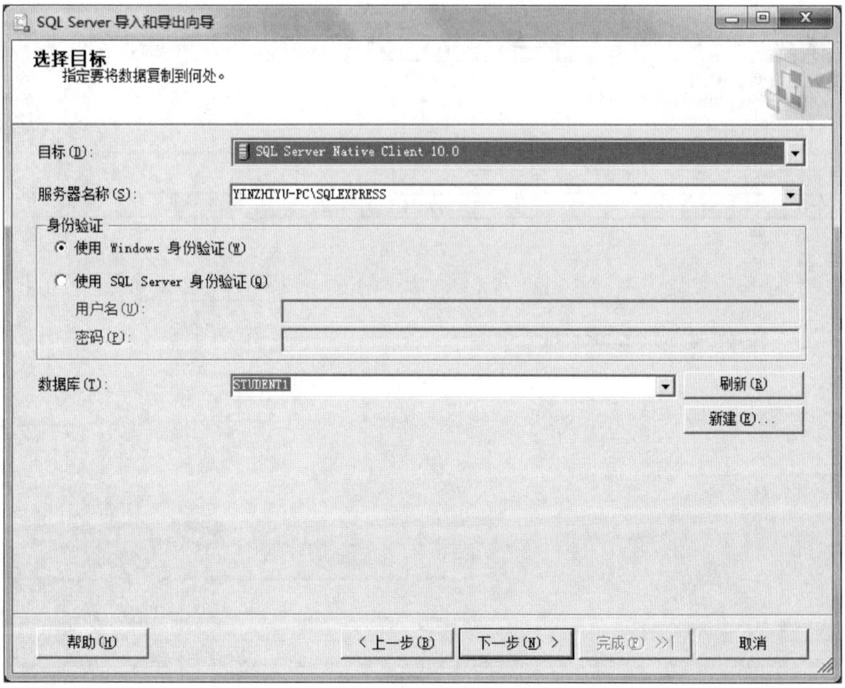

图 6-32　"选择目标"对话框

（4）单击"下一步"按钮，出现"指定表复制或查询"对话框，如图 6-33 所示，选中"复制一个或多个表或视图的数据"单选按钮。

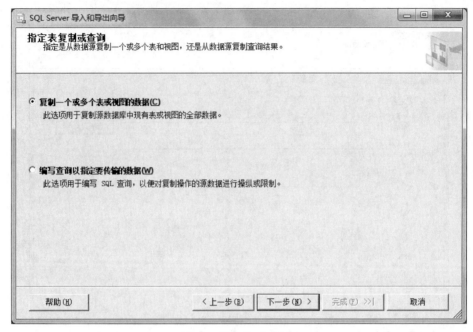

图 6-33 "指定表复制或查询"对话框

（5）单击"下一步"按钮，出现"选择源表和源视图"对话框，如图 6-34 所示，选择表和视图。

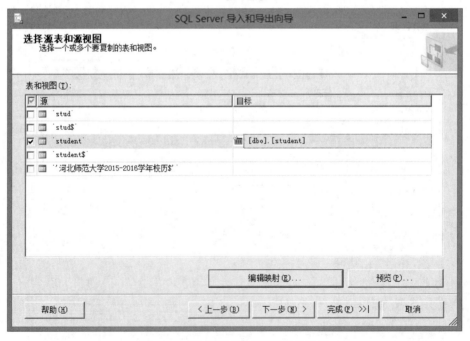

图 6-34 "选择源表和源视图"对话框

（6）单击"编辑映射"按钮，出现"列映射"对话框，可以在此对话框中修改目标列的名称、类型等，如图 6-35 所示，修改后单击"确定"按钮，返回"选择源表和源视图"对话框。

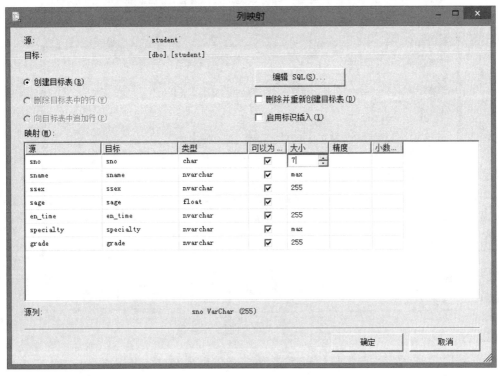

图 6-35 "列映射"对话框

（7）单击"下一步"按钮，出现"运行包"对话框，如图 6-36 所示。

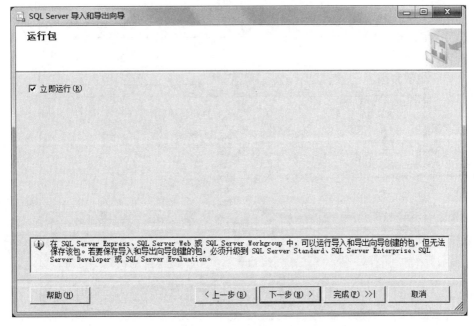

图 6-36 "运行包"对话框

（8）单击"下一步"按钮，出现"完成该向导"对话框，如图6-37所示。

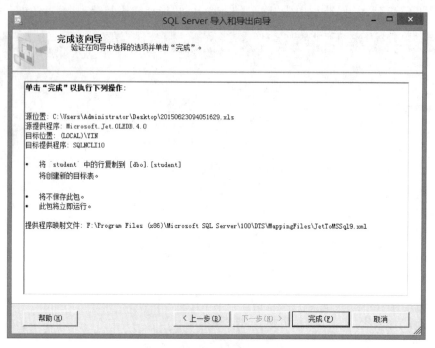

图6-37　"完成该向导"对话框

（9）单击"完成"按钮，开始执行向导，执行成功后出现的对话框如图6-38所示。单击"关闭"按钮，数据导入完成。

图6-38　数据导入执行成功

打开 STUDENT1 数据库,查看导入的结果,如图 6-39 所示。

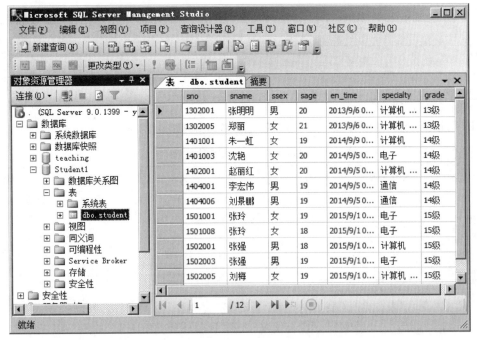

图 6-39　STUDENT1 数据库中的 student 表

习　题　6

1. 在第 5 章习题创建的 inventory 数据库中完成下列操作。

（1）创建 goods（商品）表,表结构如表 6-4 所示。

表 6-4　goods（商品）表

列　名	数据类型	长度	完整性约束	键值	说　明
gno	char	6	NOT NULL	主键	商品编号
gname	nvarchar	10	NOT NULL		商品名称
price	float		NOT NULL		单价
producer	nvarchar	30	NOT NULL		生产商

（2）创建 store（仓库）表,表结构如表 6-5 所示。

表 6-5　store（仓库）表

列　名	数据类型	长度	完整性约束	键值	说　明
stno	char	3	NOT NULL	主键	仓库编号
address	nvarchar	30	NOT NULL		仓库地址
telephone	varchar	11	数字字符		电话
capacity	smallint		>=总库存数量		容量

（3）创建 invent（库存情况）表，表结构如表 6-6 所示。

表 6-6　invent（库存情况）表

列　名	数据类型	长度	完整性约束		键值	说　明
stno	char	3	NOT NULL	主键	外键	仓库编号
gno	char	6	NOT NULL		外键	商品编号
number	int					库存数量

（4）创建 manager（管理员）表，表结构如表 6-7 所示。

表 6-7　manager（管理员）表

列　名	数据类型	长度	完整性约束	键值	说　明
mno	char	3	NOT NULL	主键	管理员编号
mname	nvarchar	10	NOT NULL		管理员姓名
sex	nchar	1	（男，女）		性别
birthday	date		1957-1-1～2010-1-1		出生年月
stno	char	3		外键	仓库编号

2. 建立"商品"表、"仓库"表、"库存情况"表和"管理员"表 4 个表之间的关系图。

3. 分别给"商品"表、"仓库"表、"库存情况"表和"管理员"表添加数据，如图 6-40～图 6-43 所示。

gno	gname	price	producer
bx-179	冰箱	3200	青岛海尔
bx-340	冰箱	2568	北京雪花
ds-001	电视	1580	四川长虹
ds-018	电视	2980	青岛海尔
ds-580	电视	6899	南京熊猫
kt-060	空调	3560	青岛海尔
kt-330	空调	4820	青岛海信
xyj-01	洗衣机	980	无锡小天鹅
xyj-30	洗衣机	858	南京熊猫

图 6-40　goods（商品）表数据

stno	address	telephone	capacity
001	1号楼105	89000001	67
002	1号楼106	89000002	78
003	2号楼101	89000003	56
004	2号楼102	89000004	77
005	3号楼104	89000005	80
006	3号楼108	89000006	65

图 6-41　store（仓库）表数据

stno	gno	number
004	bx-179	5
002	bx-179	12
003	bx-340	10
001	ds-001	20
003	ds-018	8
001	ds-018	16
002	ds-580	15
004	kt-060	9
001	kt-060	13
004	xyj-01	10
003	xyj-30	21

图 6-42　invent（库存情况）表数据

mno	mname	sex	birthday	stno
101	张力	男	1989-2-3 0:00:00	001
102	李明	男	1979-7-23 0:00:00	001
103	王辉	男	1978-9-18 0:00:00	002
104	张凤玉	女	1978-9-12 0:00:00	002
105	刘晓宏	男	1990-5-25 0:00:00	003
106	郑文杰	男	1972-9-6 0:00:00	003
107	明宇	男	1989-4-2 0:00:00	004
108	詹虎新	男	1970-7-29 0:00:00	004
109	李品慧	女	1973-9-28 0:00:00	005
110	刘利华	男	1980-5-3 0:00:00	005
111	王文宇	男	1980-5-23 0:00:00	006
112	王玮	女	1978-8-13 0:00:00	006

图 6-43　manager（管理员）表数据

4. 在 teaching 教学库中创建一个 student1 表，包含"学号""姓名"和"班级"列，要求能够与 student 表同步插入、修改和删除数据。

第7章

数据库查询

所谓查询,就是对数据库中的数据进行检索、创建、修改或删除的特定请求。数据库接受用 T-SQL 语言编写的查询。使用查询可以按照不同的方式查看、更改和分析数据。查询设计是数据库应用程序开发的重要组成部分,因为在设计数据库并用数据进行填充之后需要通过查询来使用数据。

本章主要介绍数据库的基本查询,包括简单查询、分组查询、数据汇总、子查询、连接查询等内容。

7.1　SELECT 查询语法

视频讲解

在 SQL Server 中可以通过 SELECT 语句来实现查询,即从数据库表中检索所需要的数据。查询可以包含要返回的列、要选择的行、放置行的顺序和如何将信息分组的规范。

SELECT 语句的语法格式如下:

```
SELECT { select_list [ INTO new_table_name ] }
FROM { table_list}
[ WHERE {search_conditions} ]
[ GROUP BY { group_by_list} ]
[ HAVING { search_conditions} ]
[ ORDER BY { order_list [ ASC | DESC ] }]
```

其中参数的含义如下。

- select_list:描述结果集的列,它指定了结果集中要包含的列的名称,是一个以逗号分隔的表达式列表。
- INTO new_table_name:指定使用结果集来创建新表。new_table_name 指定新表的名称。
- FROM {table_list}:指定要从中检索数据的表名或视图名。
- WHERE {search_conditions}:WHERE 子句是一个筛选条件,它定义了源表中的行要满足 SELECT 语句的要求所必须达到的条件。
- GROUP BY {group_by_list}:GROUP BY 子句根据 group_by_list 列中的值将结果集分成组。
- HAVING {search_conditions}:HAVING 子句是应用于结果集的附加筛选,用来向使用 GROUP BY 子句的查询中添加数据过滤准则。
- ORDER BY {order_list[ASC | DESC]}:ORDER BY 子句定义了结果集中行的排序顺序。升序使用 ASC 关键字,降序使用 DESC 关键字,默认情况下为升序。

7.2 简 单 查 询

简单查询包括投影、选择及聚合函数查询。

7.2.1 投影查询

通过 SELECT 语句的 select_list 项组成结果表的列。

投影查询的格式如下：

```
SELECT [ ALL | DISTINCT ] [ TOP n [ PERCENT ] ]
{ * | { {column_name | expression | IDENTITYCOL | ROWGUIDCOL }
    [ [ AS ] column_alias ] | column_alias = expression } [, … n ] }
```

其中参数的含义如下。

- ALL：指定显示所有记录，包括重复行。ALL 是默认设置。
- DISTINCT：指定显示所有记录，但不包括重复行。
- TOP n〔PERCENT〕：指定从查询结果中返回前 n 行或前百分之 n 行。
- *：表示所有列。
- column_name：指定要返回的列名。
- expression：列名、常量、函数以及由运算符连接的列名、常量和函数的任意组合，或者是子查询。
- column_alias：列别名。

1. 选择一个表中指定的列

使用 SELECT 语句选择一个表中的某些列，各列名之间要以逗号分隔。

视频讲解

【例 7-1】 查询 teaching 数据库中学生的姓名、性别和专业。

```
USE teaching
SELECT sname, ssex, specialty FROM student
```

查询结果如图 7-1 所示。

【例 7-2】 查询 teaching 库中 course 表的所有记录。

```
USE teaching
SELECT * FROM course
```

用“*”表示表中所有的列，按用户创建表时声明的列的顺序显示所有的列。

【例 7-3】 查询 teaching 中 student 表的专业名称，滤掉重复行。

```
USE teaching
SELECT DISTINCT specialty FROM student
```

用 DISTINCT 关键字可以过滤掉查询结果中的重复行。

【例 7-4】 查询 teaching 库中 course 表的前 3 行信息。

```
USE   teaching
SELECT   top 3 * FROM course
```

查询结果如图 7-2 所示。

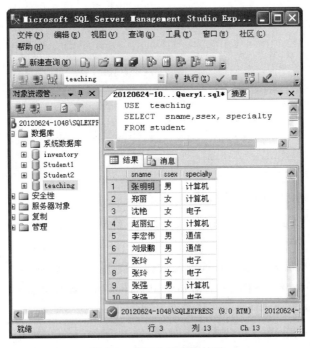

图 7-1　例 7-1 的查询结果

【例 7-5】　查询 teaching 库中 course 表的前 50％行的信息。

USE　teaching
SELECT　top 50 percent　*　FROM course

查询结果如图 7-3 所示。

图 7-2　例 7-4 的查询结果

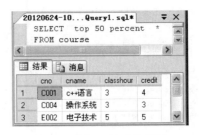

图 7-3　例 7-5 的查询结果

2. 改变查询结果中标题的显示

在 SELECT 语句中,用户可以根据实际需要对查询数据的列标题进行改变,或者为没有标题的列加上临时的标题。

视频讲解

常用的方式如下:

(1) 在列表达式后面给出列名。

(2) 用"＝"连接列表达式。

(3) 用 AS 关键字连接列表达式和指定的列名。

【例 7-6】　查询 student 表中所有学生的学号、姓名,将结果中各列的标题分别指定为汉字"学号"和"姓名"。

```
USE teaching
SELECT sno AS 学号, sname AS 姓名 FROM student
```

查询结果如图 7-4 所示。

或：

```
USE  teaching
SELECT  学号 = sno, 姓名 = sname FROM student
```

或：

```
USE  teaching
SELECT  sno 学号, sname 姓名 FROM student
```

注意：列标题的别名只在定义的语句中有效，即只显示标题，对原表中的列标题没有任何影响。

3. 计算列值

在进行数据查询时经常需要对查询到的数据进行再次计算处理。

T-SQL 允许用户直接在 SELECT 语句中使用计算列。计算列并不存在于表格所存储的数据中，它是通过对某些列的数据进行演算得来的结果，所以没有列名。

【例 7-7】 查询 sc 表，按 150 分制计算成绩。

```
USE  teaching
SELECT  sno, cno, score150 = score * 1.50 FROM sc
```

查询结果如图 7-5 所示。

图 7-4　例 7-6 的查询结果

图 7-5　例 7-7 的查询结果

7.2.2　选择查询

投影查询是从列的角度进行的查询，一般对行不进行任何过滤（DISTINCT 除外）。但是一般的查询都不是针对全表所有行的查询，只是从整个表中选出满足指定条件的内容，这就要用到 WHERE 子句进行选择查询。

选择查询的基本语法如下：

```
SELECT  SELECT_LIST
FROM  TABLE_LIST
WHERE SEARCH_CONDITIONS
```

其中,SEARCH_CONDITIONS 为选择查询的条件。

SQL Server 支持比较、范围、列表、字符串匹配等选择方法。

WHERE 子句中常用的条件表达式如表 7-1 所示。SQL Server 对 WHERE 子句中的查询条件的数目没有限制。

表 7-1　常用的查询条件

查 询 条 件	谓　　　词
比较运算符	=、>、<、>=、<=、!=、<>、!>、!<
确定范围	BETWEEN AND、NOT BETWEEN AND
确定集合	IN、NOT IN
字符匹配	LIKE、NOT LIKE
空值	IS NULL、IS NOT NULL
多重条件	AND、OR、NOT

1. 使用关系表达式

比较运算符用于比较两个表达式的值,共有 9 个,它们是=(等于)、<(小于)、<=(小于或等于)、>(大于)、>=(大于或等于)、<>(不等于)、!=(不等于)、!<(不小于)、!>(不大于)。

视频讲解

比较运算的格式为"expression {=｜<｜<=｜>｜>=｜<>｜!=｜!<｜!>} expression"。

其中,expression 是除 text、ntext 和 image 以外类型的表达式。

【例 7-8】　查询 teaching 库的 sc 表中成绩大于等于 60 的学生的学号、课程号和成绩。

```
USE  teaching
SELECT * FROM sc WHERE score >= 60
```

2. 使用逻辑表达式

逻辑运算符共有 3 个,它们是 NOT、AND 和 OR。

* NOT:非,对表达式的否定。
* AND:与,连接多个条件,当所有的条件都成立时为真。
* OR:或,连接多个条件,只要有一个条件成立就为真。

【例 7-9】　查询 teaching 库中"计算机"专业的"男"生的信息。

```
USE  teaching
SELECT * FROM student
WHERE specialty = '计算机' AND ssex = '男'
```

查询结果如图 7-6 所示。

图 7-6　例 7-9 的查询结果

【例 7-10】 查询 teaching 库中"计算机"专业学生或所有专业"男"生的信息。

```
USE teaching
SELECT * FROM student
WHERE specialty = '计算机' OR ssex = '男'
```

查询结果如图 7-7 所示。

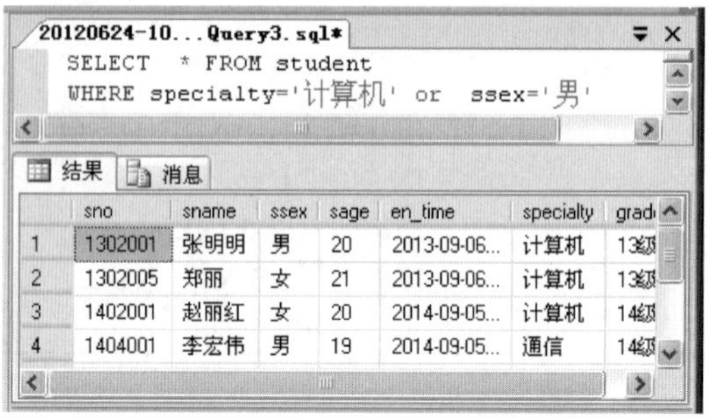

图 7-7   例 7-10 的查询结果

3. 使用 BETWEEN 关键字

使用 BETWEEN 关键字可以更加方便地限制查询数据的范围。

其语法格式如下：

表达式 [NOT] BETWEEN 表达式 1 AND 表达式 2

使用 BETWEEN 表达式进行查询的效果完全可以用含有">="和"<="的逻辑表达式来代替，使用 NOT BETWEEN 进行查询的效果完全可以用含有">"和"<"的逻辑表达式来代替。

【例 7-11】 查询 teaching 库中成绩为 80～90 的学生的学号、课程号和成绩。

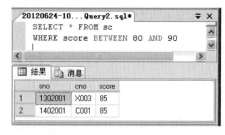

图 7-8   例 7-11 的查询结果

```
USE teaching
SELECT * FROM sc
WHERE score BETWEEN 80 AND 90
```

或：

```
USE teaching
SELECT * FROM sc
WHERE score >= 80 AND score <= 90
```

查询结果如图 7-8 所示。

【例 7-12】 查询 teaching 数据库中成绩不是 80～90 的学生的学号、课程号和成绩。

```
USE teaching
SELECT * FROM sc
WHERE score NOT BETWEEN 80 AND 90
```

4. 使用 IN（属于）关键字

和 BETWEEN 关键字一样，IN 的引入也是为了更方便地限制检索数据的范围。

其语法格式如下：

表达式 [NOT] IN (表达式 1，表达式 2 [,…,表达式 n])

【例 7-13】 查询 teaching 库中"计算机"和"通信"专业的学生的姓名、学号和专业。

```
USE teaching
SELECT sname,sno,specialty FROM student
WHERE specialty IN('计算机','通信')
```

5. 使用 LIKE 关键字

使用 LIKE 关键字的查询又叫模糊查询,LIKE 关键字搜索与指定模式匹配的字符串、日期或时间值。在字符串中可以包含 4 种通配符的任意组合,在搜索条件中可用的通配符如表 7-2 所示。

表 7-2　常用的通配符

通配符	含　　义
％	包含零个或多个字符的任意字符串
-	任何单个字符
[ ]	代表指定范围内的单个字符,在[]中可以是单个字符(如[acef]),也可以是字符范围(如[a-f])
[^]	代表不在指定范围内的单个字符,在[^]中可以是单个字符(如[^acef]),也可以是字符范围(如[^a-f])

【例 7-14】 通配符的示例。

LIKE 'AB％':返回以"AB"开始的任意字符串。

LIKE 'Ab％':返回以"Ab"开始的任意字符串。

LIKE '％abc':返回以"abc"结束的任意字符串。

LIKE '％abc％':返回包含"abc"的任意字符串。

LIKE '_ab':返回以"ab"结束的 3 个字符的字符串。

LIKE '[ACK]％ ':返回以"A""C"或"K"开始的任意字符串。

LIKE '[A-T]ing':返回 4 个字符的字符串,结尾是"ing",首字符的范围是从 A 到 T。

LIKE 'M[^c]％ ':返回以"M"开始且第二个字符不是"c"的任意长度的字符串。

【例 7-15】 查询 teaching 库中所有姓"张"的学生的信息。

```
USE teaching
SELECT * FROM student
WHERE sname LIKE '张％ '
```

查询结果如图 7-9 所示。

图 7-9　例 7-15 的查询结果

6. IS [NOT] NULL(是[否]为空)查询

在 WHERE 子句中不能使用比较运算符对空值进行判断,只能使用空值表达式来判断某个列值是否为空值。

其语法格式如下:

```
表达式 IS [NOT] NULL
```

【例 7-16】 查询 teaching 库中所有"成绩"为空值的学生的学号、课程号和成绩。

```
USE teaching
SELECT * FROM sc WHERE score IS NULL
```

7. 复合条件查询

在 WHERE 子句中可以使用逻辑运算符把若干个搜索条件合并起来，组成复杂的复合搜索条件，这些逻辑运算符包括 AND、OR 和 NOT。

- AND 运算符：表示只有在所有条件都为真时才返回真。
- OR 运算符：表示只要有一个条件为真时就可以返回真。
- NOT 运算符：取反。

当在一个 WHERE 子句中同时包含多个逻辑运算符时，其优先级从高到低依次是 NOT、AND、OR。

【例 7-17】 从 teaching 库的 student 表中查询所有"计算机"和"通信"专业的"女"生的信息。

```
USE teaching
SELECT * FROM student
WHERE ssex = '女' AND
(specialty = '计算机'
OR specialty = '通信')
```

查询结果如图 7-10 所示。

图 7-10　例 7-17 的查询结果

7.2.3　聚合函数查询

SQL Server 提供了一系列聚合函数，这些函数把存储在数据库中的数据描述为一个整体而不是一行行孤立的记录，通过使用这些函数可以实现数据集合的汇总或是求平均值等运算。

T-SQL 提供的聚合函数如表 7-3 所示。

表 7-3　常用的聚合函数

函　数　名	功　　　能
sum(列名)	对一个数字列求和
avg(列名)	对一个数字列计算平均值
min(列名)	返回一个数字、字符串或日期列的最小值
max(列名)	返回一个数字、字符串或日期列的最大值
count(列名)	返回一个列的数据项数
count(*)	返回找到的行数

在 SELECT 子句中可以使用聚合函数进行运算，运算结果作为新列出现在结果集中，但此列无列名。在聚合运算的表达式中可以包括列名、常量以及由算术运算符连接起来的函数。

【例 7-18】 在 teaching 库中查询 sc 表中成绩的平均值，平均值显示列标题为"平均成绩"。

```
USE   teaching
SELECT avg(score) AS 平均成绩 FROM sc
```

查询结果如图 7-11 所示。

【例 7-19】 从 teaching 数据库的 student 表中查询专业的种类个数（相同的按一种计算）。

```
USE teaching
SELECT count (DISTINCT specialty) AS 专业种类数
FROM student
```

查询结果如图 7-12 所示。

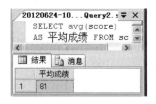

图 7-11　例 7-18 的查询结果　　　　　图 7-12　例 7-19 的查询结果

说明：在 T-SQL 中允许与统计函数(如 count()、sum()和 avg())一起使用 DISTINCT 关键字来处理列或表达式中不同的值。

【例 7-20】 在 teaching 库中查询 1302001 号学生的平均成绩。

```
USE teaching
SELECT avg(score) AS 平均成绩 FROM sc
WHERE sno = '1302001'
```

在 Microsoft SQL Server 2008 系统中,一般情况下可以在 3 个地方使用聚合函数,即 SELECT 子句、COMPUTE 子句和 HAVING 子句。

7.3　分组和汇总

分组查询是聚合函数与 GROUP BY 子句相结合实现的查询,数据汇总是在 SELECT 语句中使用 COMPUTE 子句。

7.3.1　分组查询

使用聚合函数返回的是所有行数据的统计结果。如果需要按某一列数据的值进行分类,在分类的基础上再进行查询,就要使用 GROUP BY 子句了。分组技术是指使用 GROUP BY 子句完成分组操作的技术。

GROUP BY 子句的语法结构如下:

```
[ GROUP BY {[ ALL ] group_by_expression [, … n]}
[ WITH { CUBE | ROLLUP } ] ]
```

视频讲解

其中参数的含义如下。

- ALL：包含所有的组和结果,甚至包含那些不满足 WHERE 子句指定搜索条件的组和结果。如果指定了 ALL,组中不满足搜索条件的空值也将作为一个组。
- group_by_expression：执行分组的表达式,可以是列或引用列的非聚合表达式。
- CUBE：除了返回由 GROUP BY 子句指定的列以外,还返回按组统计的行,返回的结果先按分组的第一个条件列排序显示,再按第二个条件列排序显示,以此类推,统计行包括了 GROUP BY 子句指定的列的各种组合的数据统计,更改列分组的顺序会影响在结果集中生成的行数。

- ROLLUP：此选项只返回最高层的分组列（即第一个分组列）的统计数据。

1. 简单分组

如果在 GROUP BY 子句中没有使用 CUBE 或 ROLLUP 关键字，那么表示这种分组的技术是简单分组技术。

【例 7-21】 查询 teaching 库中男生和女生的人数。

```
USE   teaching
SELECT ssex, count(ssex) 人数
FROM student
GROUP BY ssex
```

查询结果如图 7-13 所示。

注意：在指定 GROUP BY 子句时，选择（SELECT）列表中任意非聚合表达式内的所有列都应包含在 GROUP BY 列表中（不能使用列别名），或者说 GROUP BY 表达式必须与选择列表表达式完全匹配。

在完成数据结果的查询和统计之后，可以使用 HAVING 关键字对查询和统计的结果做进一步的筛选。

【例 7-22】 在 sc 表中查询选修了两门及以上课程的学生的学号和选修课程数。

```
USE   teaching
SELECT sno,COUNT(cno) 选修课程数 FROM sc
GROUP BY sno
HAVING COUNT(cno)> = 2
```

查询结果如图 7-14 所示。

图 7-13　例 7-21 的查询结果

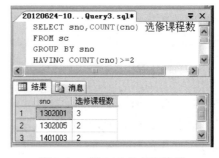

图 7-14　例 7-22 的查询结果

HAVING 和 WHERE 子句的区别是：WHERE 子句是对整表中的数据筛选满足条件的行；而 HAVING 子句是对 GROUP BY 分组查询后产生的组加条件，筛选出满足条件的组。另外，HAVING 中的条件一般都使用聚合函数，WHERE 中的条件不能使用聚合函数。

2. CUBE 和 ROLLUP 的使用

1) CUBE

CUBE 指定在结果集内不仅包含由 GROUP BY 提供的行，还包含汇总行。GROUP BY 汇总行针对每个可能的组和子组组合在结果集内返回。GROUP BY 汇总行在结果中显示为 NULL，但用来表示所有值。使用 GROUPING 函数可以确定结果集内的空值是否为

GROUP BY 汇总值。

结果集内的汇总行数取决于 GROUP BY 子句内包含的列数。GROUP BY 子句中的每个操作数(列)绑定在分组 NULL 下,并且分组适用于所有其他操作数(列)。由于 CUBE 返回每个可能的组和子组组合,因此无论在列分组时指定使用什么顺序,行数都相同。

【**例 7-23**】 在 teaching 库中查询 sc 表,求被选修的各门课程的平均成绩和选修该课程的人数,以及所有课程的总平均成绩和总选修人数。

```
USE teaching
SELECT cno, AVG(score) AS '平均成绩',COUNT(sno) AS '选修人数'
FROM sc
GROUP BY cno
WITH CUBE
```

查询结果如图 7-15 所示。

【**例 7-24**】 在 teaching 库中查询 student 表,统计各专业男生、女生的人数,每个专业的学生人数和男生总人数、女生总人数以及所有学生人数。

```
USE teaching
SELECT specialty,ssex,COUNT( * ) AS '人数'
FROM student
GROUP BY specialty,ssex
WITH CUBE
```

查询结果如图 7-16 所示。

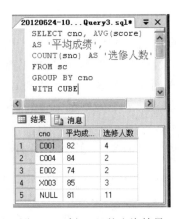

图 7-15 例 7-23 的查询结果

图 7-16 例 7-24 的查询结果

2) ROLLUP

ROLLUP 指定在结果集内不仅包含由 GROUP BY 提供的行,还包含汇总行。按层次结构顺序,从组内的最低级别到最高级别汇总组。组的层次结构取决于列分组时指定使用的顺序。更改列分组的顺序会影响在结果集内生成的行数。

在使用 CUBE 或 ROLLUP 时,不支持区分性聚合函数,例如 AVG(DISTINCT 列名)、COUNT(DISTINCT 列名)等。

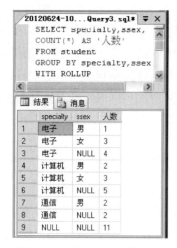

图 7-17 例 7-25 的查询结果

【**例 7-25**】 统计在 teaching 库中每个专业的男、女生人数，每个专业的总人数和所有学生人数。

```
USE teaching
SELECT specialty,ssex,COUNT( * ) AS '人数' FROM student
GROUP BY specialty,ssex
WITH ROLLUP
```

查询结果如图 7-17 所示。

7.3.2 数据汇总

通过上面的例子发现，当 SELECT 子句中出现聚合函数时，结果集中的数据都是聚合值，没有明细值，这是使用 SELECT 子句计算聚合值的缺点。那么能否解决这种问题呢？答案是肯定的，解决问题的方法就是使用 COMPUTE 子句。

在 SELECT 语句中使用 COMPUTE 子句时，查询结果由两个部分组成，前一部分是未用 COMPUTE 子句时产生的结果集；后一部分只有一行，是由 COMPUTE 子句产生附加的汇总数据，出现在整个结果集的末尾。

COMPUTE 子句有两种形式，一种形式是不带 BY 子句，另一种形式是带 BY 子句。

COMPUTE 子句的语法格式如下：

[COMPUTE { 聚合函数名(expression)} [,…n] [BY expression [,…n]]

注意：AVG、COUNT、MAX、MIN、SUM 这些函数均会忽略 NULL 值，且 DISTINCT 选项不能在此使用。

其中参数的含义如下。

- expression：指定需要统计的列的名称，此列必须包含于 SELECT 列表中且不能用别名。在 COMPUTE 子句中也不能使用 TEXT NTEXT 和 IMAGE 数据类型。
- BY expression：在查询结果中生成分类统计的行。如果使用此选项则必须同时使用 ORDER BY 子句。expression 是对应的 ORDER BY 子句中的 order_by_expression 的子集或全集。

【**例 7-26**】 在 teaching 库中查询"计算机"专业的学生的学号、姓名和性别，并统计学生总人数。

```
USE teaching
SELECT sno, sname, ssex FROM student WHERE specialty =
'计算机'
COMPUTE COUNT(sno)
```

查询结果如图 7-18 所示。

【**例 7-27**】 在 teaching 库中查询所有学生的选课信息，并计算每个学生的平均成绩。

```
USE teaching
SELECT sno,cno,score
```

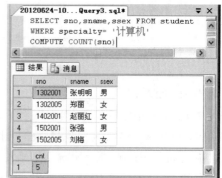

图 7-18 例 7-26 的查询结果

```
FROM sc
ORDER BY sno
COMPUTE avg(score) BY sno
```

查询结果如图 7-19 所示。

图 7-19 例 7-27 的查询结果

7.4 连 接 查 询

以上的查询操作都是从一个表中检索数据。在实际应用中,经常需要同时从两个表或两个以上的表中检索数据,并且每个表中的数据往往作为一个单独的列出现在结果集中。

实现从两个或两个以上的表中检索数据且结果集中出现的列来自两个或两个以上的表中的检索操作被称为连接技术,或者说连接技术是指对两个表或两个以上的表中的数据执行乘积运算的技术。

在 Microsoft SQL Server 2008 系统中,这种连接操作又可以细分为内连接、自连接、外连接、交叉连接等。下面分别介绍这些连接技术。

7.4.1 内连接

视频讲解

内连接把两个表中的数据连接生成第 3 个表,第 3 个表中仅包含那些满足连接条件的数据行。在内连接中,使用 INNER JOIN 连接运算符,并且使用 ON 关键字指定连接条件。

内连接是一种常用的连接方式,如果在 JOIN 关键字前面没有明确地指定连接类型,那么默认的连接类型是内连接。内连接的语法格式如下:

```
SELECT select_list
FROM 表 1 INNER JOIN 表 2 ON 连接条件
```

或：

```
SELECT select_list
FROM 表 1,表 2 WHERE 连接条件
```

连接条件的格式如下：

[<表名 1>.]<列名 1> <比较运算符> [<表名 2>.]<列名 2>

【例 7-28】 从 teaching 库中查询每个学生的姓名、课程号和成绩。

```
USE teaching
SELECT student.sname, sc.cno, sc.score
FROM student INNER JOIN sc ON student.sno = sc.sno
```

也可以用下面的程序来实现：

```
USE teaching
SELECT student.sname, sc.cno, sc.score
FROM student,sc
WHERE student.sno = sc.sno
```

查询结果如图 7-20 所示。

注意：不是两个表都有的列名时，在列名前可以不加表名，但有时也会加上表名，以增强代码的可读性。

【例 7-29】 从 teaching 库中查询"计算机"专业的学生所选课程的平均分。

```
USE teaching
SELECT b.cno, avg(b.score) AS 平均分
FROM student a INNER JOIN sc b
ON a.sno = b.sno AND a.specialty = '计算机'
GROUP BY b.cno
```

查询结果如图 7-21 所示。

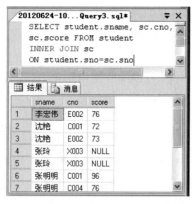

图 7-20　例 7-28 的查询结果

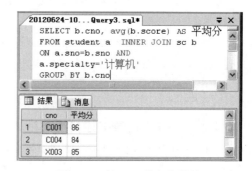

图 7-21　例 7-29 的查询结果

为了简化输入，可以在 SELECT 查询的 FROM 子句中为表定义一个临时别名，在查询中引用，以缩写表名。

【例 7-30】 在 teaching 库中查询成绩在 75 分以上的学生的学号、姓名，选修课的课程号、

课程名、成绩。本例为三个表的内连接查询。

```
USE teaching
SELECT C.cno, C.cname, A.sno, A.sname, B.score
FROM student AS A JOIN sc AS B
ON A.sno = B.sno AND B.score > 75
JOIN course AS C ON B.cno = C.cno
```

查询结果如图 7-22 所示。

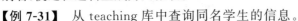

图 7-22 例 7-30 的查询结果

7.4.2 自连接

连接操作不仅可以在不同的表上进行,而且在同一张表内可以进行自身连接,即将同一个表的不同行连接起来。自连接可以看作一张表的两个副本之间的连接。在自连接中必须为表指定两个别名,使之在逻辑上成为两张表。

【例 7-31】 从 teaching 库中查询同名学生的信息。

```
USE teaching
SELECT * FROM student a INNER JOIN student b
ON a.sname = b.sname AND a.sno <> b.sno
```

查询结果如图 7-23 所示。

7.4.3 外连接

在外连接中不仅包括那些满足条件的数据,而且某些表不满足条件的数据也会显示在结果集中。也就是说,外连接一般只限制其中一个表的数据行,而不限制另外一个表中的数据。这种连接形式在许多情况下是非常有用的,例如在连锁超市统计报表时,不仅要统计那些有销售量的超市和商品,还要统计那些没有销售量的超市和商品。

图 7-23 例 7-31 的查询结果

1. 外连接的分类

在 Microsoft SQL Server 2008 系统中可以使用 3 种外连接关键字,即 LEFT OUTER

JOIN、RIGHT OUTER JOIN 和 FULL OUTER JOIN。

（1）左外连接是对连接条件中左边的表不加限制；

（2）右外连接是对右边的表不加限制；

（3）全外连接是对两个表都不加限制，两个表中的所有行都会包含在结果集中。

2. 外连接的语法

1）左外连接

```
SELECT select_list
FROM   表 1   LEFT [OUTER] JOIN 表 2
ON 表 1.列 1 = 表 2.列 2
```

2）右外连接

```
SELECT select_list
FROM   表 1 RIGHT[OUTER]JOIN 表 2
ON 表 1.列 1 = 表 2.列 2
```

3）全外连接

```
SELECT select_list
FROM   表 1 FULL[OUTER] JOIN 表 2
ON 表 1.列 1 = 表 2.列 2
```

【例 7-32】 在 teaching 库中查询每个学生及其选修课程的成绩情况（含未选课的学生的信息）。

```
USE teaching
SELECT student. * ,sc.cno,sc.score
FROM student LEFT JOIN sc
ON student.sno = sc.sno
```

查询结果如图 7-24 所示。

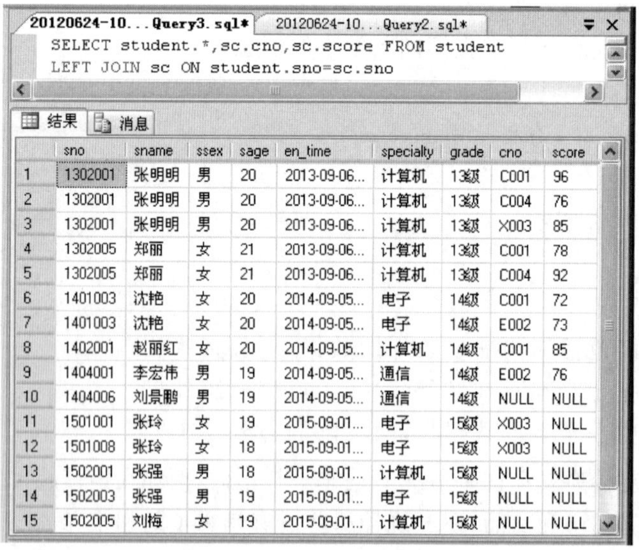

	sno	sname	ssex	sage	en_time	specialty	grade	cno	score
1	1302001	张明明	男	20	2013-09-06...	计算机	13级	C001	96
2	1302001	张明明	男	20	2013-09-06...	计算机	13级	C004	76
3	1302001	张明明	男	20	2013-09-06...	计算机	13级	X003	85
4	1302005	郑丽	女	21	2013-09-06...	计算机	13级	C001	78
5	1302005	郑丽	女	21	2013-09-06...	计算机	13级	C004	92
6	1401003	沈艳	女	20	2014-09-05...	电子	14级	C001	72
7	1401003	沈艳	女	20	2014-09-05...	电子	14级	E002	73
8	1402001	赵丽红	女	20	2014-09-05...	计算机	14级	C001	85
9	1404001	李宏伟	男	19	2014-09-05...	通信	14级	E002	76
10	1404006	刘景鹏	男	19	2014-09-05...	通信	14级	NULL	NULL
11	1501001	张玲	女	19	2015-09-01...	电子	15级	X003	NULL
12	1501008	张玲	女	18	2015-09-01...	电子	15级	X003	NULL
13	1502001	张强	男	18	2015-09-01...	计算机	15级	NULL	NULL
14	1502003	张强	男	19	2015-09-01...	电子	15级	NULL	NULL
15	1502005	刘梅	女	19	2015-09-01...	计算机	15级	NULL	NULL

图 7-24 例 7-32 的查询结果

【例 7-33】 在 teaching 库中查询每个学生及其选修课程的情况（含未选课的学生的信息及未被选修的课程信息）。

```
USE teaching
SELECT course. * , sc. score, student. sname, student. sno
FROM course FULL JOIN sc
ON course. cno = sc. cno
FULL JOIN student ON student. sno = sc. sno
```

查询结果如图 7-25 所示。

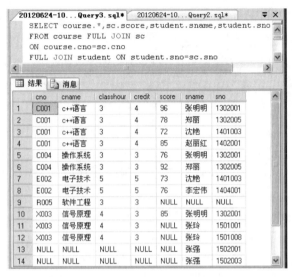

图 7-25 例 7-33 的查询结果

7.4.4 交叉连接

视频讲解

交叉连接也被称为笛卡儿乘积，返回两个表的乘积。在检索结果集中包含了所连接的两个表中所有行的全部组合。

例如，如果对 A 表和 B 表执行交叉连接，A 表中有 5 行数据，B 表中有 12 行数据，那么结果集中可以有 60 行数据。

交叉连接使用 CROSS JOIN 关键字创建。实际上，交叉连接的使用是比较少的，但是交叉连接是理解外连接和内连接的基础。

其语法格式如下：

```
SELECT 列
FROM 表 1 CROSS JOIN 表 2
```

【例 7-34】 在 teaching 库中查询所有学生可能的选课情况。

```
USE teaching
SELECT a. * , b. cno, b. score
FROM student a CROSS JOIN sc b
```

查询结果如图 7-26 所示。

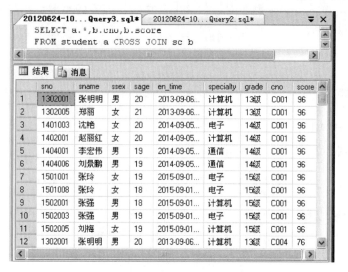

图 7-26　例 7-34 的查询结果

7.5　子　查　询

　　SELECT 语句可以嵌套在其他许多语句中，这些语句包括 SELECT、INSERT、UPDATE 和 DELETE 等，这些嵌套的 SELECT 语句被称为子查询。

　　当一个查询依赖于另外一个查询结果时可以使用子查询（一般为查询条件不已知）。在某些查询中查询语句比较复杂，不容易理解，为了把这些复杂的查询语句分解成多个比较简单的查询语句形式也时常使用子查询方式。

　　使用子查询方式完成查询操作的技术是子查询技术。子查询分为无关子查询（嵌套子查询）和相关子查询两种类型。

7.5.1　无关子查询

　　无关子查询的执行不依赖于外部查询。无关子查询在外部查询之前执行，然后返回数据供外部查询使用，在无关子查询中不包含对外部查询的任何引用。

1. 比较子查询

视频讲解

　　在使用子查询进行比较测试时，通过使用等于（＝）、不等于（<>）、小于（<）、大于（>）、小于或等于（<=）以及大于或等于（>=）等比较运算符将一个表达式的值与子查询返回的单值进行比较，如果比较运算的结果为 true，则比较测试也返回 true。

　　【例 7-35】　在 teaching 库中查询与"沈艳"在同一个专业学习的学生的学号、姓名和专业。

```
USE teaching
SELECT sno, sname, specialty
FROM student
WHERE specialty =
(SELECT specialty
```

```
FROM student
WHERE sname = '沈艳')
```

查询结果如图 7-27 所示。

例 7-35 可以用自连接来实现,程序如下:

```
USE teaching
SELECT a.sno, a.sname, a.specialty
FROM student a, student b
WHERE a.specialty = b.specialty AND b.sname = '沈艳'
```

需要特别指出的是,子查询的 SELECT 语句不能使用 ORDER BY 子句,ORDER BY 子句只能对最终查询结果排序。

【例 7-36】　在 teaching 库中查询 C001 号课的考试成绩比"郑丽"高的学生的学号和姓名。

```
USE teaching
SELECT student.sno,sname FROM student,sc
WHERE student.sno = sc.sno AND cno = 'C001'
  AND score>(SELECT score FROM sc WHERE cno = 'C001' AND
     sno = (SELECT sno FROM student WHERE sname = '郑丽'))
```

查询结果如图 7-28 所示。

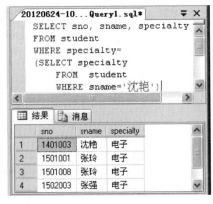
图 7-27　例 7-35 的查询结果

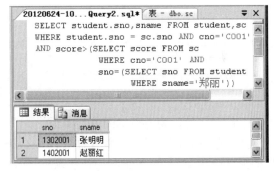
图 7-28　例 7-36 的查询结果

2. SOME、ANY、ALL 和 IN 子查询

ALL 和 ANY 操作符的常见用法是结合一个相对比较操作符对一个数据列子查询的结果进行测试。它们测试比较值是否与子查询所返回的全部或一部分值匹配。比如说,如果比较值小于或等于子查询所返回的每一个值,<= ALL 将是 true;只要比较值小于或等于子查询所返回的任何一个值,<= ANY 将是 true。SOME 是 ANY 的一个同义词。

视频讲解

【例 7-37】　查询 teaching 库中"计算机"专业年龄最大的学生的学号和姓名。

```
USE teaching
SELECT sno,sname FROM student WHERE sage >= ALL
  (SELECT sage FROM student WHERE specialty = '计算机')
    AND specialty = '计算机'
```

查询结果如图 7-29 所示。

【例 7-38】 查询 teaching 库中与任何一个"通信"专业的学生同龄的学生的信息。

```
USE teaching
SELECT * FROM student WHERE sage = ANY (SELECT sage FROM student WHERE specialty = '通信')
```

查询结果如图 7-30 所示。

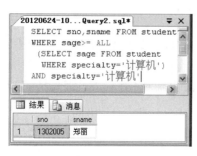

图 7-29 例 7-37 的查询结果

图 7-30 例 7-38 的查询结果

实际上,IN 和 NOT IN 操作符是= ANY 和<> ALL 的简写。也就是说,IN 操作符的含义是"等于子查询所返回的某个数据行",NOT IN 操作符的含义是"不等于子查询所返回的任何数据行"。

【例 7-39】 在 teaching 库中查询选修了"C001"号课程的学生的姓名和所在专业。

```
USE teaching
SELECT sname,specialty FROM student
WHERE sno IN
   (SELECT sno FROM sc WHERE cno = 'C001')
```

查询结果如图 7-31 所示。

3. 子查询结果作为主查询的查询对象

【例 7-40】 在 teaching 库中查询有两个以上学生的平均成绩超过 80 分的班级(用年级和专业表示)。

图 7-31 例 7-39 的查询结果

视频讲解

```
USE teaching
SELECT grade,specialty FROM student s,
(SELECT sno FROM SC GROUP BY sno HAVING AVG(score) > = 80) ss
  WHERE s.sno = ss.sno
  GROUP BY grade,specialty
  HAVING COUNT( * )> = 2
```

7.5.2 相关子查询

在相关子查询中,子查询的执行依赖于外部查询,在多数情况下是子查询的 WHERE 子句中引用了外部查询的表。

相关子查询的执行过程与无关子查询完全不同,无关子查询中的子查询只执行一次,而相关子查询中的子查询需要重复执行。

相关子查询的执行过程如下：

（1）子查询为外部查询的每一行执行一次，外部查询将子查询引用的列的值传给子查询。

（2）如果子查询的任何行与其匹配，外部查询就返回结果行。

（3）回到第（1）步，直到处理完外部表的每一行。

1. 比较子查询

【例 7-41】　在 teaching 库中查询成绩比该课的平均成绩低的学生的学号、课程号、成绩。

视频讲解

```
USE teaching
SELECT   sno,cno,score FROM   sc a   WHERE score<( SELECT avg(score)   FROM sc b   WHERE a.cno = b.cno)
```

查询结果如图 7-32 所示。

【例 7-42】　在 teaching 库中查询有两门以上课程的成绩在 80 分以上的学生的学号、姓名、年级和专业。

```
SELECT sno,sname,grade,specialty FROM student s
    WHERE (SELECT COUNT( * ) FROM sc
            WHERE sc.sno = s.sno AND score > = 80)> = 2
```

2. 带有 EXISTS 的子查询（存在性测试）

在使用子查询进行存在性测试时，通过逻辑运算符 EXISTS 或 NOT EXISTS 检查子查询所返回的结果集中是否有行存在。在使用逻辑运算符 EXISTS 时，如果在子查询的结果集内包含有一行或多行，则存在性测试返回 true；如果该结果集内不包含任何行，则存在性测试返回 false。当在 EXISTS 前面加上 NOT 时，将对存在性测试结果取反。

视频讲解

图 7-32　例 7-41 的查询结果

带有 EXISTS 谓词的子查询不返回任何数据，只产生逻辑真值"true"或逻辑假值"false"。

【例 7-43】　在 teaching 库中查询所有选修了 C004 号课程的学生的姓名。

分析：本查询涉及 student 表和 sc 表。我们可以在 student 表中依次取每个元组的 sno 值，用此值去检查 sc 表。若 sc 表中存在这样的元组，其 sno 值等于 student 表中 sno 的值，并且 cno= 'C004'，则取此学生的姓名送入结果关系。当然，此查询是完全可以用无关子查询来完成的，请读者自行完成，并分析比较二者的查询效率。

```
USE teaching
SELECT sname FROM student
WHERE EXISTS
    (SELECT  *  FROM sc
    WHERE sno = student.sno
    AND cno =  'C004')
```

查询结果如图 7-33 所示。

由 EXISTS 引出的子查询，其目标属性列表达式一般用 * 表示，因为带 EXISTS 的子查询只返回真值或假值，给出列名无实际意义。

图 7-33　例 7-43 的查询结果

若内层子查询结果非空，则外层的 WHERE 子句条件为真（true），否则为假（false）。

在使用子查询时要注意以下几点：

（1）子查询需要用括号（ ）括起来。

（2）子查询可以嵌套。

（3）在子查询的 SELECT 语句中不能使用 image、text 和 ntext 数据类型。

（4）子查询返回的结果的数据类型必须匹配外围查询 WHERE 语句的数据类型。

（5）在子查询中不能使用 ORDER BY 子句。

7.6　其他查询

7.6.1　集合运算查询

1. UNION 联合查询

视频讲解

联合查询是指将两个或两个以上的 SELECT 语句通过 UNION 运算符连接起来的查询，联合查询可以将两个或更多查询的结果组合为单个结果集，该结果集包含联合查询中所有查询的全部行。

使用 UNION 组合两个查询的结果集的两个基本规则是所有查询中的列数和列的顺序必须相同；数据类型必须兼容。

其语法格式如下：

```
Select_statement
UNION [ ALL ] Select_statement
[ UNION [ ALL ] Select_statement [ …n ] ]
```

其中参数的含义如下。

- Select_statement：参与查询的 SELECT 语句。
- ALL：在结果中包含所有的行，包括重复行；如果没有指定，则删除重复行。

【例 7-44】 查询选修了课程 C001 和课程 C004 的学生的姓名。

```
USE teaching
SELECT sname FROM sc,student
WHERE cno = 'C001' AND sc.sno = student.sno
UNION
SELECT sname FROM sc,student
WHERE cno = 'C004' AND sc.sno = student.sno
```

查询结果如图 7-34 所示。

2. EXCEPT 和 INTERSECT 查询

使用 EXCEPT 和 INTERSECT 运算符可以比较两个或多个 SELECT 语句的结果并返回非重复值。EXCEPT 运算符返回由 EXCEPT 运算符左侧的查询返回而又不包含在右侧查询所返回的值中的所有非重复值。INTERSECT 返回由 INTERSECT 运算符左侧和右侧的查询都返回的所有非重复值。使用 EXCEPT 和 INTERSECT 的基本规则同 UNION。

其语法格式如下：

```
Select_statement
{EXCEPT | INTERSECT}
Select_statement
```

【例 7-45】　查询没有选课的学生的学号。

```
SELECT sno FROM student
EXCEPT
SELECT sno FROM sc
```

查询结果如图 7-35 所示。

图 7-34　例 7-44 的查询结果　　　　　　　　图 7-35　例 7-45 的查询结果

【例 7-46】　查询既选修了 C001 号课程又选修了 C004 课程的学生的姓名。

```
SELECT sname FROM sc,student
WHERE cno = 'C001' AND sc.sno = student.sno
INTERSECT
SELECT sname FROM sc,student
WHERE cno = 'C004' AND sc.sno = student.sno
```

查询结果如图 7-36 所示。

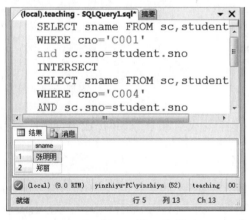

图 7-36　例 7-46 的查询结果

7.6.2　对查询结果排序

在使用 SELECT 语句时,排序是一种常见的操作。

排序是指按照指定的列或其他表达式对结果集进行排列顺序的方式。SELECT 语句中的 ORDER BY 子句负责完成排序操作。

视频讲解

其语法格式如下：

[ORDER BY { order_by_expression [ASC | DESC] } [, …n]]

其中参数的含义如下。

- order_by_expression：指定要排序的列，可以指定多个列。在 ORDER BY 子句中不能使用 ntext、text 和 image 列。
- ASC 表示升序，DESC 表示降序，默认情况下是升序。

【例 7-47】 查询 teaching 库中"女"学生的姓名和专业，并按姓名升序排列。

```
USE teaching
SELECT sname, specialty FROM student WHERE ssex = '女'
ORDER BY sname ASC
```

查询结果如图 7-37 所示。

【例 7-48】 查询 sc 表中学生的成绩和学号，并按成绩降序排列。

```
USE teaching
SELECT sno, score FROM sc
ORDER BY score DESC
```

查询结果如图 7-38 所示。

图 7-37　例 7-47 的查询结果

图 7-38　例 7-48 的查询结果

【例 7-49】 查询 sc 中学生的成绩和学号，并按成绩（降序）排列，若成绩相同按学号（升序）排列。

```
USE  teaching
SELECT sno, score FROM sc
ORDER BY score DESC, sno ASC
```

【例 7-50】 使用 TOP 关键字查询 course 表中"学分"最高的前两门课。

```
USE  teaching
SELECT  TOP 2 cname, credit
FROM course  ORDER BY credit DESC
```

查询结果如图 7-39 所示。

图 7-39　例 7-50 的查询结果

视频讲解

7.6.3　存储查询结果

通过在 SELECT 语句中使用 INTO 子句可以创建一个新表并将查询结果中的行添加到该表中。用户在执行一个带有 INTO 子句的 SELECT 语句时必须拥有在目标数据库上创建表的权限。SELECT…INTO 不能和 COMPUTE 子句一起使用。

SELECT…INTO 语句的语法格式如下：

```
SELECT select_list INTO new_table
FROM table_source
[WHERE search_condition]
```

其中，new_table 为要新建的表的名称。新表中包含的列由 SELECT 子句中选择列表的内容来决定，新表中包含的行数则由 WHERE 子句指定的搜索条件来决定。

【例 7-51】　在 teaching 中将查询的学生的姓名、学号、课程名、成绩的相关数据存放到"成绩单"表中，并对新表进行查询。

```
USE teaching
SELECT sname,student.sno,
cname, score INTO 成绩单
FROM student,sc,course
WHERE student.sno = sc.sno
AND course.cno = sc.cno
GO
SELECT * FROM 成绩单
```

查询结果如图 7-40 所示。

图 7-40　例 7-51 的查询结果

7.7　在数据操作中使用 SELECT 子句

用户可以在 INSERT 语句、UPDATE 语句和 DELETE 语句中使用 SELECT 子句，以完成相应数据的插入、修改和删除。

视频讲解

7.7.1 在 INSERT 语句中使用 SELECT 子句

在 INSERT 语句中使用 SELECT 子句可以将一个或多个表或视图中的值添加到另一个表中。使用 SELECT 子句还可以同时插入多行。

在 INSERT 语句中使用 SELECT 子句的语法格式如下：

```
INSERT [INTO] table_name[(column_list)]
SELECT select_list
FROM table_name
[WHERE search_condition]
```

【例 7-52】 在 teaching 库中创建 sc 表的一个副本——成绩表，将 sc 表中成绩大于 80 的数据添加到"成绩表"中，并显示表中的内容。

```
USE teaching
CREATE TABLE 成绩表
    (学号 char(7),
     课程号 char(4),
     成绩 int )
GO
INSERT INTO 成绩表(学号,课程号,成绩)
SELECT * FROM sc
WHERE score >= 80
GO
SELECT * FROM 成绩表
```

执行结果如图 7-41 所示。

图 7-41 例 7-52 的执行结果

注意：

（1）不要把 SELECT 子句写在圆括号中。

（2）INSERT 语句中的列名列表应当放在圆括号中，而且不使用 VALUES 关键字。如果来源表与目标表的结构完全相同，可以省略 INSERT 语句中的列名列表。

（3）SELECT 子句中的列名列表必须与 INSERT 语句中的列名列表相匹配。如果没有在 INSERT 语句中给出列名列表，SELECT 子句中的列名列表必须与目标表中的列相匹配。

7.7.2 在 UPDATE 语句中使用 SELECT 子句

在 UPDATE 语句中使用 SELECT 子句可以将子查询的结果作为修改数据的条件。

在 UPDATE 语句中使用 SELECT 子句的语法格式如下：

```
UPDATE table_name
SET { column_name = { expression } } [,…n ]
 [WHERE {condition_expression}]
```

其中，condition_expression 中包含 SELECT 子句，SELECT 子句要写在圆括号中。

【例 7-53】 在 teaching 库中将 1302001 号学生选修的"操作系统"课的成绩改为 86 分。

```
UPDATE sc SET score = 86 WHERE sno = '1302001' AND
    cno = (SELECT cno FROM course WHERE cname = '操作系统')
```

【例 7-54】 在 teaching 库中将 13 级"计算机"专业的"张明明"选修的 C001 号课的成绩改为 92 分。

方法一：使用 SELECT 子句

```
UPDATE sc SET score = 92 WHERE cno = 'C001' AND
    sno = (SELECT sno FROM student WHERE sname = '张明明'
            AND grade = '13 级' AND specialty = '计算机')
```

方法二：使用 JOIN 内连接

```
UPDATE sc SET score = 92 FROM sc JOIN student ON
        student.sno = sc.sno WHERE cno = 'C001' AND
        sname = '张明明' AND grade = '13 级' AND specialty = '计算机'
```

7.7.3 在 DELETE 语句中使用 SELECT 子句

在 DELETE 语句中使用 SELECT 子句可以将子查询的结果作为删除数据的条件。

在 DELETE 语句中使用 SELECT 子句的语法格式如下：

```
DELETE  [FROM]  table_name
[WHERE {condition_expression}]
```

其中，condition_expression 中包含 SELECT 子句，SELECT 子句要写在圆括号中。

【例 7-55】 在 teaching 库中将 1302001 号学生选修的"操作系统"课删除。

```
DELETE sc WHERE sno = '1302001' AND
    cno = (SELECT cno FROM course WHERE cname = '操作系统')
```

【例 7-56】 在 teaching 库中将 13 级"通信"专业的"张明明"选修的 C001 号课删除。

方法一：使用 SELECT 子句

```
DELETE sc WHERE cno = 'C001' AND sno =
        (SELECT sno FROM student WHERE sname = '张明明'
          AND grade = '13 级' AND specialty = '计算机')
```

方法二：使用 JOIN 内连接

```
DELETE sc FROM sc JOIN student ON
        student. sno = sc. sno WHERE cno = 'C001' AND
        sname = '张明明'AND grade = '13 级' AND specialty = '计算机'
```

习 题 7

1. 针对 teaching 数据库中的 3 个表，试用 T-SQL 的查询语句实现下列查询。

（1）查询学生们有哪些专业，只显示专业列，过滤掉重复行。

（2）统计有学生选修的课程门数。

（3）求选修 C004 课程的学生的平均年龄。

（4）求学分为 3 的各门课程的平均成绩。

（5）统计每门课程的学生选修人数，超过两人的课程才统计。要求输出课程号和选修人数，查询结果按人数降序排列，若人数相同，则按课程号升序排列。

（6）查询所有姓"刘"的学生的姓名和年龄。

（7）在 sc 表中检索"成绩"为空值的学生的学号和课程号。

（8）查询没有学生选修的课的课程号和课程名。

（9）求年龄大于男同学平均年龄的女学生的姓名和年龄。

（10）求年龄大于所有男同学年龄的女学生的姓名和年龄。

（11）查询所有与"刘宏伟"同年级、同专业，但比"沈艳"年龄大的学生的姓名、年龄和性别。

（12）查询选修 C001 号课程的学生中成绩最高的学生的学号。

（13）查询学生的姓名及其所选修课程的课程号和成绩。

（14）查询选修两门以上课程的学生的平均成绩（不及格的课程不参与统计），并要求按平均成绩的降序排列出来。

（15）求每个学生的平均成绩，只取前 5 名。

（16）查询每个学生的总学分。

（17）查询每门课成绩最低的学生的学号和课程号。

2. 使用 T-SQL 语句对 inventory 数据库完成下列查询。

（1）查询青岛海尔生产的商品的信息。

（2）查询 001 号仓库存储的商品的编号和数量。

（3）查询所有商品的种类名称。

（4）查询单价为 2000～3000 的商品的信息。

（5）查询"商品表"中所有商品的信息，其中单价以八折显示。

（6）查询青岛海尔和青岛海信生产的商品的信息。

（7）查询李明管理的仓库存储的商品的信息。

（8）查询 2 号楼 101 仓库的管理员的姓名和年龄。

（9）查询不是青岛生产的商品的信息。

（10）查询库存总量最少的仓库的编号。

（11）查询各生产厂家的商品库存总量，并存入"库存总量"表。

（12）将张力管理的仓库的电话改为 89000008。

（13）删除四川长虹的产品的库存信息。

第8章

视图和索引

数据库的基本表是根据所有用户的需求按照数据库设计人员的观点设计的,并不一定符合用户的应用需求。SQL Server 可以根据各个用户的需求重新定义表的数据结构,这种数据结构就是视图。索引是以表列为基础的数据库对象,它保存着表中排序的索引列,并且记录了索引列在数据表中的物理存储位置,实现了表中数据的逻辑排序。索引可以使数据库程序在最短的时间内找到所需要的数据,而不必查找整个数据库,这样可以节省时间、提高查找效率。

在数据库的三级模式结构当中,索引对应的是内模式部分,基本表对应的是模式部分,视图对应的是外模式部分。

本章主要介绍视图的基本概念,视图的创建、修改和删除,使用视图实现对基本表中数据的操作;索引的基本概念,索引的分类以及创建、修改和删除索引等操作。

8.1 视 图

视图(View)是关系数据库系统提供给用户以多种角度观察数据库中数据的重要机制,在用户看来,视图是通过不同路径去看一个实际表,就像一个窗口,通过窗口去看外面的高楼,可以看到高楼的不同部分,而通过视图可以看到数据库中自己感兴趣的内容。

8.1.1 视图概述

视频讲解

视图作为一种数据库对象,为用户提供了一个可以检索数据表中数据的方式。视图是一个虚表,可以视为另一种形式的表,是从一个或多个表中使用 SELECT 语句导出的虚表,那些用来导出视图的表称为基本表。

用户通过视图来浏览数据表中感兴趣的部分或全部数据,而数据的物理存储位置仍然在基本表中。所以视图并不是以一组数据的形式存储在数据库中,数据库中只存储视图的定义,不存储视图对应的数据,这些数据仍存储在导出视图的基本表中,视图实际上是一个查询结果。当基本表中的数据发生变化时,从视图中查询出来的数据也随之改变。

使用视图可以集中、简化和定制用户的数据库显示,用户可以通过视图来访问数据,而不必直接去访问该视图的基本表。

1. 视图的优点

(1)为用户集中数据,简化用户的数据查询和处理,使得分散在多个表中的数据通过视图定义在一起,屏蔽了数据库的复杂性,用户不必输入复杂的查询语句,只需针对此视图做简单的查询即可。

(2)保证数据的逻辑独立性,对于视图的操作,查询只依赖于视图的定义,当构成视图的基本表需要修改时只需要修改视图定义中的子查询部分，基于视图的查询不用改变。

（3）重新定制数据，使得数据便于共享。

（4）数据的安全性保障：对不同的用户定义不同的视图，使用户只能看到与自己有关的数据，简化了用户权限的管理，增加了安全性。

2. 视图的分类

在 SQL Server 2008 中视图可以分为标准视图、索引视图和分区视图。

1）标准视图

标准视图组合了一个或多个表中的数据，可以获得使用视图的大多数好处，可以实现对数据库的查询、修改和删除等基本操作。

2）索引视图

索引视图是被具体化了的视图，它已经过计算并存储，可以为视图创建索引，即对视图创建一个唯一的聚集索引。索引视图可以显著提高某些类型查询的性能。索引视图尤其适于聚合许多行的查询，但不太适于经常更新的基本数据集。

3）分区视图

分区视图在一台或多台服务器间水平连接一组成员表中的分区数据，这样数据看上去如同来自一个表。分区视图有本地分区视图和分布式分区视图之分，在本地分区视图中所有的参与表和视图驻留在同一个 SQL Server 实例上，在分布式分区视图中至少有一个参与表驻留在不同的（远程）服务器上。

在实现分区视图之前必须先水平将原始表分成若干个较小的成员表，每个表基于主键值的范围存储原始表的一块水平区域。在每个成员服务器上定义一个分布式分区视图，并且每个视图具有相同的名称，这样引用分布式分区视图名的查询可以在任何一个成员服务器上运行。系统操作如同每个成员服务器上都有一个原始表的副本一样，但其实每个服务器上只有一个成员表和一个分布式分区视图，数据的位置对应用程序而言是透明的。

视频讲解

8.1.2 创建视图

如果要使用视图，首先必须创建视图。视图在数据库中是作为一个独立的对象存储的，必须遵循以下原则：

（1）只能在当前数据库中创建视图，但是，如果使用分布式查询定义视图，则新视图所引用的表和视图可以存在于其他数据库中甚至其他服务器上。

（2）视图名称必须遵循标识符的规则，且对每个用户必须唯一。此外，该名称不得与该用户拥有的任何表的名称相同。

（3）用户可以在其他视图之上建立视图。

（4）如果视图中的某一列是一个算术表达式、内置函数或常量派生而来的，而且视图中两个或者更多的不同列拥有一个相同的名字（这种情况通常是因为在视图的定义中有一个连接，而且这两个或者多个来自不同表的列拥有相同的名字），此时用户需要为视图的每一列指定特定的名称。

（5）定义视图的查询不可以包含 ORDER BY、COMPUTE 或 COMPUTE BY 子句或者 INTO 关键字。

（6）不能在视图上定义全文索引定义。

（7）不能创建临时视图，也不能在临时表上创建视图。

（8）不能对视图执行全文查询，但是如果查询所引用的表支持全文索引，就可以在视图定义中包含全文查询。

（9）不能将规则或者 DEFAULT 定义关联于视图。

在 SQL Server 2008 中创建视图主要有两种方式，一种方式是在 SQL Server Management Studio 中使用向导创建视图；另一种方式是在查询窗口中执行 T-SQL 语句创建视图。

1. 在 SQL Server Management Studio 中创建视图

在 SQL Server Management Studio 中使用向导创建视图是一种在图形界面环境下最快捷的创建视图的方式，其步骤如下：

（1）在对象资源管理器中展开要创建视图的数据库（如 teaching），展开"视图"选项，可以看到视图列表中系统自动为数据库创建的系统视图。右击"视图"选项，选择"新建视图"命令，打开"添加表"对话框，在此对话框中可以选择表、视图或者函数，然后单击"添加"按钮，就可以将其添加到视图查询中，如图 8-1 所示。

图 8-1 新建视图界面

（2）这里以创建 student 表中所有"男"生信息的视图为例进行操作，选择 student 表，然后单击"添加"按钮，再单击"关闭"按钮，返回新建视图界面。

（3）在新建视图界面的上半部分可以看到添加进来的 student 表，选择视图所用的列；在中间网格窗格部分可以看到在上半部分的复选框中所选择的对应表的列，在 ssex 列的筛选器中写出筛选条件"＝'男'"；在下半部分可以看到系统同时生成的 T-SQL 语句。然后单击工具栏上的"保存"按钮，将视图取名为"male_view"，如图 8-2 所示。

在对象资源管理器中展开创建了视图的数据库（如 teaching），展开"视图"选项，就可以看到视图列表中刚创建好的男生视图 male_view。如果用户没有看到，右击"视图"选项，单击快

图 8-2   创建所有男生信息的视图

捷菜单中的"刷新"按钮，如图 8-3 所示。

2. 使用 T-SQL 语句创建视图

SQL Server 2008 提供了 CREATE VIEW 语句用来创建视图，其语法格式如下：

```
CREATE VIEW [schema_name.]view_name [ (column_name[ , … n ] ) ]
[with < view_attribute >[, … n]]
AS {select_statement}
[WITH CHECK OPTION]
```

其中参数的含义如下。

图 8-3   视图创建成功

- schema_name：指定视图的所有者名称，包括数据库名和所有者名。
- view_name：视图的名称，视图的名称必须符合标识符的命名规则。
- column_name：视图中的列名，只有在下列情况下才必须命名 CREATE VIEW 中的列。当列是从算术表达式、函数或常量派生的，两个或更多的列可能会具有相同的名称（通常是因为连接），视图中的某列被赋予了不同于派生来源列的名称。如果未指定 column_name，则视图列将获得与 SELECT 语句中的列相同的名称。
- with < view_attribute >：用于指定视图的属性。

对于视图的属性，ENCRYPTION 表示 SQL Server 加密包含 CREATE VIEW 语句文本的系统表列，可防止将视图作为 SQL Server 复制的一部分发布。SCHEMABINDING 表示将视图绑定到架构上，在指定 SCHEMABINDING 时，select_ statement 必须包含所引用的表、视图或用户定义函数的两部分名称（owner.object，即拥有者.对象名）。VIEW_METADATA

指定返回的结果是否为元数据。

- select_statement：就是定义视图的 SELECT 语句。该语句可以使用多个表或其他视图。视图不必是具体某个表的行和列的简单子集，可以用具有任意复杂性的 SELECT 子句，使用多个表或其他视图来创建视图。若要从创建视图的 SELECT 子句所引用的对象中选择，必须具有适当的权限。

- WITH CHECK OPTION：强制视图上执行的所有数据修改语句都必须符合由 select_statement 设置的准则。在通过视图修改行时，WITH CHECK OPTION 可以确保提交修改后仍可通过视图看到修改的数据。

【例 8-1】 创建 s_c_sc 视图，包括"计算机"专业的学生的学号、姓名，以及他们选修的课程号、课程名和成绩。

```
USE teaching
GO
CREATE VIEW s_c_sc
AS
 SELECT student.sno, sname, course.cno, cname, score
   FROM student, sc, course WHERE student.sno = sc.sno
       AND course.cno = sc.cno AND specialty = '计算机'
GO
```

单击工具栏上的"！执行"按钮执行 T-SQL 语句，视图创建成功，如图 8-4 所示。

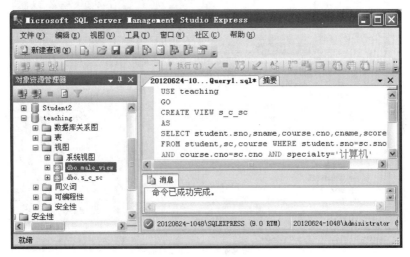

图 8-4 创建 s_c_sc 视图

【例 8-2】 创建 inve_count 库存统计视图，求每种商品的总库存量，要求包括商品编号和商品名称。

```
USE inventory
GO
CREATE VIEW inve_count
AS
SELECT goods.gno, gname, SUM(number) AS snumber
FROM goods, invent
WHERE goods.gno = invent.gno
GROUP BY goods.gno, gname
GO
```

单击工具栏上的"！执行"按钮执行 T-SQL 语句，视图创建成功。

和在 SQL Server Management Studio 中创建视图一样，在对象资源管理器中展开创建了视图的数据库，再展开"视图"选项，就可以看到视图列表中刚创建好的这两个视图。

8.1.3 修改视图

1. 在 SQL Server Management Studio 中修改视图

使用 SQL Server Management Studio 修改视图的操作步骤如下：

（1）打开 SQL Server Management Studio 的对象资源管理器，展开相应的数据库文件夹。

视频讲解

（2）展开"视图"选项，右击要修改的视图，选择"设计"命令，如图 8-5 所示，打开的对话框可用来修改视图的定义。

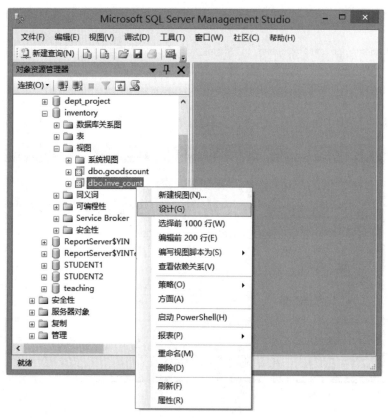

图 8-5　修改视图的定义

（3）如果要向视图中再添加表，可以在窗格中右击，选择"添加表"命令，如图 8-6 所示。如果要移除表，则右击要被移除的表，选择"移除"命令，如图 8-7 所示。

（4）如果要修改其他属性，可在界面上半部分重新选择视图所用的列；在中间的网格窗格部分对视图的每一列进行属性设置。最后单击工具栏上的"保存"按钮保存修改后的视图。

（5）例如将 male_view 视图修改为用于查询所有男生选课情况的信息。首先添加 sc 表，然后选择其中的 cno 和 score 列，其他属性不变，在界面下半部分可看到系统同时对 T-SQL 语句的修改，如图 8-8 所示。最后单击工具栏上的"保存"按钮保存修改后的 male_view 视图。

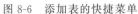

图 8-6　添加表的快捷菜单

图 8-7　移除表的快捷菜单

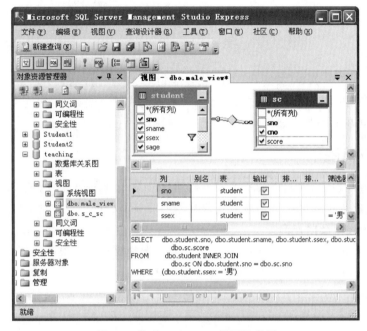

图 8-8　修改 male_view 视图的界面

2. 使用 T-SQL 语句修改视图

T-SQL 提供了 ALTER VIEW 语句修改视图,其语法格式如下:

```
ALTER VIEW [ schema_name. ]view_name
[ (column_name[ , …n ] ) ] [ with < view_attribute >[ …n]]
AS {select_statement}
[ WITH CHECK OPTION ]
```

注:该语句中的参数与 CREATE VIEW 语句中的参数相同。

【**例 8-3**】　修改 inve_count 视图,求每种商品的总库存数量和所在仓库的个数,要求包括商品编号和商品名称。

```
USE inventory
GO
ALTER VIEW inve_count
AS
SELECT goods.gno, gname, SUM(number) AS snumber, COUNT(stno) AS storenum
FROM goods, invent
WHERE goods.gno = invent.gno
GROUP BY goods.gno, gname
GO
```

单击工具栏上的"！执行"按钮执行 T-SQL 语句，视图修改成功。

【例 8-4】　在视图上创建 goodscount（商品统计）视图，求每种商品的总库存数量和总价值，要求包括商品编号和商品名称。

```
USE inventory
GO
CREATE VIEW goodscount
AS
SELECT goods.gno, goods.gname, snumber, snumber * price as sumprice
FROM goods, inve_count
WHERE goods.gno = inve_count.gno
GO
```

单击工具栏上的"！执行"按钮执行 T-SQL 语句，视图创建成功。

分析以上各视图是否为可更新视图，即能否通过此视图修改数据，由读者自行完成。什么是可更新视图，会在下一节详细讲解。

8.1.4　使用视图

视图创建完毕就可以如同查询基本表一样通过视图查询所需要的数据，而且有些查询需求的数据直接从视图中获取比从基表中获取数据要简单，也可以通过视图修改基表中的数据。

1. 使用视图进行数据查询

视频讲解

用户可以在 SQL Server Management Studio 中选择要查询的视图并打开，浏览该视图的数据；也可以在查询窗口中执行 T-SQL 语句查询视图。

例如要查询各种商品的库存统计信息，就可以在 SQL Server Management Studio 中右击 inve_count 视图，选择"编辑前 200 行"命令或者"选择前 1000 行"命令，即可浏览各种商品的库存统计信息，如图 8-9 所示。

图 8-9　以界面方式查询视图中的数据

用户也可以在查询窗口中执行以下 T-SQL 语句：

```
SELECT * FROM inve_count
```

同样可以查询各种商品的库存统计信息，如图 8-10 所示。

【例 8-5】　在查询窗口中查询 s_c_sc 视图，统计"C++语言"课程的总分和平均分。

```
USE teaching
SELECT sumscore = SUM(score), avgscore = AVG(score) FROM s_c_sc
WHERE cname = 'C++语言'
```

本例的执行结果如图 8-11 所示。

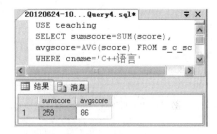

图 8-10　使用 T-SQL 语句查询视图中的数据　　　　图 8-11　例 8-5 的执行结果

【例 8-6】　查询 inve_count 视图中"冰箱"的商品统计信息。

```
USE inventory
SELECT * FROM inve_count
WHERE gname = '冰箱'
```

本例的执行结果如图 8-12 所示。

2. 使用视图修改基本表中的数据

修改视图的数据其实就是对基本表进行修改，真正插入数据的地方是基本表，而不是视图，同样使用 INSERT、UPDATE、DELETE 语句来完成。但是在使用视图修改数据时要注意一些事项，并不是所有的视图都可以更新，只有对满足以下可更新条件的视图才能进行更新。

图 8-12　例 8-6 的执行结果

视频讲解

（1）任何通过视图的数据修改（包括 UPDATE、INSERT 和 DELETE 语句）都只能引用一个基本表的列。

① 如果视图数据为一个表的行、列子集，则此视图可更新（包括 UPDATE、INSERT 和 DELETE 语句）；如果视图中没有包含表中某个不允许取空值又没有默认值约束的列，则不能使用视图插入数据。

② 如果视图所依赖的基本表有多个，则完全不能向该视图添加（INSERT）数据。

③ 若视图依赖于多个基本表，那么一次修改只能修改（UPDATE）一个基本表中的数据。

④ 若视图依赖于多个基本表，那么不能通过视图删除（DELETE）数据。

（2）视图中被修改的列必须直接引用表列中的基础数据。

注意：不能是通过任何其他方式对这些列进行派生而来的数据，例如通过聚合函数、计算（如表达式计算）、集合运算等。

（3）被修改的列不应是在创建视图时受 GROUP BY、HAVING、DISTINCT 或 TOP 子句影响的。

注意：通常有可能插入并不满足视图查询的 WHERE 子句条件中的一行。为了限制此操作，可以在创建视图时使用 WITH CHECK OPTION 选项。

视频讲解

【例 8-7】 通过 male_view 视图向 student 表中插入一个"男"生。

```
INSERT INTO male_view VALUES ('1501005', '张三', '男', 19, '2015 - 09 - 01', '电子', '15 级')
```

如果通过 male_view 视图向 student 表中插入一个"女"生，也可以完成；如果不希望用户通过 male_view 视图插入"女"生，在创建 male_view 视图时应该使用 WITH CHECK OPTION 选项。

带有 WITH CHECK OPTION 选项创建男生视图——male_view 的命令如下：

```
CREATE VIEW male_view AS
SELECT sno, sname, ssex, sage, en_time, specialty, grade
FROM student WHERE ssex = '男'
WITH CHECK OPTION
```

8.1.5 删除视图

视频讲解

在不需要某视图时或想清除视图定义及与之相关联的权限时，可以删除该视图。删除视图不会影响所依附的基本表的数据，定义在系统表 sysahjects、syscolumns、syscomments、sysdepends 和 sysprotects 中的视图信息也会被删除。

1. 在 SQL Server Management Studio 中删除视图

在 SQL Server Management Studio 中选择要删除的视图，右击选择"删除"命令，如图 8-13 所示；进入"删除对象"对话框，单击"确定"按钮就可以删除视图。

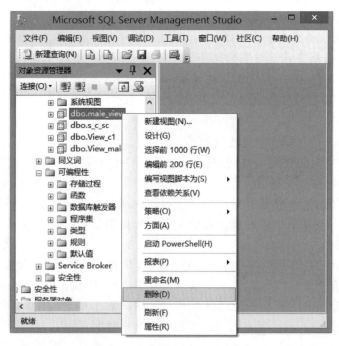

图 8-13 删除视图的快捷菜单

2. 在查询窗口中执行 T-SQL 语句删除视图

T-SQL 提供了视图删除语句 DROP VIEW。其语法格式如下:

```
DROP VIEW view_name
```

【例 8-8】 删除例 8-1 中创建的 s_c_sc 视图。

```
USE teaching
GO
DROP VIEW s_c_sc
GO
```

8.2 索　　引

索引(Index)是对数据库表中的一个或多个列的值进行排序的结构,其主要目的是提高 SQL Server 系统的性能,加快数据的查询速度和减少系统的响应时间,所以索引就是加快检索表中数据的方法。

8.2.1 索引简介

视频讲解

数据库的索引类似于书籍的目录,如果想快速查找而不是逐页查找指定的内容,可以通过目录中章节的页号找到其对应的内容。类似地,索引通过记录表中的关键值指向表中的记录,这样数据库引擎就不用扫描整个表而定位到相关的记录。相反,如果没有索引,则会导致 SQL Server 搜索表中的所有记录,以获取匹配结果。

索引包含从表或视图中的一个或多个列生成的键,以及映射到指定数据的存储位置的指针,它是以 B$^+$ 树结构与表或视图相关联的。

索引的优点如下:

(1) 大大加快数据的检索速度,这是创建索引的最主要原因。

(2) 创建唯一性索引,保证表中每一行数据的唯一性。

(3) 加速表和表之间的连接。

(4) 在使用分组和排序子句进行数据检索时,同样可以显著减少查询中分组和排序的时间。

(5) 查询优化器可以提高系统的性能,但它是依靠索引起作用的。

虽然索引具有如此多的优点,但索引的存在也让系统付出了一定的代价。创建索引和维护索引都会消耗时间,当对表中的数据进行增加、删除和修改操作时索引就要进行维护,否则索引的作用就会下降。

另外,每个索引都会占用一定的物理空间,如果占用的物理空间过多,就会影响到整个 SQL Server 系统的性能。

8.2.2 索引的类型

SQL Server 支持在表中的任何列(包括计算列)上定义索引。索引可以是唯一的,即索引列不会有两行记录相同,这样的索引称为唯一索引。例如,如果在表中的 sname 列上创建了唯一索引,则以后输入的姓名将不能同名。索引也可以是不唯一的,即在索引列上可以有多行记录相同。如果索引是根据单列创建的,这样的索引称为单列索引,根据多列组合创建的索引称为复合索引。

根据组织方式不同,可以将索引分为聚集索引和非聚集索引两种类型。

视频讲解

1. 聚集索引

聚集索引会对表和视图进行物理排序,所以这种索引对查询非常有效,在表和视图中只能有一个聚集索引。当建立主键约束时,如果表中没有聚集索引,SQL Server 会用主键列作为聚集索引键。用户可以在表的任何列或列的组合上建立索引,在实际应用中一般为定义成主键约束的列建立聚集索引。

例如,汉语字典的正文就是一个聚集索引的顺序结构。

比如要查“安”字,就可以翻开字典的前几页,因为“安”的拼音是“an”,而按拼音排序的字典是以字母“a”开头、以“z”结尾的,那么“安”字就自然地排在字典的前部。如果用户翻完了所有“an”读音的部分仍然找不到这个字,那么就说明字典中没有这个字。

同样,如果查“张”字,可以将字典翻到最后部分,因为“张”的拼音是“zhang”。

也就是说,字典的正文内容本身就是按照音序排列的,而“汉语拼音音节索引”就可以称为“聚集索引”。

视频讲解

2. 非聚集索引

非聚集索引不会对表和视图进行物理排序。如果表中不存在聚集索引,则表是未排序的。在表或视图中最多可以建立 250 个非聚集索引,或者 249 个非聚集索引和一个聚集索引。

例如,在查字典时,对于不认识的字,就不能按照上面的方法来查找。

可以根据“偏旁部首”来查(以下内容因所使用的汉语字典不同而异)。比如查“张”字,在查部首之后的检字表中“张”的页码是 622 页,检字表中“张”的上面是“弛”字,但页码却是 60 页,“张”的下面是“弟”字,页码是 95 页,正文中的这些字并不是真正地分别位于“张”字的上下方。

所以,现在看到的连续的“弛、张、弟”3 个字实际上就是它们在非聚集索引中的排序,是字典正文中的字在非聚集索引中的映射。使用这种方式来找到所需要的字要两个过程,即先找到目录中的结果,然后再翻到所需要的页码。

这种目录纯粹是目录、正文纯粹是正文的排序方式称为“非聚集索引”。

聚集索引和非聚集索引都可以是唯一的索引。因此,只要列中的数据是唯一的,就可以在同一个表上创建一个唯一的聚集索引。如果必须实施唯一性以确保数据的完整性,则应在列上创建 UNIQUE 或 PRIMARY KEY 约束,而不要创建唯一索引。

创建 PRIMARY KEY 或 UNIQUE 约束会在表中指定的列上自动创建唯一索引。创建 UNIQUE 约束与手动创建唯一索引没有明显的区别,在进行数据查询时,查询方式相同,而且查询优化器不区分唯一索引是由约束创建的还是手动创建的。如果存在重复的键值,则无法创建唯一索引和 PRIMARY KEY 或 UNIQUE 约束。如果是复合唯一索引,则该索引可以确保索引列中的每个组合都是唯一的,创建复合唯一索引可以为查询优化器提供附加信息,所以在对多列创建复合索引时最好是唯一索引。

8.2.3 创建索引

大家已经知道,创建索引虽然可以提高查询速度,但是需要牺牲一定的系统性能。因此在创建时哪些列适合创建索引,哪些列不适合创建索引,用户都需要仔细考虑。

1. 在创建索引时应考虑的问题

（1）对一个表中建大量的索引应进行权衡。

对于 SELECT 查询，大量索引可以提高性能，可以从中选择最快的查询方法，但是会影响 INSERT、UPDATE 和 DELETE 语句的性能，因为对表中的数据进行修改时索引也要动态地维护，维护索引耗费的时间会随着数据量的增加而增加，所以用户应避免对经常更新的表建立过多的索引，而对更新少且数据量大的表创建多个索引，这样可以大大提高查询性能。

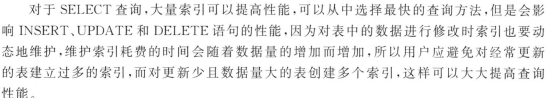

（2）对于主键和外键列应考虑建索引，因为经常通过主键查询数据，而外键用于表间的连接。

（3）对于行数较少的小型表进行索引可能不会产生优化效果。

（4）很少在查询中使用的列不应考虑建索引。

（5）像"性别"这样值很少的列不应考虑建索引。

（6）在视图中如果包含聚集函数或连接，创建视图的索引可以显著提高查询性能。

2. 通过 SQL Server Management Studio 创建索引

在 SQL Server Management Studio 中使用向导创建索引是一种在图形界面环境下最快捷的创建索引的方式，其步骤如下：

（1）在 SQL Server Management Studio 的对象资源管理器中选择要创建索引的表（如 teaching 库中的 student 表），然后展开 student 表前面的"＋"号，选中"索引"选项右击，在弹出的快捷菜单中选择"新建索引"命令，如图 8-14 所示。

（2）选择"新建索引"命令，进入"新建索引"对话框，在"常规"选择页中可以创建索引，在"索引名称"文本框中输入索引名称，在"索引类型"下拉列表中选择是不是聚集索引，确定是否选择"唯一"复选框等。例如输入"索引名称"为"index_sname"，选择"非聚集"选项。

（3）通过单击右侧的按钮可以为新建的索引添加、删除、移动索引列。例如单击"添加"按钮，进入图 8-15 所示的界面，选中 sname 列前的多选按钮，单击"确定"按钮，即可添加一个按 sname 列升序排序的非聚集索引。然后单击"确定"按钮，索引创建完成。

（4）在索引创建完成之后，在 SQL Server Management Studio 的对象资源管理器中选择创建了索引的表（student），展开 student 表前面的"＋"号，再展开"索引"选项前面的"＋"号，就会出现新建的索引 index_sname，如图 8-16 所示。

图 8-14　新建索引的快捷菜单

3. 使用 T-SQL 语句创建索引

使用 T-SQL 语句创建索引的语法格式如下：

```
CREATE [ UNIQUE ][ CLUSTERED | NONCLUSTERED ] INDEX index_name
  ON { table_name | view_name } ( column_name [ ASC | DESC ] [ , …n ] )
  [ WITH < index_option > [ , …n] ] [ ON filegroup ]
< index_option > > ::=
```

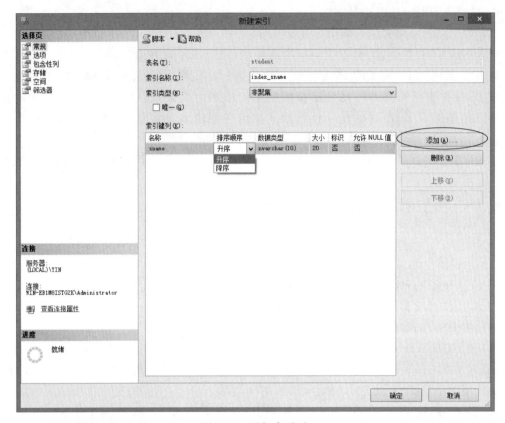

图 8-15　添加索引列

```
{ PAD_INDEX | FILLFACTOR = fillfactor
| IGNORE_DUP_KEY | DROP_EXISTING
| STATISTICS_NORECOMPUTE }
```

其中参数的含义如下。

- UNIQUE：建立的索引字段中不能有重复数据
  出现，创建的索引是唯一索引。如果不使用这
  个关键字，创建的索引就不是唯一索引。
- CLUSTERED | NONCLLTSTERED：指定
  CLUSTERED 来创建聚集索引、使用
  NONCLUSTERED 来创建非聚集索引，两者
  只能选其一。如果不指定，默认为非聚集索引。

图 8-16　创建索引成功

- index_name：为新创建的索引指定的名字，索引名必须符合标识符的命名规则。
- table_name | view_name：创建索引的表或视图的名字。
- column_name：索引中包含的列的名字。
- FILLFACTOR：索引页的填充率，指定每个索引页预留多少可利用空间，利用 WITH
  FILLFACTOR 语句指定其大小。如果要查询 FILLFACTOR 的大小，可以使用
  "SELECT index name,origfillfactar FROM sysindexes"命令查询。
- PAD_INDEX 和 FILLFACTOR：PAD_INDEX 只有在指定了 FILLFACTOR 时才能
  使用，属于填充因子。

- IGNORE_DUP_KEY：指在使用 INSERT 或 UPDATE 命令修改数据且加入相同关键字内容时对操作的反应。
- DROP_EXISTING：删除并重新建立原来存在的聚集索引或非聚集索引，新指定的索引名必须与现有的索引名相同。
- STATISTICS_NORECOMPUTE：过期的索引统计，不会自动重新计算。
- filegroup：在已经创建的文件组上指定索引。

【例 8-9】　同前例，根据 teaching 库中 student 表的姓名列的升序创建一个名为 index_sname 的普通索引，用 T-SQL 语句完成。

```
USE teaching
GO
CREATE INDEX index_sname ON student(sname)
```

【例 8-10】　根据 inventory 库中 goods 表的商品名称、生产商创建一个名为 goods_producer 的唯一性复合索引，其中商品名称为升序、生产商为降序。

```
USE inventory
GO
CREATE UNIQUE INDEX goods_producer
ON goods(gname ASC, producer DESC)
```

同样，在索引创建完成之后，在 SQL Server Management Studio 的对象资源管理器中选择创建了索引的表（goods），展开商品表前面的"＋"号，再展开"索引"选项前面的"＋"号，就会出现新建的索引 goods_producer。

4. 间接创建索引

在定义表结构或修改表结构时，如果定义了主键约束（PRAMARY KEY）或者唯一性约束（UNIQUE），可以间接创建索引。

视频讲解

【例 8-11】　创建一个 student1 表，并定义主键约束。

```
USE teaching
GO
CREATE TABLE student1(
 sno      char(6) PRAMARY KEY,
 sname   nvarchar(10)        )
```

在此例中就按 sno 升序创建了一个聚集索引。

【例 8-12】　创建一个 teacher（教师）表，并定义主键约束和唯一性约束。

```
USE teaching
GO
CREATE TABLE teacher(
  tno char(6) PRAMARY KEY,
  tname nvarchar(10) UNIQUE       )
```

在此例中创建了两个索引，其中按 tno 升序创建了一个聚集索引，按 tname 升序创建了一个非聚集唯一索引。

索引一经创建，就完全由系统自动选择和维护，不需要用户指定使用索引，也不需要用户执行打开索引或进行重新索引等操作，所有的工作都由 SQL Server 数据库管理系统自动完成。但对于读者来讲,应该明白为什么要创建这些索引,即这些索引可能在什么情况下被选择使用。例如 student 表中按姓名列升序创建的 index_sname 索引,下面的 T SQL 语句在执行时系统就可以利用此索引来加快查询速度。

(1) SELECT sno,specialty FROM student WHERE sname='郑丽'

(2) DELETE FROM student WHERE sname='郑丽'

5. 创建索引视图

视图也称为虚拟表,这是因为由视图返回的结果集的一般格式与由列和行组成的表相似,并且在 SQL 语句中引用视图的方式也与引用表的方式相同。

对于标准视图而言,结果集不是永久地存储在数据库中,为每个引用视图的查询动态生成结果集的开销很大,特别是对于那些涉及对大量行进行复杂处理(如聚合大量数据或连接许多行)的视图更为可观。若经常在查询中引用这类视图,可以通过在视图上创建唯一聚集索引来提高性能。在视图上创建唯一聚集索引时将执行该视图,并且结果集在数据库中的存储方式与带聚集索引的表的存储方式相同。

在视图上创建索引的另一个好处是查询优化器开始在查询中使用视图索引,而不是直接在 FROM 子句中命名视图。这样一来可以从索引视图检索数据而无须重新编码,由此带来的高效率也使现有查询获益。

在视图上创建聚集索引可存储创建索引时存在的数据。索引视图还自动反映自创建索引后对基表数据所做的更改,这一点与在基表上创建的索引相同。当对基表中的数据进行更改时,索引视图中存储的数据也反映数据的更改。视图的聚集索引必须唯一,从而提高了 SQL Server 在索引中查找受任何数据更改影响的行的效率。

与基本表上的索引相比,对索引视图的维护可能更复杂。只有当视图的结果检索速度的效益超过了修改所需的开销时才应在视图上创建索引。这样的视图通常包括映射到相对静态的数据上、处理多行以及由许多查询引用的视图。

在视图上创建聚集索引之前,该视图必须满足下列要求:

(1) 当执行 CREATE VIEW 语句时,ANSI_NULLS 和 QUOTED_IDENTIFIER 选项必须设置为 ON。OBJECTPROPERTY 函数通过 ExecIsAnsiNullsOn 或 ExecIsQuotedIdentOn 属性为视图报告此信息。

(2) 为执行所有 CREATE TABLE 语句创建视图引用的表,ANSI_NULLS 选项必须设置为 ON。

(3) 视图不能引用任何其他视图,只能引用基本表。

(4) 视图引用的所有基本表必须与视图位于同一个数据库中,并且所有者也与视图相同。

(5) 必须使用 SCHEMABINDING 选项创建视图。SCHEMABINDING 将视图绑定到基础基本表的架构上。

(6) 必须已使用 SCHEMABINDING 选项创建了在视图中引用的用户定义的函数。

(7) 表和用户定义的函数必须由两部分的名称引用。

(8) 视图中的表达式所引用的所有函数必须是确定性的。OBJECTPROPERTY 函数的 IsDeterministic 属性报告用户定义的函数是否为确定性的。

(9) 选择列表不能使用 * 或 table_name. * 语法指定列,必须显式给出列名。

(10) 不能在多个视图列中指定用作简单表达式的表的列名。如果对列的所有(或只有一个例外)引用是复杂表达式的一部分或是函数的一个参数,则可以多次引用该列。

在视图上创建的第一个索引必须是唯一聚集索引。在创建唯一聚集索引之后,可以创建其他非聚集索引。视图上的索引的命名规则与表上的索引的命名规则相同。

用户可以在 SQL Server Management Studio 的对象资源管理器中展开相应数据库文件夹,然后展开"视图"选项,再展开要创建索引的视图。例如,假定 male_view 视图符合创建聚集索引的要求,右击"索引"选项选择"新建索引"命令,如图 8-17 所示。在"新建索引"对话框中按学号的升序创建一个唯一的聚集索引,输入索引名并设置索引类型,单击"确定"按钮即可新建一个索引视图。

用户也可以使用 T-SQL 语句创建索引视图。

【例 8-13】 创建一个 female_view 视图,并为该视图按 sno 升序创建一个具有唯一性的聚集索引。

创建视图:

图 8-17 新建索引视图

```
USE teaching
GO
CREATE VIEW female_view
WITH SCHEMABINDING
AS
SELECT sno,sname,ssex,specialty FROM dbo.student
WHERE ssex = '女'
```

创建索引:

```
CREATE UNIQUE CLUSTERED INDEX index_female ON female_view(sno)
```

在创建聚集索引之后,对于任何试图为视图修改基本数据而进行的连接,其选项设置必须与创建索引所需的选项设置相同。如果这个执行语句的连接没有适当的选项设置,则 SQL Server 生成错误并回滚任何会影响视图结果集的 INSERT、UPDATE 或 DELETE 语句。有关更多信息,请参见 SQL Server 联机丛书中影响结果的 SET 选项。

若删除视图,视图上的所有索引也将被删除。若删除聚集索引,视图上的所有非聚集索引也将被删除。用户可分别除去非聚集索引,除去视图上的聚集索引将删除存储的结果集,并且优化器将重新像处理标准视图那样处理视图。

尽管 CREATE UNIQUE CLUSTERED INDEX 语句仅指定组成聚集索引键的列,但视图的完整结果集将存储在数据库中。与基表上的聚集索引一样,聚集索引的 B^+ 树结构仅包含键列,但数据行包含视图结果集中的所有列。

若想为现有系统中的视图添加索引,必须计划绑定任何想要放入索引的视图。用户可以除去视图并通过指定 WITH SCHEMABINDING 重新创建它;也可以创建另一个视图,使其具有与现有视图相同的文本,但是名称不同。优化器将考虑新视图上的索引,即使在查询的 FROM 子句中没有直接引用它。

8.2.4 查看索引信息

在实际使用索引的过程中,有时需要对表的索引信息进行查询,了解在表中曾经建立的索引。用户可以使用 SQL Server Management Studio 进行查询,也可以在查询窗口中使用 T-SQL 语言句进行查询。

1. 在 SQL Server Management Studio 中查看索引信息

在 SQL Server Management Studio 中选择要查看的表，然后右击相应的表，从弹出的快捷菜单中选择"修改"命令，进入"表设计器"窗口，右击任意位置，选择"索引/键"即可查看此表上所有的索引信息。例如查看 student 表上的索引信息，如图 8-18 和图 8-19 所示。

图 8-18　查看 student 表上的索引信息

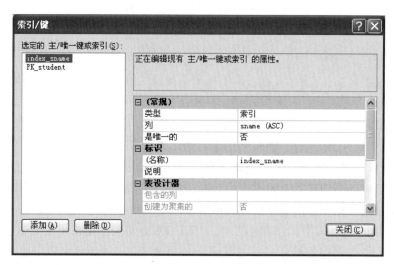

图 8-19　student 表上的索引

2. 使用 T-SQL 语句查看索引信息

用户可以使用系统存储过程 sp_helpindex 或 sp_help 查看索引信息，例如查看 student 表上的索引信息。

1）使用系统存储过程 sp_helpindex 查看索引信息

```
USE teaching
GO
EXEC  sp_helpindex student
```

执行结果如图 8-20 所示。

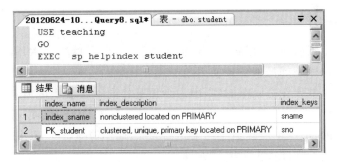

图 8-20　使用 sp_helpindex 查看 student 表上的索引

结果显示了 student 表中所建立的两个索引，一个索引的索引名称为"index_sname"，索引描述为非聚集索引，索引关键字为"sname"；另一个索引的索引名称为"PK_student"，索引描述为聚集索引、唯一索引，索引关键字为"sno"。

2）使用系统存储过程 sp_help 查看索引信息

```
USE teaching
GO
EXEC sp_help student
```

执行结果如图 8-21 所示。

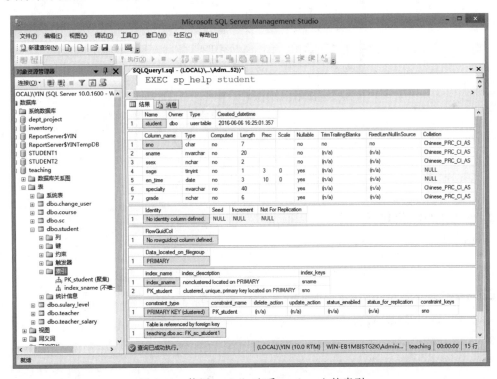

图 8-21　使用 sp_help 查看 student 上的索引

由结果可以看出，执行 sp_help 系统存储过程查询的结果要比执行 sp_helpindex 显示的结果更加详细，除了索引信息以外，还包括当前表的基本信息、与此表相关的各种约束等。

视频讲解

8.2.5　删除索引

当不再需要一个索引时，可以将其从数据库中删除，以释放当前占用的存储空间，这些释放的空间可以由数据库中的任何对象使用。

删除聚集索引可能要花费一些时间，因为必须重建同一个表上的所有非聚集索引。用户必须先删除约束，然后才能删除 PRIMARY KEY 或 UNIQUE 约束使用的索引，因为索引是通过约束间接创建的，所以也应该通过约束间接删除，而不应该通过索引间接删除约束。在删除某个表时会自动删除在此表上创建的索引。

1. 在 SQL Server Management Studio 中删除索引

与在 SQL Server Management Studio 中创建索引的步骤一样，选中要删除索引的表，选择"索引"选项，展开"索引"选项前面的"＋"号，然后右击要删除的索引，选择"删除"命令，如图 8-22 所示，弹出"删除对象"对话框，单击"确定"按钮。

图 8-22　删除索引的快捷菜单

2. 使用 T-SQL 语句删除索引

删除索引的 T-SQL 语句的语法格式如下：

```
DROP INDEX table_name.index_name
```

【例 8-14】　删除 student 表中的 Index_sname 索引。

```
DROP  INDEX  student.Index_sname
GO
```

习　题　8

1. 引入视图的主要目的是什么？
2. 在删除视图时所对应的数据表会删除吗？
3. 简述视图的优点。

4. 可更新视图必须满足哪些条件？

5. 创建索引的必要性和作用是什么？

6. 简述索引的优点。

7. 聚集索引和非聚集索引有何异同？

8. 在 SQL Server Management Studio 中创建一个名为"invent_info"的库存信息视图，要求包含 inventory 数据库中 4 个表的所有列，然后分析此视图是否为可更新视图，说明理由。

9. 在 SQL Server Management Studio 中创建一个包含计算机专业学生基本信息的视图 computer_stu，然后分析此视图是否为可更新视图，说明理由。

10. 使用 T-SQL 语句创建一个每个学生的平均成绩的视图 avgscore，要求包含学生的学号和姓名，然后分析此视图是否为可更新视图，说明理由。

11. 使用 T-SQL 语句创建一个每个年级、每个专业各科平均成绩的视图。

12. 在 SQL Server Management Studio 中按照 sc 表的成绩列升序创建一个普通索引（非唯一、非聚集），并举例说明什么查询语句会利用此索引加快查询速度。

13. 使用 T-SQL 语句按照 goods 表的单价列降序创建一个普通索引，并举例说明什么查询语句会利用此索引加快查询速度。

14. 使用 T-SQL 语句按照 manager 表的出生年月列升序创建一个普通索引，并举例说明什么查询语句会利用此索引加快查询速度。

第 9 章

T-SQL 编程

T-SQL 提供流程控制的特殊关键字,用于控制 T-SQL 语句、语句块和存储过程的执行流。在数据库的开发过程中,函数和游标起着很重要的作用,函数是由一个或多个 T-SQL 语句组成的子程序,可用于封装代码以便重新使用;游标是一种能从包括多条数据记录的结果集中每次提取一条记录的机制。

本章首先介绍 T-SQL 语言编程用到的基础知识,如标识符、变量、运算符、表达式、批处理、注释等内容,然后介绍 T-SQL 中的流程控制语句,最后介绍 T-SQL 编程中函数和游标的应用。

9.1　T-SQL 编程基础

视频讲解

9.1.1　标识符

标识符是用来标识事物的符号,其作用类似于给事物起的名称。标识符分为两类,即常规标识符和分隔标识符。

1. 常规标识符

常规标识符格式的规则如下:

(1) 常规标识符必须以汉字、字母(包括从 a 到 z 和从 A 到 Z 的拉丁字符以及其他语言的字母字符)、下画线_、@或♯开头,后续字符可以是汉字、字母、基本拉丁字符或其他国家/地区字符中的十进制数字、下画线_、@、♯。

(2) 常规标识符不能是 SQL Server 保留字,SQL Server 保留字不区分大小写。

(3) 常规标识符最长不能超过 128 个字符。

2. 分隔标识符

符合所有常规标识符格式规则的标识符可以使用分隔标识符,也可以不使用分隔标识符。不符合常规标识符格式规则的标识符必须使用分隔标识符。

分隔标识符括在方括号[]或双引号" "中。

在下列情况下需要使用分隔标识符:

(1) 使用保留关键字作为对象名或对象名的一部分。

(2) 标识符的命名不符合常规标识符格式的规则。

视频讲解

9.1.2　变量

1. 变量的分类

变量可以分为两类,即全局变量和局部变量。

(1) 全局变量:全局变量由系统提供且预先声明,通过在名称前加两个"@"符号区别于局部变量。用户只能使用全局变量,不能对它们进行修改。全局变量的作用范围是整个 SQL Server 系统,任何程序都可以随时调用它们。

(2) 局部变量:变量是一种在程序设计语言中必不可少的组成部分,可以用它保存程序运行过程中的中间值,也可以在语句之间传递数据。T-SQL 语言中的变量是可以保存单个特定类型的数据值的对象,也称为局部变量,只在定义它们的批处理或过程中可见。

2. 局部变量的定义

T-SQL 语言中的变量在定义和引用时要在其名称前加上标志"@",而且必须先用 DECLARE 命令定义后才可以使用。其定义的一般格式如下:

```
DECLARE {@local_variable data_type} [,…n]
```

其中参数的含义如下。

- @local_variable:用于指定变量的名称,变量名必须以符号@开头,并且变量名必须符合 SQL Server 的命名规则。
- data_type:用于设置变量的数据类型及大小。data_type 可以是任何由系统提供的或用户定义的数据类型,但是变量不能是 text、ntext 或 image 数据类型。

3. 局部变量的赋值方法

在使用 DECLARE 命令声明并创建变量之后,系统会将其初始值设为 NULL,如果想要设定变量的值,必须使用 SET 命令或者 SELECT 命令。

```
SET { { @local_variable = expression }
```

或者

```
SELECT { @local_variable = expression } [ ,…n ]
```

其中,参数@local_variable 是给其赋值并声明的变量,expression 是有效的 SQL Server 表达式。

4. 局部变量的作用域

一个变量的作用域就是可以引用该变量的 T-SQL 语句范围。

局部变量的作用域从声明它们的地方开始到声明它们的批处理或存储过程结尾。换而言之,局部变量只能在声明它们的批处理或存储过程中使用,一旦这些批处理或存储过程结束,局部变量将自行清除。

5. 变量的使用举例

【例 9-1】　创建一个变量@CurrentDateTime,然后将 GETDATE()函数的值放在变量中,最后输出@CurrentDateTime 变量的值。

其实现步骤如下:

(1) 打开 SQL Server Management Studio,在窗口上部的工具栏的左侧找到"新建查询"按钮单击。

(2) 输入要让 SQL Server 执行的 T-SQL 语句,在这里输入下面列出的 T-SQL 语句。

```
DECLARE @CurrentDateTime char(30)
SELECT @CurrentDateTime = GETDATE()
SELECT @CurrentDateTime AS '当前的日期和时间'
GO
```

（3）单击工具栏中的"执行"按钮，当系统给出的提示信息为"命令已成功完成"时说明执行成功。运行结果如图9-1所示。

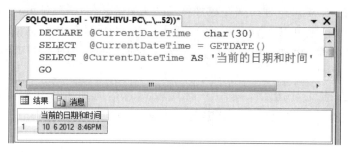

图 9-1　变量的使用举例

注意：变量只在定义它的批处理中有效，因此在上例的程序中间不能写入 GO 语句。

9.1.3　运算符

视频讲解

运算符是一种符号，用来指定要在一个或多个表达式中执行的操作。在 Microsoft SQL Server 2008 系统中可以使用的运算符分为算术运算符、逻辑运算符、赋值运算符、字符串连接运算符、按位运算符、一元运算符和比较运算符等。

1. 算术运算符

（1）算术运算符包括加（＋）、减（－）、乘（＊）、除（/）和取模（％）。

（2）对于加、减、乘、除这4种算术运算符而言，计算的两个表达式可以是以数字数据类型分类的任何数据类型。

（3）对于取模运算符，要求进行计算的数据的数据类型为 int、smallint 和 tinyint，完成的功能是返回一个除法运算的整数余数。

【例 9-2】　计算表达式的值，并将结果赋给变量@ExpResult。

程序清单如下：

```
DECLARE @ExpResult numeric
SET @ExpResult = 67 % 31
SELECT @ExpResult AS '表达式计算结果'
```

运行结果如图9-2所示。

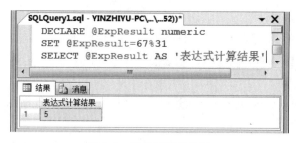

图 9-2　算术运算符举例

2. 赋值运算符

在 T-SQL 中只有一个赋值运算符，即等号（＝）。赋值运算符使我们能够将数据值指派给特定的对象，另外还可以使用赋值运算符在列标题和为列定义值的表达式之间建立关系。

【**例 9-3**】　创建一个 @MyCounter 变量，然后赋值运算符将 @MyCounter 设置为表达式返回的值。

```
DECLARE @MyCounter int
SET @MyCounter = 10
```

3. 位运算符

运算符包括按位与(&)、按位或(|)、按位异或(^)。

位运算符用来在整型数据或者二进制数据(image 数据类型除外)之间执行位操作，要求在位运算符左、右两侧的操作数不能同时是二进制数据。位运算的运算规则如表 9-1 所示。

表 9-1　位运算的运算规则

运 算 符	运 算 规 则
&	两个位均为 1 时结果为 1，否则为 0
|	只要一个位为 1 结果就为 1，否则为 0
^	两个位值不同时结果为 1，否则为 0

【**例 9-4**】　定义变量 @a1 和 @a2，给变量赋值，然后求两个变量与、或、异或的结果。

```
DECLARE @a1 int, @a2 int
SET @a1 = 3
SET @a2 = 8
SELECT @a1 & @a2 为 与, @a1 | @a2 as 或, @a1^@a2 as 异或
```

运行结果如图 9-3 所示。

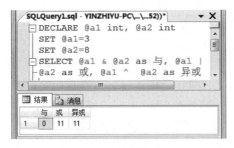

图 9-3　位运算符举例

4. 比较运算符

比较运算符(又称关系运算符)如表 9-2 所示，用于测试两个表达式的值是否相同，其运算结果为逻辑值，可以为 TRUE、FALSE 和 UNKNOWN(NULL 数据参与运算时)之一。

表 9-2　比较运算符及含义

运 算 符	含 义	运 算 符	含 义
=	相等	<=	小于或等于
>	大于	<>、!=	不等于
<	小于	!<	不小于
>=	大于或等于	!>	不大于

【例 9-5】 使用比较运算符计算表达式的值。

```
DECLARE @Exp1 int, @Exp2 int
SET @Exp1 = 30
SET @Exp2 = 50
IF @Exp1 > @Exp2
SELECT @Exp1 AS 小数据
```

运行结果如图 9-4 所示。

5. 逻辑运算符

逻辑运算符对某些条件进行测试，以获得其真实情况。逻辑运算符和比较运算符一样，返回带有 TRUE 或 FALSE 值的 Boolean 数据类型或 UNKNOWN 值。逻辑运算符如表 9-3 所示。

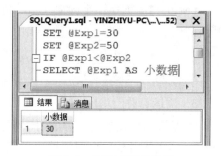

图 9-4 比较运算符举例

表 9-3 逻辑运算符

运 算 符	含 义
ALL	如果一组的比较都为 TRUE,那么就为 TRUE
AND 或 &&	如果两个布尔表达式都为 TRUE,那么就为 TRUE
ANY 或 SOME	如果一组的比较中任何一个为 TRUE,那么就为 TRUE
BETWEEN	如果操作数在某个范围之内,那么就为 TRUE
EXISTS	如果子查询包含一些行,那么就为 TRUE
IN	如果操作数等于表达式列表中的一个,那么就为 TRUE
LIKE	如果操作数与一种模式相匹配,那么就为 TRUE
NOT 或 !	对任何其他布尔运算符的值取反
OR 或 ‖	如果两个布尔表达式中的一个为 TRUE,那么就为 TRUE

6. 字符串连接运算符

字符串连接运算符(＋)用于两个字符串数据的连接,通常也称为字符串运算符。

在 SQL Server 中,对字符串的其他操作通过字符串函数进行。字符串连接运算符的操作数类型有 char、varchar 和 text 等。

【例 9-6】 使用字符串连接运算符计算表达式的值。

```
DECLARE @ExpResult char(60)
SELECT @ExpResult = '河北省石家庄市' + '河北师范大学' + '网络工程'
SELECT @ExpResult AS '字符串的连接结果'
```

运行结果如图 9-5 所示。

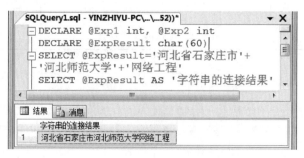

图 9-5 字符串连接运算符举例

7. 一元运算符

一元运算符只对一个表达式执行操作,该表达式可以是数值数据类型类别中的任何一种数据类型。其中,+(正):数值为正;-(负):数值为负;~(位非):返回数字的非。+(正)和-(负)运算符可以用数值数据类型类别中任一数据类型的任意表达式,~(位非)运算符只能用于整数数据类型类别中任一数据类型的表达式。

8. 运算符的优先级与结合性

表达式计算器支持的运算符集中的每个运算符在优先级层次结构中都有指定的优先级,并包含一个计算方向,运算符的计算方向就是运算符的结合性。具有高优先级的运算符先于低优先级的运算符进行计算。如果复杂的表达式有多个运算符,则运算符的优先级将确定执行操作的顺序,执行顺序可能对结果值有明显的影响。

某些运算符具有相等的优先级。如果表达式包含多个具有相等优先级的运算符,则按照从左到右或从右到左的方向进行运算。表 9-4 按从高到低的顺序列出了运算符的优先级,同层运算符具有相等的优先级。

表 9-4　运算符的优先级与结合性

运 算 符	运算类型	结合性	运 算 符	运算类型	结合性
( )	表达式	从左到右	&	位与	从左到右
-、!、~	一元	从右到左	^	位异或	从左到右
cast as	一元	从右到左	|	位或	从左到右
*、/、%	乘法性的	从左到右	&&	逻辑与	从左到右
+、-	加法性的	从左到右	||	逻辑或	从左到右
<、>、<=、>=	关系	从左到右	? :	条件表达式	从右到左
==、!=	等式	从左到右			

9.1.4　批处理

批处理是包含一个或多个 T-SQL 语句的集合,从应用程序一次性地发送到 SQL Server 2008 进行执行,因此可以节省系统开销。SQL Server 将批处理的语句编译为一个可执行单元,称为执行计划,批处理的结束符为"GO"。

编译错误(如语法错误)可使执行计划无法编译,因此未执行批处理中的任何语句。

运行时错误(如算术溢出或违反约束)会产生以下两种影响之一:

(1) 大多数运行时错误将停止执行批处理中当前语句和它之后的语句;

(2) 某些运行时错误(如违反约束)仅停止执行当前语句,而继续执行批处理中其他的所有语句。

在遇到运行时错误之前执行的语句不受影响。唯一的例外是如果批处理在事务中而且错误导致事务回滚,在这种情况下,将运行时错误之前未提交的数据修改回滚。

9.1.5　注释

注释也称为注解,是写在程序代码中的说明性文字,它们对程序的结构及功能进行文字说明。注释内容不被系统编译,也不被程序执行。

在 T-SQL 中可以使用两类注释符:

(1) ANSI 标准的注释符"--"用于单行注释;

（2）与 C 语言相同的程序注释符号，即"/＊…＊/"，"/＊"用于程序注释开头，"＊/"用于程序注释结尾，可以在程序中将多行文字标识为注释。

批处理中的注释没有最大长度限制，一条注释可以包含一行或多行，下面是一些有效注释的示例。

```
USE teaching
-- 单行注释
SELECT sno,sname FROM student
GO
/* 多行注释的第一行
多行注释的第二行 */
SELECT sno,sname,specialty FROM student
GO
```

9.2 流程控制语句

与所有的计算机编程语言一样，T-SQL 也提供了用于编写过程性代码的语法结构，可用来进行顺序、分支、循环、存储过程等程序设计，编写结构化的模块代码，从而提高编程语言的处理能力。

SQL Server 提供的流程控制语句如表 9-5 所示。

表 9-5　流程控制语句

控制语句	说明	控制语句	说明
SET	赋值语句	CONTINUE	重新开始下一次循环
BEGIN…END	定义语句块	BREAK	退出循环
IF…ELSE	条件语句	GOTO	无条件转移语句
CASE	多分支语句	RETURN	无条件退出语句
WHILE	循环语句		

视频讲解

9.2.1　SET 语句

在声明一个局部变量之后，该变量将被初始化为 NULL。使用 SET 语句将一个不是 NULL 的值赋给声明的变量，给变量赋值的 SET 语句返回单值。在初始化多个变量时为每个局部变量使用单独的 SET 语句。其语法格式如下：

```
SET @local_variable = expression
```

说明：SET 语句是顺序执行的，将一个表达式赋值给声明的变量。表达式的数据类型必须和变量声明的类型相符。

【例 9-7】　声明变量，并用 SET 给变量赋值。

```
DECLARE @myvar char(20);
SET @myvar = 'This is a test';
SELECT @myvar;
GO
```

　　除赋值以外,SET 语句也实现一些设置功能,例如设置日期型数据的格式、设置数据库的某些属性等。

9.2.2　BEGIN…END 语句

　　BEGIN…END 语句能够将多个 T-SQL 语句组合成一个语句块,并将它们视为一个单元处理。其语法格式如下:

```
BEGIN
{ sql_statement | statement_block }
END
```

　　其中,参数{ sql_statement | statement_block }为任何有效的 T-SQL 语句或语句块。

9.2.3　IF…ELSE 语句

　　在程序中如果要对给定的条件进行判定,当条件为真或假时分别执行不同的 T-SQL 语句,可以用 IF…ELSE 语句实现。

　　其语法格式如下:

```
IF Boolean_expression              /*条件表达式,可含有 SELECT 语句*/
 { sql_statement | statement_block }
 /*条件表达式为真时执行,语句块使用 BEGIN…END*/
[ ELSE
 { sql_statement | statement_block } ]
 /*条件表达式为假时执行,语句块使用 BEGIN…END*/
```

其中,条件表达式的值必须是逻辑值,ELSE 子句是可选的。如果条件表达式中含有 SELECT 语句,必须用圆括号将 SELECT 语句括起来。

　　【例 9-8】　如果 C001 号课的平均成绩高于 80 分,则显示"平均成绩还不错",否则显示"平均成绩一般"。

```
USE teaching
GO
IF ( SELECT AVG(score) FROM sc WHERE cno = 'C001' ) > 80
    PRINT 'C001 号课的平均成绩还不错'
ELSE
    PRINT 'C001 号课的平均成绩一般'
```

本例的执行结果如图 9-6 所示。

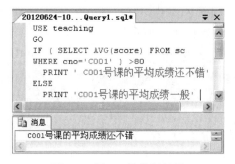

图 9-6　例 9-8 的执行结果

【例 9-9】 输出 1302001 号学生的平均成绩，如果没有这个学生或该学生没有选课，则显示相应的提示信息。

```
USE teaching
GO
IF EXISTS ( SELECT * FROM SC WHERE sno = '1302001')
SELECT AVG(score) AS '1302001 号学生的平均分' FROM sc
WHERE sno = '1302001'
ELSE
    IF EXISTS ( SELECT * FROM student WHERE sno = '1302001')
    PRINT '1302001 号学生没选课'
    ELSE PRINT '没有 1302001 号学生'
```

	1302001号学生的平均分
1	85

图 9-7　例 9-9 的执行结果

本例的执行结果如图 9-7 所示。

与普通高级语言一样，T-SQL 中的 IF … ELSE 语句也可以嵌套。虽然没有嵌套层数的限制，但一般最好不要超过 3 层，否则会影响程序的可读性、造成修改复杂等。

9.2.4　CASE 语句

视频讲解

使用 CASE 语句可以进行多个分支的选择。

CASE 具有以下两种格式。

- 简单 CASE 格式：将某个表达式与一组简单表达式进行比较，以确定结果。
- 搜索 CASE 格式：计算一组布尔表达式，以确定结果。

（1）简单 CASE 的语法格式：

```
CASE input_expression
 WHEN when_expression THEN result_expression
 [ …n ]
 [ ELSE else_result_expression]
END
```

（2）搜索 CASE 的语法格式：

```
CASE
 WHEN Boolean_expression THEN result_expression
 [ …n ]
[ ELSE else_result_expression]
END
```

其中参数的含义如下。

- input_expression：使用简单 CASE 格式时所计算的表达式。input_expression 是任何有效的 Microsoft SQL Server 表达式。
- WHEN when_expression：使用简单 CASE 格式时 input_expression 所比较的简单表达式。when_expression 是任意有效的 SQL Server 表达式。input_expression 和每个 when_expression 的数据类型必须相同，或者是隐性转换。
- THEN result_expression：当 input_expression = when_expression 取值为 TRUE 或者 Boolean_expression 取值为 TRUE 时返回的表达式。result expression 是任意有效的 SQL Server 表达式。
- n 占位符：表明可以使用多个 WHEN when_expression THEN result_expression 子

句或 WHEN Boolean_expression THEN result_expression 子句。

- ELSE else_result_expression：当比较运算的取值不为 TRUE 时返回的表达式。如果省略此参数并且比较运算的取值不为 TRUE，CASE 将返回 NULL 值。else_result_expression 是任意有效的 SQL Server 表达式。else_result_expression 和所有 result_expression 的数据类型必须相同，或者必须是隐性转换。
- WHEN Boolean_expression：使用 CASE 搜索格式时所计算的布尔表达式。Boolean_expression 是任意有效的布尔表达式。

简单 CASE 格式的运行过程如下：

（1）计算 input_expression，然后按指定顺序对每个 WHEN 子句的 input_expression ＝ when_expression 进行计算。

（2）返回第一个取值为 TRUE 的 input_expression ＝ when_expression 的 result_expression。

（3）如果没有取值为 TRUE 的 input_expression ＝ when_expression，则当指定 ELSE 子句时 SQL Server 将返回 else_result_expression；若没有指定 ELSE 子句，则返回 NULL 值。

搜索 CASE 格式的运行过程如下：

（1）按指定顺序为每个 WHEN 子句的 Boolean_expression 求值。

（2）返回第一个取值为 TRUE 的 Boolean_expression 的 result_expression。

（3）如果没有取值为 TRUE 的 Boolean_expression，则当指定 ELSE 子句时 SQL Server 将返回 else_result_expression；若没有指定 ELSE 子句，则返回 NULL 值。

【例 9-10】　以简单 CASE 格式查询所有学生的专业情况，包括学号、姓名和专业的英文名。

```
USE teaching
SELECT sno,sname,
  CASE specialty
    WHEN '计算机' THEN 'Computer'
    WHEN '电子' THEN 'Electronic'
    WHEN '网络' THEN 'Network'
    WHEN '通信' THEN 'Communication'
    END AS specialty
FROM student
```

	sno	sname	specialty
1	1302001	张明明	Computer
2	1302005	郑丽	Computer
3	1401003	沈艳	Electronic
4	1402001	赵丽红	Computer
5	1404001	李宏伟	Communication
6	1404006	刘景鹏	Communication
7	1501001	张玲	Electronic
8	1501008	张玲	Electronic

图 9-8　简单 CASE 格式查询

执行结果如图 9-8 所示。

【例 9-11】　以搜索 CASE 格式查询所有学生的考试等级，包括学号、课程号和成绩级别（a、b、c、d、e）。

```
USE teaching
SELECT sno, cno,
  CASE
    WHEN score > = 90 then 'a'
    WHEN score > = 80 then 'b'
    WHEN score > = 70 then 'c'
    WHEN score > = 60 then 'd'
    WHEN score < 60 then 'e'
  END AS score_level
FROM sc
```

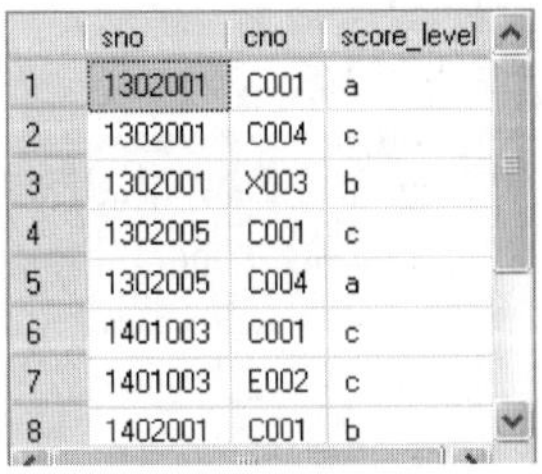

	sno	cno	score_level
1	1302001	C001	a
2	1302001	C004	c
3	1302001	X003	b
4	1302005	C001	c
5	1302005	C004	a
6	1401003	C001	c
7	1401003	E002	c
8	1402001	C001	b

图 9-9　搜索 CASE 格式查询

其执行结果如图 9-9 所示。

视频讲解

9.2.5　WHILE 语句

如果需要重复执行程序中的一部分语句，可以使用 WHILE 循环语句实现。WHILE 语句通过布尔表达式来设置一个条件，当这个条件成立时重复执行一个语句或语句块，重复执行的部分称为循环体。用户可以使用 BREAK 和 CONTINUE 关键字在循环内部控制 WHILE 循环中语句的执行。

其语法格式如下：

```
WHILE Boolean_expressionession              /*条件表达式*/
    sql_statement1 | statement_block1
    [BREAK]
    [sql_statement2 | statement_block2]
    [CONTINUE]
    [sql_statement3 | statement_block3]     /* T-SQL 语句序列构成的循环体*/
```

	userid	username
▶	1	user1
	2	user2
	3	user3
	4	user4
	5	user5
	6	user6
	7	user7
	8	user8
	9	user9
	10	user10
	11	user11
	12	user12
	13	user13
	14	user14
	15	user15
	16	user16
	17	user17
	18	user18
	19	user19
	20	user20

其中，BREAK 命令的功能是让程序跳出包含它的最内层循环，而 CONTINUE 命令可以让程序跳过 CONTINUE 之后的语句回到 WHILE 循环的第一行命令。在通常情况下，CONTINUE 和 BREAK 是放在 IF…ELSE 命令中的，即在满足某个条件的前提下提前结束本次循环或退出本层循环。WHILE 语句也可以嵌套。

【例 9-12】　创建一个 usern 表，包含 userid 和 username 列，接着利用 WHILE 循环向其中插入前 20 行数据。

```
DECLARE @i int
SET @i = 1
WHILE @i <= 20
BEGIN
INSERT INTO usern (userid,username) values(@i, 'user' + ltrim
(str(@i)))
SET @i = @i + 1
END
```

本例的执行结果如图 9-10 所示。

图 9-10　例 9-12 的执行结果

【例 9-13】　求 1 到 100 的累加和，当和超过 1 000 时停止累加，显示累加和以及累加到的位置。

```
DECLARE @i int,@a int
SET @i = 1
SET @a = 0
WHILE @i <= 100
  BEGIN
    SET @a = @a + @i
    IF @a >= 1000 BREAK
    SET @i = @i + 1
  END
SELECT @a AS 'a', @i AS 'i'
```

本例的执行结果如图 9-11 所示。

	a	i
1	1035	45

图 9-11　例 9-13 的执行结果

9.2.6　GOTO 语句

使用 GOTO 语句可以实现无条件的跳转。

其语法格式如下：

```
GOTO lable /* lable 为要跳转到的语句标号 */
```

其中，标号是 GOTO 的目标，它仅标识了跳转的目标。标号不隔离其前后的语句。执行标号前面语句的用户将跳过标号并执行标号后的语句。除非标号前面的语句本身是流程控制语句（如 RETURN），这种情况才会发生。

【例 9-14】 用 GOTO 实现循环，求～100 的和。

```
DECLARE @s int,@i int
SET @i = 0
SET @s = 0
my_loop:
    SET @s = @s + @i
    SET @i = @i + 1
IF @i <= 100 GOTO my_loop
PRINT '1_2 + … + 100 = ' + CAST(@s AS char(25))
```

图 9-12　GOTO 语句 1

本例的执行结果如图 9-12 所示：

【例 9-15】 输出 1402001 号学生的平均成绩，若没有这个学生或该学生没选课，则显示相应的提示信息，用 GOTO 语句实现。

```
DECLARE @avg float
IF (SELECT count(*) FROM sc WHERE sno = '1402001') = 0
GOTO lable1
BEGIN
    SELECT @avg = avg(score) FROM sc WHERE sno = '1402001'
    PRINT '1402001 号学生的平均成绩：' + CAST(@avg AS varchar)
    RETURN
END
Lable1: PRINT '没有 1402001 号学生或 1402001 号学生没选课'
```

一般来说应尽量少使用 GOTO 语句，过多地使用 GOTO 语句可能会使 T-SQL 批处理的逻辑难以理解。使用 GOTO 实现的逻辑几乎都可以使用其他流程控制语句实现。GOTO 最好用于跳出深层嵌套的流程控制语句。

9.2.7　RETURN 语句

视频讲解

使用 RETURN 语句，可以在任何时候用于从过程、批处理或语句块中退出，而不执行位于 RETURN 之后的语句。

其语法格式如下：

```
RETURN [integer_expression]                    /* 整型表达式 */
```

其中，整型表达式为一个整数值，是 RETURN 语句要返回的值。

注意：当用于存储过程时不能返回空值，如果试图返回空值，将生成警告信息，并返回 0 值。

【例 9-16】 使用存储过程求某个学号的学生的平均成绩。

```
USE teaching
GO
CREATE PROCEDURE mypro @no char(7)
AS RETURN(SELECT AVG(score) FROM sc WHERE sno = @no)
```

创建查询：查询 1302001 号学生的姓名和平均成绩。

```
DECLARE @avg float,@no char(7)
SET @no = '1302001'
EXEC @avg = mypro @no
SELECT sname, @avg AS '平均分' FROM student WHERE sno = @no
```

本例的执行结果如图 9-13 所示。

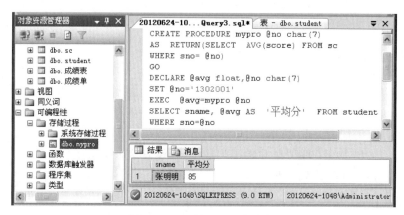

图 9-13　RETURN 语句举例

9.3　函　　数

函数是由一个或多个 T-SQL 语句组成的子程序，可用于封装代码以便重复使用。T-SQL
语言提供了丰富的数据操作函数，用于完成各种数据管理工作。当然，SQL Server 并不将用
户限制在定义为 T-SQL 语言一部分的内置函数上，而是允许用户创建自己的用户定义函数。

9.3.1　系统内置函数

视频讲解

在程序设计过程中常常调用系统提供的函数，SQL Server 数据库管理人员必须掌握 SQL
Server 的函数功能，并将 T-SQL 语言的程序或脚本与函数相结合，这将极大地提高数据管理
工作的效率。

　　T-SQL 提供的内置函数按其值是否具有确定性可分为确定性函数和非确定性函数两
大类。

　　(1) 确定性函数：每次使用特定的输入值集调用该函数时总是返回相同的结果。

　　(2) 非确定性函数：每次使用特定的输入值集调用时可能返回不同的结果。

　　例如，DATEADD 内置函数是确定性函数，因为对于其任何给定参数总是返回相同的结
果。GETDATE 是非确定性函数，因为其每次执行后返回的结果都不同。

　　T-SQL 系统内置函数按函数的功能可分为系统函数、聚合函数、数学函数、字符串函数、日期和时间函数、转换函数、排名函数、行集函数等类型。

1. 数学函数

　　在 SQL Server 2008 中提供了许多数学函数，可以满足数据库维护人员日常的数值计算需要，常用的数学函数如表 9-6 所示。

表 9-6　SQL Server 2008 中常用的数学函数

函 数 名 称	函 数 功 能	函 数 名 称	函 数 功 能
ABS	求绝对值	POWER	求 x 的 y 次方
COS	余弦函数	RAND	求随机数
COT	余切函数	ROUND	四舍五入
EXP	计算 e 的 x 次幂	SIN	正弦函数
FLOOR	求仅次于最小值的值	SQUARE	开方
LOG	求自然对数	SQRT	求平方根
PI	常量，圆周率	TAN	正切函数

【例 9-17】　求下列语句的执行结果。

（1）SELECT FLOOR(10.9)，FLOOR(−10.9)

（2）SELECT ROUND(10.9，0)，ROUND(−10.9，0)

（1）执行结果：10，−11

（2）执行结果：11.0，−11.0

2. 日期和时间函数

SQL Server 2008 提供了许多日期和时间函数，用于进行时间方面的处理工作。

　　在 datetime 类型的值上进行操作是常规的做法，例如"获取当前日期"、做日期算术，"计算 50 天后是什么日期"或者"指出特别的日期是星期几"。

　　下面列出了几个常用的日期和时间函数。

　　（1）GETDATE()：返回系统当前的日期和时间。

　　（2）DATEADD (datepart，integer_expression，date_expression)：返回指定日期 date_expression(日期表达式)加上指定的额外日期间隔 integer_expression(整型表达式)产生的新日期。

　　（3）DATEDIFF (datepart，date_expression1，date_expression2)：返回两个指定日期在 datepart 方面的不同之处，即 date_expression2 超过 date_expression1 的差距值，其结果值是一个带有正负号的整数值。

　　（4）DATENAME (datepart，date_expression)：以字符串的形式返回日期的指定部分，此部分由 datepart 来指定。

　　（5）DATEPART (datepart，date_expression)：以整数值的形式返回日期表达式的指定部分，此部分由 datepart 来指定。

　　DATEPART()函数和 DATENAME()函数极其相似，只不过前者返回的是时间的名称，后者返回的是具体的时间数值。

　　（6）DAY(date_expression)：返回日期表达式中的日。

　　（7）MONTH(date_expression)：返回日期表达式中的月。

　　（8）YEAR(date_expression)：返回日期表达式中的年。

【例 9-18】 计算现在是几月。

```
SELECT MONTH (GETDATE())
```

3. 聚合函数

聚合函数在结果集中对被选列值收集处理并返回一个数值型的计算结果，在 T-SQL 的数据查询中经常使用，这里不再赘述。

4. 字符串函数

SQL Server 2008 中的字符串函数也有很多，主要用来处理二进制类型的数据和文本类型的数据。下面列出了一些常用的字符串函数。

（1）ASCII（char_expression）：返回表达式中最左边一个字符的 ASCII 码值。

（2）CHAR（integer_expression）：返回整数所代表的 ASCII 码值对应的字符。

（3）LOWER（char_expression）：将大写字符转换为小写字符。

（4）UPPER（char_expression）：将小写字符转换为大写字符。

（5）LTRIM（char_expression）：删除字符串开始部分的空格。

（6）RTRIM（char_expression）：删除字符串尾部的空格。

（7）RIGHT（char_expression，integer_expression）：返回 char_expression 字符串中 integer_expression 个字符以后的部分字符串，当 integer_expression 为负时返回 NULL。

（8）SPACE（integer_expression）：返回由 integer_expression 个空格组成的字符串，当 integer_expression 为负时返回 NULL。

（9）STR（float_expression[，length[，decimal]]）：将一个数值型数据转换为字符串，length 为字符串的长度，decimal 为小数点的位数。

（10）STUFF（char_expression1，start，length，char_expression2）：从 char_expression1 字符串的第 start 个字符位置处删除 length 个字符，然后把 char_expression2 字符串插入到 char_expression1 的 start 处。

（11）SUBSTRING（expression，start，length）：从 expression 的第 start 个字符处返回 length 个字符。

（12）REVERSE（char_expression）：返回 char_expression 的逆序。

（13）CHARINDEX（'pattern'，char_expression）：返回指定 pattern 字符串在表达式中的起始位置。

【例 9-19】 将字符串"I am a student"以大写字母显示。

```
SELECT UPPER ('I am a student')
```

9.3.2 用户定义函数

使用用户定义函数可以针对特定的应用程序问题提供解决方案，这些任务可以简单到计算一个值，也可以复杂到定义和实现数据表的约束。从技术上看，SQL Server 用户定义函数都是经过封装的 T-SQL 子程序，可以通过其他 T-SQL 代码调用这些子程序来返回单一的值或者数据表值。

在 SQL Server 中根据函数返回值形式的不同将用户自定义函数分为 3 种类型，即标量函数、内嵌表值函数和多语句表值函数。

标量函数返回一个确定类型的标量值，其返回值的类型为除 TEXT、NTEXT、IMAGE、

CURSOR、TIMESTAMP 和 TABLE 类型以外的其他数据类型。函数体语句定义在 BEGIN…END 语句内,其中包含了可以返回值的 T-SQL 命令。

　　内嵌表值函数以表的形式返回一个返回值,即它返回的是一个表。内嵌表值函数没有由 BEGIN…END 语句括起来的函数体。其返回的表由一个位于 RETURN 子句中的 SELECT 命令段从数据库中筛选出来。内嵌表值函数的功能相当于一个参数化的视图,所以和视图一样,如果其满足可更新条件,也可以通过表值函数对基本表中的数据进行更新。

　　多语句表值函数可以看作标量型和内嵌表值函数的结合体。它的返回值是一个表,但它和标量函数一样有一个用 BEGIN…END 语句括起来的函数体,返回值的表中的数据是由函数体中的语句插入的。由此可见,它可以进行多次查询,对数据进行多次筛选与合并,弥补了内嵌表值型函数的不足,但不可以通过多语句表值函数对基本表中的数据进行更新。

1. 标量函数的创建与调用

创建标量函数的语法格式如下:

视频讲解

```
CREATE FUNCTION [ owner_name.] function_name       / * 函数名部分 * /
( [ { @parameter_name [AS] parameter_data_type
  [ = DEFAULT] } [ ,…n ] ] )                       / * 形参定义部分 * /
RETURNS return_data_type                           / * 返回参数的类型 * /
[ AS ]
  BEGIN
        function_body                              / * 函数体部分 * /
         RETURN expression                         / * 返回语句 * /
  END
```

其中,owner_name 指定用户自定义函数的所有者；function_name 指定用户自定义函数的名称；@parameter_name 定义一个或多个参数的名称,一个函数最多可以定义 1024 个参数,参数的作用范围是整个函数；parameter_data_type 和 return_data_type 指定参数的数据类型和返回值的数据类型,二者都可以为除 TEXT、NTEXT、IMAGE、CURSOR、TIMESTAMP 和 TABLE 类型以外的其他数据类型；function_body 指定一系列的 T-SQL 语句,它们决定了函数的返回值；expression 指定用户自定义函数返回的标量值表达式。当函数的参数有默认值时,在调用该函数时必须指定默认 DEFAULT 关键字才能获取默认值。

【例 9-20】　求“选课”表中某门课的平均成绩。

```
USE teaching
GO
CREATE FUNCTION average(@cn char(4)) RETURNS float
AS
 BEGIN
  DECLARE @aver float
  SELECT @aver = ( SELECT avg(score) FROM sc WHERE cno = @cn)
  RETURN @aver
 END
```

在其他程序模块中调用标量函数的语法格式如下:

owner_name.function_name(parameter_expression 1 … parameter_expression n)

其含义为所有者名.函数名(实参 1,…,实参 n)。当调用用户定义的标量函数时必须提供至少由两部分组成的名称(所有者名.函数名),可以用 EXECUTE 命令或在 SELECT 语句中调用，实参可以为已赋值的局部变量或表达式。

【例 9-21】 求 C001 号课的平均成绩。

```
USE teaching
DECLARE @course1 char(4)
SET @course1 = 'C001'
SELECT dbo.average(@course1) AS 'C001 号课程的平均成绩'
```

本例的执行结果如图 9-14 所示。

图 9-14 标量函数举例

2. 内嵌表值函数的创建与调用

视频讲解

创建内嵌表值函数的语法格式如下：

```
CREATE FUNCTION [ owner_name. ] function_name        /ж定义函数名部分ж/
( [ { @parameter_name [AS] parameter_data_type
   [ = DEFAULT] }[ , …n ] ] )                        /ж定义参数部分ж/
RETURNS table                                        /ж返回值为表类型ж/
[ AS ] RETURN [ (SELECT statement )]                 /ж通过 SELECT 语句返回内嵌表ж/
```

说明：table 指定返回值为一个表；SELECT statement 指单个 SELECT 语句，确定返回的表的数据。其余参数与标量函数相同。

【例 9-22】 查询某个专业所有学生的学号、姓名、所选课程的课程号和成绩。

```
USE teaching
GO
CREATE FUNCTION st_func(@major varchar(10)) RETURNS table
AS RETURN
  ( SELECT student.sno, student.sname,cno,score
    FROM student,sc
    WHERE specialty = @major AND student.sno = sc.sno)
```

因为内嵌表值函数的返回值为 table 类型，所以在其他程序模块中调用此类函数时只能通过 SELECT 语句，相对来讲，不如标量函数的调用灵活。

【例 9-23】 查询计算机专业所有学生的学号、姓名、所选的课程号和成绩。

```
USE teaching
GO
SELECT  *  FROM st_func ('计算机')
```

本例的执行结果如图 9-15 所示。

图 9-15　内嵌表值函数举例

因为此函数是对 student 表和 sc 表进行连接查询而返回的表值，所以可以通过此函数对这两个表中的某个表的某些数据进行修改，但不能通过此函数插入和删除基本表中的数据。

【**例 9-24**】　修改计算机专业"1302001"号学生的姓名为张明。

```
USE teaching
GO
UPDATE st_func ('计算机') SET sname = '张明'WHERE sno = '1302001'
```

3. 多语句表值函数的创建与调用

内嵌表值函数和多语句表值函数都返回表，二者的不同之处在于内嵌表值函数没有函数主体，返回的表是单个 SELECT 语句的结果集；而多语句表值函数在 BEGIN…END 块中定义的函数主体包含 T-SQL 语句，这些语句可生成行，并将行插入到表中，最后返回表。

视频讲解

创建多语句表值函数的语法格式如下：

```
CREATE FUNCTION [ owner_name.] function_name              / * 定义函数名部分 * /
( [ { { @parameter_name [AS] parameter_data_type [ = DEFAULT] }[ , …n ] ] )
                                                          / * 定义函数参数部分 * /
RETURNS @return_variable table < table_definition >       / * 定义作为返回值的表 * /
[ AS ]
BEGIN
    function_body                                         / * 定义函数体 * /
      RETURN
END
```

@return_variable 是一个 table 类型的变量，用于存储和累积返回的表中的数据行。其余参数与标量函数相同。

【**例 9-25**】　创建多语句表值函数，以 sno 作为实参调用该函数，可显示该学生的姓名以及各门功课的成绩和学分。

```
CREATE FUNCTION st_score (@no char(7)) RETURNS @score table
 ( xs_no char(7) ,
  xs_name char(6) ,
  kc_name char(10) ,
  cj int ,
  xf int )
 AS BEGIN
    INSERT INTO @score
```

```
        SELECT s.sno,s.sname,c.cname,c.credit,sc.score
          FROM student s,course c,sc sc WHERE s.sno = sc.sno
          AND c.cno = sc.cno AND s.sno = @no
        RETURN
    END
```

多语句表值函数的调用与内嵌表值函数的调用方法相同，只能通过 SELECT 语句调用。

【例 9-26】 查询 1302001 号学生的姓名以及各门功课的成绩和学分。

```
SELECT * FROM st_score ('1302001')
```

本例的执行结果如图 9-16 所示。

图 9-16　多语句表值函数举例

9.4　游　　标

在数据库的开发过程中，当用户检索的数据只是一条记录时，用户所编写的事务语句代码往往使用 SELECT 语句。但是常常会遇到这样的情况，即从某一结果集中逐一读取一条记录。那么如何解决这种问题呢？游标（Cursor）提供了一种极为优秀的解决方案。就本质而言，游标实际上是一种能从包含多条数据记录的结果集中每次提取一条记录的机制。

9.4.1　游标概述

在数据库中游标是一个十分重要的概念。关系数据库管理系统实际上是面向集合的，关系数据库中的操作会对整个行集产生影响，由语句所返回的这一完整的行集被称为结果集。在 SQL Server 中并没有一种描述表中单一一行的表达形式，除非使用 WHERE 子句来限制只有一行记录被选中。而应用程序，特别是交互式联机应用程序，并不总能将整个结果集作为一个单元来有效地处理，这些应用程序需要一种机制以便每次处理一行或一部分行。因此必须借助于游标来进行面向单行记录的数据处理。

游标是处理数据的一种方法，它允许应用程序对查询语句 SELECT 返回的结果集中的每一行进行相同或不同的操作，而不是一次对整个结果集进行同一种操作。为了查看或者处理结果集中的数据，游标提供了在结果集中一次一行或者多行前进或向后浏览数据的能力，可以把游标当作一个指针，它可以指定结果中的任何位置，然后允许用户对指定位置的数据进行处理。因此，正是游标把作为面向集合的数据库管理系统和面向行的程序设计两者联系起来，使两个数据处理方式能够进行沟通。

游标通过以下方式扩展结果处理：

（1）允许定位在结果集的特定行。

（2）从结果集的当前位置检索一行或多行。

（3）支持对结果集中当前位置的行进行数据修改。

（4）为由其他用户对显示在结果集中的数据库数据所做的更改提供不同级别的可见性支持。

（5）提供脚本、存储过程和触发器中使用的访问结果集中的数据的 T-SQL 语句。

9.4.2　游标的类型

SQL Server 支持 3 种类型的游标，即 T-SQL 游标、API 游标和客户游标。

1. T-SQL 游标

T-SQL 游标是由 DECLARE CURSOR 语法定义的，主要用在 T-SQL 脚本、存储过程和触发器中。T-SQL 游标主要用在服务器上，由从客户端发送给服务器的 T-SQL 语句或批处理、存储过程、触发器中的 T-SQL 进行管理。T-SQL 游标不支持提取数据块或多行数据。

2. API 游标

API 游标支持在 OLE DB、ODBC 以及 DB_library 中使用游标函数，主要用在服务器上。每一次客户端应用程序调用 API 游标函数，SQL Server 的 OLE DB 提供者、ODBC 驱动器或 DB_library 的动态链接库（DLL）都会将这些客户请求传送给服务器以对 API 游标进行处理。

3. 客户游标

客户游标主要是当在客户机上缓存结果集时才使用。在客户游标中有一个默认的结果集被用来在客户机上缓存整个结果集。客户游标仅支持静态游标而非动态游标。由于服务器游标并不支持所有的 T-SQL 语句或批处理，所以客户游标常常仅被用作服务器游标的辅助。一般情况下服务器游标能支持绝大多数的游标操作。

由于 API 游标和 T-SQL 游标使用在服务器端，所以被称为服务器游标，也被称为后台游标，而客户端游标被称为前台游标。在本章中我们主要讲述服务器（后台）游标。

服务器游标包含静态游标、动态游标、只进游标和键集驱动游标 4 种。

1）静态游标

静态游标的完整结果集将打开游标时建立的结果集存储在临时表中。静态游标始终是只读的，总是按照打开游标时的原样显示结果集；静态游标不反映数据库中做的任何修改，也不反映对结果集行的列值所做的更改；静态游标不显示打开游标后在数据库中新插入的行；静态游标组成结果集的行被其他用户更新，新的数据值不会显示在静态游标中；但是静态游标会显示打开游标以后从数据库中删除的行。

2）动态游标

动态游标与静态游标相反，当滚动游标时动态游标反映结果集中的所有更改。结果集中的行数据值、顺序和成员每次提取时都会改变。

3）只进游标

只进游标不支持滚动，它只支持游标从头到尾顺序提取数据行。只进游标也反映对结果集所做的所有更改。

4）键集驱动游标

键集驱动游标同时具有静态游标和动态游标的特点。当打开游标时，该游标中的成员以及行的顺序是固定的，键集在游标打开时也会存储到临时工作表中，对非键集列的数据值的更改在用户游标滚动时可以看见,在游标打开以后对数据库中插入的行是不可见的,除非关闭重新打开游标。

9.4.3 游标的操作

操作游标有5种基本步骤,即声明游标、打开游标、提取数据、关闭游标和释放游标。

1. 声明游标

和使用其他类型的变量一样,在使用一个游标之前首先应该声明它。游标的声明包括两个部分,即游标的名称和这个游标所用到的 SQL 语句。其语法格式如下:

```
DECLARE cursor_name [INSENSITIVE] [SCROLL] CURSOR
FOR select_statement
[FOR {READ ONLY | UPDATE [OF column_name [,…n]]}]
```

其中参数的含义如下。

- cursor_name:指游标的名字。当游标被成功创建以后,游标名成为该游标的唯一标识,如果在以后的存储过程、触发器或 T-SQL 脚本中使用游标,必须指定该游标的名字。
- INSENSITIVE:表明 SQL Server 会将游标定义所选取出来的数据记录存放在一个临时表内(建立在 tempdb 数据库下)。对该游标的读取操作皆由临时表来应答。因此,对基本表的修改并不影响游标提取的数据,即游标不会随着基本表内容的改变而改变,同时也无法通过游标来更新基本表。如果不使用该保留字,那么对基本表的更新、删除都会反映到游标中。
- SCROLL:表明所有的提取操作(例如 FIRST、LAST、PRIOR、NEXT、RELATIVE、ABSOLUTE)都可用。如果不使用该保留字,那么只能进行 NEXT 提取操作。由此可见,SCROLL 极大地增加了提取数据的灵活性,可以随意读取结果集中的任一行数据记录,而不必关闭再重开游标。
- select_statement:定义结果集的 SELECT 语句。
- READ ONLY:表明不允许游标内的数据被更新,在默认状态下游标是允许更新的。
- UPDATE [OF column_name[,…n]]:定义在游标中可被更新的列,如果不指出要更新的列,那么所有的列都将被更新。

【例 9-27】 声明一个名为 S_Cursor 的游标,用于查询"计算机"专业的所有学生的信息,可以编写以下代码:

```
DECLARE S_Cursor CURSOR FOR
SELECT * FROM student WHERE specialty = '计算机'
```

上面介绍的是 SQL_92 的游标语法规则,下面介绍 SQL Server 提供的扩展游标声明语法,通过增加另外的保留字使游标的功能进一步增强,其语法格式如下:

```
DECLARE cursor_name CURSOR
[LOCAL|GLOBAL]
[FORWARD_ONLY|SCROLL]
[STATIC|KEYSET|DYNAMIC|FAST_FORWARD]
[READ_ONLY|SCROLL_LOCKS|OPTIMISTIC]
[TYPE_WARNING]
```

```
FOR select_statement
[FOR UPDATE [OF column_name [,…n]]]
```

其中参数的含义如下。

- LOCAL：定义游标的作用域仅限在其所在的存储过程、触发器或批处理中。当建立游标的存储过程执行结束以后，游标会被自动释放。因此，经常在存储过程中使用 OUTPUT 保留字，将游标传递给该存储过程的调用者，这样在存储过程执行结束之后可以引用该游标变量，在这种情况下，直到引用该游标的最后一个（就是被释放时）游标才会自动释放。

- GLOBAL：定义游标的作用域是整个会话层。会话层指用户的连接时间，包括从用户登录到 SQL Server 到断开的整段时间。选择 GLOBAL 表明在整个会话层的任何存储过程、触发器或批处理中都可以使用该游标，只有当用户脱离数据库时该游标才会自动释放。

注意：如果既未使用 GLOBAL 也未使用 LOCAL，那么 SQL Server 将定义游标默认为 LOCAL。

- FORWARD_ONLY：指明在从游标中提取数据记录时只能按照从第一行到最后一行的顺序，此时只能选用 FETCH NEXT 操作。除非使用 STATIC、KEYSET 和 DYNAMIC 关键字，否则如果未指明是使用 FORWARD_ONLY 还是使用 SCROLL，那么 FORWARD_ONLY 将成为默认选项，因为若使用 STATIC KEYSET 和 DYNAMIC 关键字，则变成了 SCROLL 游标。另外，如果使用了 FORWARD_ONLY，便不能使用 FAST_FORWARD。

- STATIC：其含义与 INSENSITIVE 选项完全一样。

- KEYSET：指出当游标被打开时游标中列的顺序是固定的，并且 SQL Server 会在 tempdb 数据库内建立一个表，该表即为 KEYSET，KEYSET 的键值可唯一识别游标中的某行数据。当游标拥有者或其他用户对基本表中的非键值数据进行修改时，这种变化能够反映到游标中，所以游标用户或所有者可以通过滚动游标提取这些数据。

- DYNAMIC：指明基础表的变化将反映到游标中，使用这个选项会在最大程度上保证数据的一致性。然而，与 KEYSET 和 STATIC 类型的游标相比较，此类型的游标需要大量的游标资源。

- FAST_FORWARD：指明一个 FORWARD_ONLY 和 READ_ONLY 型游标，此选项已为执行进行了优化。如果 SCROLL 或 FOR_UPDATE 选项被定义，则 FAST_FORWARD 选项不能被定义。

- SCROLL_LOCKS：指明锁被放置在游标结果集所使用的数据上。当数据被读入游标中时就会出现锁。这个选项确保对一个游标进行的更新和删除操作总能被成功执行。如果 FAST_FORWARD 选项被定义，则不能选择该选项。

- OPTIMISTIC：指明在数据被读入游标后，如果游标中的某行数据已发生变化，那么对游标数据进行更新或删除可能会导致失败。如果使用了 FAST_FORWARD 选项，则不能使用该选项。

- TYPE_WARNING：指明若游标类型被修改成与用户定义的类型不同时将发送一个警告信息给客户端。

【例 9-28】 声明一个名为 Sh_Cursor 的游标，用于查询生产商为"青岛海尔"的所有商品的信息，要求该游标是动态的、可前后滚动，其中的单价列数据可以修改。

```
DECLARE Sh_Cursor CURSOR
DYNAMIC FOR
SELECT * FROM goods WHERE producer = '青岛海尔'
FOR UPDATE OF price
```

注意：不可以将 SQL_92 的游标语法规则与 SQL Server 的游标扩展用法混合在一起使用。

2. 打开游标

声明了游标之后，在做其他操作之前必须打开它。打开一个 T-SQL 服务器游标使用 OPEN 命令，其语法规则如下：

```
OPEN { { [GLOBAL] cursor_name } | cursor_variable_name}
```

其中参数的含义如下。

- GLOBAL：定义游标为一个全局游标。
- cursor_name：声明的游标名字。如果一个全局游标和一个局部游标都使用同一个游标名，则如果使用 GLOBAL 便表明其为全局游标，否则表明其为局部游标。
- cursor_variable_name：游标变量。当打开一个游标后，SQL Server 首先检查声明游标的语法是否正确，如果游标声明中有变量，则将变量值带入。

由于打开游标是对数据库进行一些 SELECT 操作，它将耗费一段时间，主要取决于用户使用的计算机的系统性能和这条语句的复杂程度。

【例 9-29】 打开例 9-27 声明的游标。

```
OPEN S_Cursor
GO
```

3. 读取游标

当游标被成功打开以后，就可以从游标中逐行读取数据，以进行相关处理。从游标中读取数据主要使用 FETCH 命令，其语法格式如下：

```
FETCH [[NEXT | PRIOR | FIRST | LAST
| ABSOLUTE {n | @nvar}| RELATIVE {n | @nvar}]
FROM ]{{[ GLOBAL ] cursor_name } | cursor_variable_name}
[INTO @ variable_name [, … n]]
```

其中参数的含义如下。

- NEXT：返回结果集中当前行的下一行，并增加当前行数为返回行的行数。如果 FETCH NEXT 是第一次读取游标中的数据，则返回结果集中的是第一行而不是第二行。
- PRIOR：返回结果集中当前行的前一行，并减少当前行数为返回行的行数。如果 FETCH PRIOR 是第一次读取游标中的数据，则无数据记录返回，并把游标位置设为第一行。
- FIRST：返回游标中的第一行。
- LAST：返回游标中的最后一行。
- ABSOLUTE：如果 n 或@nvar 为正数，则表示从游标中返回的数据行数；如果 n 或

@nvar 为负数,则返回游标内从最后一行数据算起的第 n 或@nvar 行数据。若 n 或
@nvar 超过游标的数据子集范畴,则@@FETCH_STARS 返回−1,在该情况下,如
果 n 或@nvar 为负数,则执行 FETCH NEXT 命令会得到第一行数据,如果 n 或
@nvar 为正值,执行 FETCH PRIOR 命令会得到最后一行数据。n 或@nvar 可以是
一个固定值,也可以是一个 smallint、tinyint 或 int 类型的变量。

- RELATIVE {n | @nvar}:若 n 或@nvar 为正数,则读取从游标当前位置起向后的第
  n 或@nvar 行数据;如果 n 或@nvar 为负数,则读取从游标当前位置起向前的第 n 或
  @nvar 行数据。若 n 或@nvar 超过游标的数据子集范畴,则@@FETCH_STARS 返
  回−1,在该情况下,如果 n 或@nvar 为负数,则执行 FETCH NEXT 命令会得到第一
  行数据;如果 n 或@nvar 为正值,执行 FETCH PRIOR 命令会得到最后一行数据。n
  或@nvar 可以是一个固定值,也可以是一个 smallint、tinyint 或 int 类型的变量。
- INTO @variable_name[,…n]:允许将使用 FETCH 命令读取的数据存放在多个变
  量中。在变量行中的每个变量必须与游标结果集中相应列对应,每一个变量的数据
  类型也要与游标中数据列的数据类型相匹配。

注意:全局变量@@FETCH_STATUS 返回上次执行 FETCH 命令的状态。在每次用
FETCH 从游标中读取数据时都应检查该变量,以确定上次 FETCH 操作是否成功,从而决定
如何进行下一步处理。

【例 9-30】 从例 9-27 声明的游标中读取数据。

```
FETCH NEXT FROM S_ Cursor
GO
```

4. 关闭游标

在处理完游标中的数据之后必须关闭游标来释放数据结果集和定位于数据记录上的锁,
可以使用 CLOSE 语句关闭游标,但此语句不释放游标占用的数据结构。关闭游标的语法格
式如下:

```
CLOSE { { [GLOBAL] cursor_name } | cursor_variable_name }
```

其中参数的含义与 OPEN 命令的相同。

【例 9-31】 关闭 S_ Cursor 游标。

```
CLOSE S_Cursor
GO
```

5. 释放游标

在游标不再需要使用之后要释放游标。DEALLOCATE 语句释放数据结构和游标所加
的锁。释放游标的语法格式如下:

```
DEALLOCATE {{[GLOBAL] cursor_name }| cursor_variable_name}
```

其中参数的含义与 OPEN 命令的相同。

【例 9-32】 释放 S_ Cursor 游标。

```
DEALLOCATE S_Cursor
GO
```

6. 游标的完整实例

【例 9-33】 声明一个 Sh1_Cursor，只显示商品表中的第 3 行和第 5 行数据。

```
DECLARE Sh1_Cursor CURSOR STATIC FOR
SELECT * FROM goods
OPEN Sh1_Cursor
FETCH ABSOLUTE 3 FROM Sh1_Cursor
FETCH ABSOLUTE 5 FROM Sh1_Cursor
CLOSE Sh1_Cursor
DEALLOCATE Sh1_Cursor
```

【例 9-34】 首先显示青岛海尔生产的全部产品；声明 Sh2_Cursor 游标，将青岛海尔生产的产品中的第 3 行数据的单价打八折；再次显示青岛海尔生产的全部产品。

```
SELECT * FROM goods WHERE producer = '青岛海尔'
DECLARE Sh2_Cursor CURSOR
DYNAMIC FOR
SELECT * FROM goods WHERE producer = '青岛海尔'
FOR UPDATE OF price
OPEN Sh2_Cursor
FETCH FETCH RELATIVE 3 FROM Sh2_Cursor
UPDATE goods SET price = price * 0.8 WHERE CURRENT
CLOSE Sh2_Cursor
DEALLOCATE Sh2_Cursor
SELECT * FROM goods WHERE producer = '青岛海尔'
```

习　题　9

1. 什么是标识符？

2. 在 T-SQL 中有几种标识符？它们的区别是什么？

3. 什么是局部变量？什么是全局变量？如何表示它们？

4. 在以下变量名中哪些是合法的变量名？哪些是不合法的变量名？

A1、1a、@x、@@y、& 变量 1、@姓名、姓名、♯m、♯♯n、@@@abc♯♯、@my_name

5. SQL Server 2008 所使用的运算符类别有哪些？

6. 使用 T-SQL 语句计算下列表达式并给出运算结果。

(1) $9-3*5/2+6\%4$　　 (2) $5\&2|4$　　 (3) '你们'＋'好'　　 (4) ~10

7. 给出以下 T-SQL 语句的运行结果。

```
DECLARE @d SMALLDATETIME
SET @d = '2016 - 1 - 26'
SELECT @d + 10,@d - 10
```

8. 什么是批处理？使用批处理有何限制？批处理的结束符是什么？

9. 注释有几类？它们分别是什么？

10. 针对 teaching 库，使用流程控制语句查询学号为 201602001 的学生的各科成绩，如果没有这个学生的选课信息，就显示"此学生未选课"，如果根本查不到此学生的存在，就显示"没有此学生"。

11. 针对 teaching 库,用函数实现求某个专业选修了某门课的学生人数,然后调用此函数。

12. 针对 teaching 库,用函数实现查询某个专业所有学生所选的每门课的平均成绩,然后调用此函数。

13. 针对 inventory 库中的 goods 表,查询商品的价格等级,商品号、商品名和价格等级(单价 1000 元以内为"低价商品",1000~3000 元为"中等价位商品",3000 元以上为"高价商品")。

14. 简述游标的概念及类型。

15. 使用 T-SQL 扩展方式声明一个游标,查询 student 表中所有男生的信息,并读取数据。要求读取最后一条记录;读取第 1 条记录;读取第 5 条记录;读取当前记录指针位置后的第 3 条记录。

第 10 章

存储过程和触发器

在 SQL Server 2008 应用操作中,存储过程和触发器都扮演着相当重要的角色。

存储过程可以使用户对数据库的管理工作变得更容易。在开发一个应用程序时,为了易于修改和扩充,经常会将负责不同功能的语句集中起来而且按照用途分别放置,以便能够反复调用,而这些独立放置且拥有不同功能的语句就是"过程"(Procedure)。

触发器是一种特殊类型的存储过程。当有操作影响到触发器保护的数据时,触发器就会自动触发执行。触发器是与表紧密地联系在一起的,它在特定的表上定义,并与指定的数据修改事件相对应,它是一种功能强大的工具,可以扩展 SQL Server 完整性约束、默认值对象和规则的完整性检查逻辑,实施更为复杂的数据完整性约束。

本章主要介绍存储过程的基本概念,存储过程的创建、修改、调用和删除操作;触发器的基本概念,触发器的分类,触发器的创建、修改和删除,以及触发器的应用。

10.1　存　储　过　程

SQL Server 2008 的存储过程(Stored Procedure)就是一个具有独立功能的子程序,以特定的名称存储在数据库中。用户可以在存储过程中声明变量、有条件的执行(分支结构等)以及执行其他各项强大的程序设计功能。

10.1.1　存储过程概述

视频讲解

存储过程是 T-SQL 语句和可选流程控制语句的预编译集合,它以一个名称存储并作为一个单元处理,能够提高系统的应用效率和执行速度。SQL Server 提供了许多系统存储过程,以管理 SQL Server 和显示有关数据库和用户的信息。

存储过程是一种独立存储在数据库中的对象,可以接受输入参数、输出参数,返回单个或多个结果集以及返回值,由应用程序通过调用执行。存储过程可以由客户调用,也可以从另一个过程或触发器调用,参数可以被传递和返回,出错代码也可以被检验。

存储过程最主要的特色是在写完一个存储过程之后即被翻译成可执行码存储在系统表内,当作数据库的对象之一,一般用户只要执行存储过程并且提供存储过程所需的参数就可以得到所要的结果而不必再去编辑 T-SQL 命令。

一般来讲,应使用 SQL Server 中的存储过程而不应使用存储在客户计算机本地的 T-SQL 程序,其优势主要表现在以下几个方面。

视频讲解

(1) 允许模块化程序设计:只需创建一次并将其存储在数据库中,以后即可在程序中调用该过程任意次。存储过程可由在数据库编程方面有专长的人员创建,并可独立于程序源代码单独修改。如果业务规则发生变化,可以通过修改存储过程来适应新的业务规则,而不必修改客户端的应用程序,这样所有调用该存储过程的应用程序就会遵循新的业务规则。

（2）允许更快速地执行：如果某操作需要大量 T-SQL 语句或需要重复执行,存储过程将比 T-SQL 批处理代码的执行要快。在创建存储过程时对其进行分析和优化并预先编译好放在数据库内,减少编译语句所花的时间；编译好的存储过程会进入缓存,所以对于经常执行的存储过程,除了第一次执行以外,其他次执行的速度会有明显提高。而客户计算机本地的 T-SQL 语句每次运行时都要从客户端重复发送,并且在 SQL Server 每次执行这些语句时都要对其进行编译和优化。

（3）减少网络流量：一个需要数百行 T-SQL 语句的操作由一条执行过程代码的单独语句就可以实现,而不需要在网络中发送数百行代码。

（4）可作为安全机制使用,提高数据库的安全性：数据库用户可以通过得到权限来执行存储过程,而不必给予用户直接访问数据库对象的权限。这些对象将由存储过程来执行操作,另外,存储过程可以加密,这样用户就无法阅读存储过程中的 T-SQL 语句。这些安全特性将数据库结构和数据库用户隔离开来,这也进一步保证了数据的完整性和可靠性。

10.1.2　存储过程的类型

视频讲解

1. 系统存储过程

存储过程在运行时生成执行方式,其后在运行时执行速度很快。SQL Server 2008 中的许多管理活动都是通过一种特殊的存储过程执行的,这种存储过程被称为系统存储过程。系统过程主要存储在 master 数据库中并以 sp_为前缀,并且系统存储过程主要是从系统表中获取信息,从而为数据库系统管理员管理 SQL Server 提供支持。通过系统存储过程,SQL Server 中的许多管理性或信息性的活动（如获取数据库和数据库对象的信息）都可以被顺利、有效地完成。

尽管这些系统存储过程被存储在 master 数据库中,但是仍可以在其他数据库中对其进行调用,在调用时不必在存储过程名前加上数据库名。而且在创建一个数据库时,一些系统存储过程会在新的数据库中被自动创建。

SQL Server 2008 系统存储过程是为用户提供方便的,它们使用户可以很容易地从系统表中提取信息、管理数据库,并执行涉及更新系统表的其他任务。

如果过程以 SP_开始,又在当前数据库中找不到,SQL Server 2008 就在 master 数据库中寻找。当系统存储过程的参数是保留字或对象名,且对象名由数据库或拥有者名字限定时,整个名字必须包含在单引号中。一个用户可以拥有在所有数据库中执行一个系统存储过程的许可权,否则在任何数据库中都不能执行系统存储过程。

2. 本地存储过程

本地存储过程也就是用户自行创建并存储在用户数据库中的存储过程,一般所说的存储过程指的就是本地存储过程。

用户创建的存储过程是由用户创建并能完成某一特定功能（如查询用户所需的数据信息）的存储过程。

3. 临时存储过程

临时存储过程可分为本地临时存储过程和全局临时存储过程两种类型。

1）本地临时存储过程

不论哪一个数据库是当前数据库，如果在创建存储过程时其名称以"♯"号开头，则该存储过程将成为一个存放在 tempdb 数据库中的本地临时存储过程。本地临时存储过程只有创建它的用户才能够执行，而且一旦这位用户断开与 SQL Server 的连接，本地临时存储过程就会自动删除。当然，这位用户也可以在连接期间用 DROP PROCEDURE 命令删除他所创建的本地临时存储过程。

2）全局临时存储过程

不论哪一个数据库是当前数据库，只要所创建的存储过程名称是以两个"♯"号开头，则该存储过程将成为一个存储在 tempdb 数据库中的全局临时存储过程。全局临时存储过程一旦创建，以后连接到 SQL Server 2008 的任何用户都能执行它，而且不需要特定的权限。

当创建全局临时存储过程的用户断开与 SQL Server 2008 的连接时，SQL Server 2008 将检查是否有其他用户正在执行该全局临时存储过程，如果没有，便立即将全局临时存储过程删除；如果有，SQL Server 2008 会让这些正在执行中的操作继续进行，但是不允许任何用户再执行全局临时存储过程，等到所有未完成的操作执行完后，全局临时存储过程就会自动删除。

不论用户创建的是本地临时存储过程还是全局临时存储过程，只要 SQL Server 2008 停止运行，它们将不复存在。

4. 远程存储过程

在 SQL Server 2008 中远程存储过程是位于远程服务器上的存储过程，通常可以使用分布式查询和 EXECUTE 命令执行一个远程存储过程。

5. 扩展存储过程

扩展存储过程是用户可以使用外部程序语言（例如 C 语言）编写的存储过程。显而易见，扩展存储过程可以弥补 SQL Server 2008 的不足，并按需要自行扩展其功能。

扩展存储过程在使用和执行上与一般的存储过程完全相同，为了区别，扩展存储过程的名称通常以 XP_开头。扩展存储过程是以动态链接库（DLL）的形式存在的，能让 SQL Server 2008 动态地装载和执行。扩展存储过程一定要存储在系统数据库 master 中。

10.1.3 创建存储过程

在 SQL Server 2008 中创建存储过程主要有两种方式，一种方式是在 SQL Server Management Studio 中创建存储过程，另一种方式是通过在查询窗口中执行 T-SQL 语句创建存储过程。

1. 在 SQL Server Management Studio 中创建存储过程

在 SQL Server Management Studio 中创建存储过程的步骤如下：

（1）打开 SQL Server Management Studio，展开要创建存储过程的数据库，展开"可编程性"选项，可以看到存储过程列表中系统自动为数据库创建的系统存储过程。右击"存储过程"选项，选择"新建存储过程"命令，如图 10-1 所示。

（2）出现创建存储过程的 T-SQL 命令，编辑相关的命令即可，如图 10-2 所示。

（3）命令编辑成功后进行语法检查，然后单击"！"按钮，至此一个新的存储过程建立成功。

注意：用户只能在当前数据库中创建存储过程，数据库的拥有者有默认的创建权限，权限也可以转让给其他用户。

图 10-1 在 SQL Server Management Studio 中创建存储过程

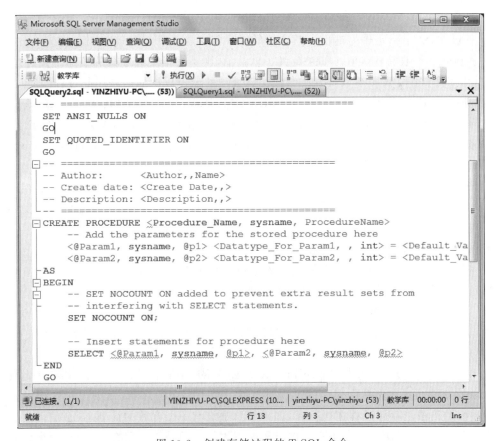

图 10-2 创建存储过程的 T-SQL 命令

2. 使用 T-SQL 语句创建存储过程

SQL Server 2008 提供了 CREATE PROCEDURE 语句创建存储过程。

其语法格式如下：

视频讲解

```
CREATE { PROC | PROCEDURE } procedure_name [ ; number ]
 [ { @parameter data_type }
 [ VARYING ] [ = default ] [ [ OUT [ PUT ] ] [ , … n ]
[ WITH { RECOMPILE | ENCRYPTION | RECOMPILE , ENCRYPTION } [ , … n ] ]
```

```
[FOR REPLICATION]
AS sql_statement [ … n ]
```

其中参数的含义如下。

- procedure_name：新建存储过程的名称。过程名必须符合标识符的命名规则，且对于数据库及其所有者必须唯一。
- number：可选的整数，用来对同名的过程分组，以便用一条 DROP PROCEDURE 语句即可将同组的过程一起除去。
- @parameter：过程中的参数，在 CREATE PROCEDURE 语句中可以声明一个或多个参数。存储过程最多可以指定 2100 个参数，使用@符号作为第一个字符来指定参数名称，参数名称必须符合标识符的命名规则。
- data_type：参数的数据类型，所有数据类型（包括 text、ntext 和 image）均可用作存储过程的参数。
- VARYING：指定作为输出参数支持的结果集。
- default：参数的默认值。如果定义了默认值，则不必指定该参数的值即可执行过程。
- OUT[PUT]：表明参数是返回参数。该选项的值可以返回给调用此过程的应用程序。
- RECOMPILE｜ENCRYPTION｜RECOMPILE, ENCRYPTION：RECOMPILE 表明 SQL Server 不会缓存该过程的计划，该过程在运行时重新编译；ENCRYPTION 表示 SQL Server 加密用 CREATE PROCEDURE 语句创建存储过程的定义，使用 ENCRYPTION 可防止将过程作为 SQL Server 复制的一部分发布。
- FOR REPLICATION：指定不能在订阅服务器上执行为复制创建的存储过程。使用 FOR REPLICATION 选项创建的存储过程可用作存储过程筛选，且只能在复制过程中执行。此选项不能和 WITH RECOMPILE 选项一起使用。
- AS：指定过程要执行的操作。
- sql_statement：过程要包含的任意数目和类型的 T-SQL 语句。

在创建存储过程时，用户应当注意以下几点：

（1）存储过程最大不能超过 128MB。

（2）用户定义的存储过程只能在当前数据库中创建，但是临时存储过程通常是在 tempdb 数据库中创建的。

（3）在一条 T-SQL 语句中 CREATE PROCEDURE 不能和其他 T-SQL 语句一起使用。

（4）SQL Server 允许在创建存储过程时引用一个不存在的对象，在创建时系统只检查创建存储过程的语法。存储过程在执行时，如果缓存中没有一个有效的计划，则会编译生成一个可执行计划，只有在编译时才会检查存储过程所引用的对象是否都存在。这样，一个创建存储过程语句只要在语法上没有错误，即使引用了不存在的对象也是可以成功创建的。但是，如果在执行时存储过程引用了一个不存在的对象，这次执行操作将会失败。

【例 10-1】 在 teaching 库中创建无参存储过程，查询每个学生的平均成绩。

视频讲解

```
USE teaching
GO
CREATE PROCEDURE student_avg
AS
SELECT sno, avg(score) AS 'avgstore' FROM sc
GROUP BY sno
GO
```

执行命令,存储过程创建成功,如图 10-3 所示。

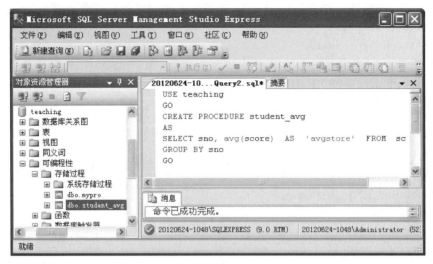

图 10-3 创建存储过程 student_avg

成功执行 CREATE PROCEDURE 语句以后,创建的存储过程的名称存储在 sysobjects 系统表中,而 CREATE PROCEDURE 语句的文本存储在 syscomments 中。

【例 10-2】 在 teaching 库中创建带参数的存储过程,查询某个学生的学号、姓名、专业、其选修的所有课程的课程号和考试成绩以及平均成绩。

```
USE teaching
GO
CREATE PROCEDURE GetStudent @number char(7)
AS
SELECT s. sno ,sname,specialty,cno,score FROM student s,sc
WHERE s. sno = @number AND s. sno = sc. sno
compute avg(score)
GO
```

【例 10-3】 在 teaching 库中创建带参数的存储过程,修改某个学生的某门课的成绩。

```
USE teaching
GO
CREATE PROCEDURE Update_score @number char(7),@cno char(4),@score int
AS UPDATE sc SET score = @score
    WHERE sno = @number AND cno = @cno
```

视频讲解

【例 10-4】 使用流程控制语句在 inventory 数据库中创建存储过程,修改某商品的单价,如果库存总量大于某个值,就打九折。

```
USE inventory
GO
CREATE PROCEDURE Update_price @gno char(3), @s float
AS
 IF (SELECT sum(number) FROM invent WHERE gno = @gno )> @s
    UPDATE goods SET price = price * 0.9
    WHERE gno = @gno
```

视频讲解

视频讲解

【例 10-5】 在 teaching 库中创建带有参数和默认值（通配符）的存储过程，从 student 表中返回指定学生（提供姓名）的信息。该存储过程对传递的参数进行模式匹配，如果没有提供参数，则返回所有学生的信息。

```
USE teaching
GO
CREATE PROCEDURE Student_Name @sname varchar(40) = '%'
AS
   SELECT * FROM student WHERE sname LIKE @sname
GO
```

视频讲解

【例 10-6】 在 inventory 数据库中创建带 OUTPUT 参数的存储过程，用于计算指定商品的平均价格，在存储过程中使用一个输入参数（商品名）和一个输出参数（平均价格）。

```
USE inventory
GO
CREATE PROCEDURE avgprice @gn varchar(20), @avgp int OUTPUT
AS
   SELECT @avgp = avg(price) FROM goods WHERE gname = @gn
GO
```

10.1.4　执行存储过程

执行存储过程可以使用 SQL Server Management Studio 界面，也可以使用 T-SQL 语句中的 EXECUTE 命令。

1. 使用 SQL Server Management Studio 执行存储过程

在 SQL Server Management Studio 中执行存储过程的步骤如下：

（1）打开 SQL Server Management Studio，展开存储过程所在的数据库，展开"可编程性"选项，右击存储过程名，如 teaching 中的 GetStudent，在弹出的快捷菜单中选择"执行存储过程"命令，如图 10-4 所示。

图 10-4　执行存储过程的快捷菜单

（2）进入"执行过程"对话框，输入要查询的学生的学号，如"1302001"，如图 10-5 所示。

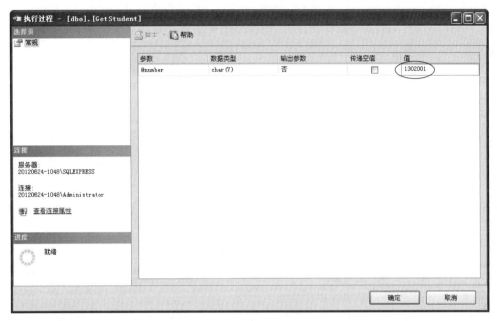

图 10-5 输入参数值

（3）单击"确定"按钮，执行结果如图 10-6 所示。

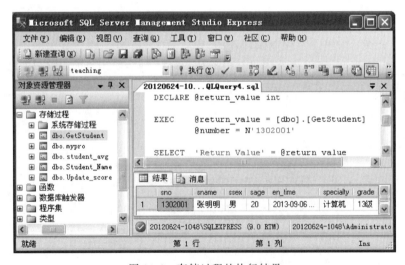

图 10-6 存储过程的执行结果

2. 使用 T-SQL 语句执行存储过程

如果执行存储过程是批处理中的第一条语句，那么不使用 EXECUTE 关键字也可以执行该存储过程。对于存储过程的所有者或任何一名对此过程拥有 EXECUTE 权限的用户，都可以执行此存储过程。如果需要在启动 SQL Server 时系统自动执行存储过程，可以使用 sp_procoption 进行设置。如果被调用的存储过程需要参数输入，在存储过程名后逐一给定，参数用逗号隔开，不必使用括号。如果没有使用@参数名＝default 这种方式传入值，则参数的排列必须和建立存储过程时所定义的顺序对应，用来接受输出值的参数必须加上 OUTPUT。

视频讲解

EXECUTE 可以简写为 EXEC，如果存储过程是批处理中的第一条语句，那么可以省略 EXECUTE 关键字。对于以 sp_ 开头的系统存储过程，系统将在 master 数据库中查找。如果执行用户自定义的以 sp_ 开头的存储过程，就必须用数据库名和所有者名限定。

EXECUTE 语句的语法格式如下：

```
[ [EXEC[UTE] ] [@return_status = ] procedure_name[;number]
{[[@parameter = ]value | [@ parameter = ] @variable [OUTPUT]]}
[WITH RECOMPILE ]
```

其中参数的含义如下。

- @return_status：一个可选的整型变量，保存存储过程的返回状态。
- procedure_name：执行的存储过程的名称。
- number：可选的整数，用于将相同名称的过程进行组合，使得它们可以用一个 DROP PRDCEDURE 语句除去。
- @parameter：过程参数，在 CREATE PROCEDURE 语句中定义。参数名称前必须加上符号@。在以"@parameter = value"格式使用时，参数名称和常量可以不按 CREATE PROCEDURE 语句中定义的顺序出现。
- value：过程中参数的值。如果参数名称没有指定，参数值必须以 CREATE PRDCEDURE 语句中定义的顺序给出。
- @variable：用来保存参数或者返回参数的变量。
- OUTPUT：指定存储过程必须返回一个参数。该存储过程的匹配参数也必须由关键字 OUTPUT 创建。
- WITH RECOMPILE：强制编译新的计划。如果所提供的参数为非典型参数或者数据有很大的改变，使用该选项将在以后的程序执行中使用更改过的计划。

视频讲解

【例 10-7】 执行存储过程 student_avg。

```
EXECUTE student_avg
```

执行结果如图 10-7 所示。

图 10-7　执行存储过程 student_avg

【**例 10-8**】　执行带参数的存储过程 GetStudent,查询 1302001 号学生的学号、姓名、专业,以及其选修的所有课程的课程号和考试成绩、平均成绩。

```
EXECUTE GetStudent '1302001'
```

【**例 10-9**】　执行修改成绩的存储过程 Update_score,将 1302001 号学生选修的 C001 号课程的成绩改为 100。

```
EXECUTE Update_score '1302001','C001',100
```

【**例 10-10**】　执行修改单价的存储过程 Update_price,如果"ds_018"号商品的库存超过 20,则单价打九折。

```
EXECUTE Update_price 'ds - 018',20
```

【**例 10-11**】　执行带有参数和默认值(通配符)的存储过程 Student_Name。

(1) 显示所有学生的信息:

```
EXECUTE Student_Name
```

(2) 显示学生"张明明"的信息:

```
EXECUTE Student_Name '张明明'
```

【**例 10-12**】　执行带有输入和输出参数的存储过程 avgprice。

```
Declare @avgage int
EXECUTE avgprice '冰箱',@avgage OUTPUT
Print '冰箱的平均价格: '+ str(@avgage)
```

执行结果如图 10-8 所示。

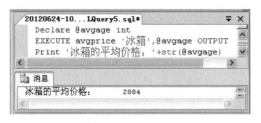

图 10-8　存储过程 avgprice 的执行结果

10.1.5　查看存储过程

视频讲解

查看存储过程可以使用 SQL Server Management Studio 界面,也可以使用 T-SQL 语句。

1. 使用 SQL Server Management Studio 查看存储过程

(1) 打开 SQL Server Management Studio,展开存储过程所在的数据库,展开"可编程性"选项,右击存储过程名,如 teaching 中的 GetStudent,在弹出的快捷菜单中选择"编写存储过程脚本为"命令,然后选择"CREATE 到",再选择"新查询编辑器窗口",如图 10-9 所示。

(2) 进入"查询编辑器"窗口,可以看到 CREATE PROCEDURE 代码,如图 10-10 所示。

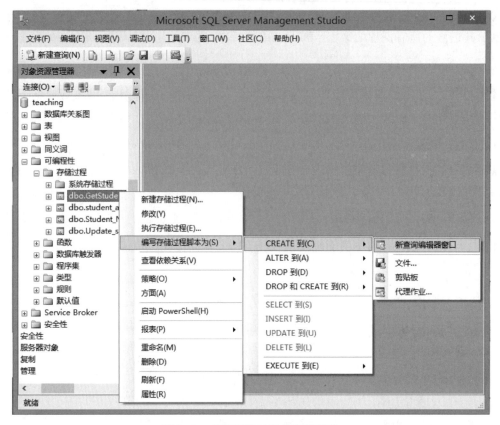

图 10-9   查看存储过程的快捷菜单

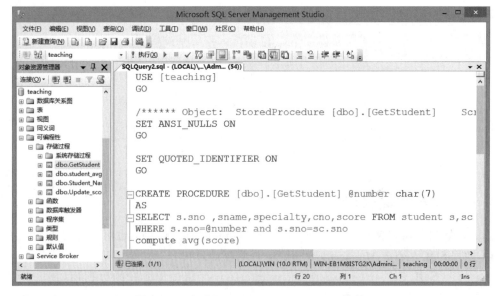

图 10-10   查看 CREATE PROCEDURE 代码

2. 使用 T-SQL 语句查看存储过程

用户可以执行系统存储过程 sp_helptext 查看创建存储过程的命令语句，也可以执行系统存储过程 sp_help 查看存储过程的名称、拥有者、类型、创建时间以及存储过程中所使用的参数信息。

其语法格式分别如下：

sp_helptext 存储过程名称
sp_help 存储过程名称

【例 10-13】　查看存储过程 avgprice 的相关信息。

（1）sp_helptext avgprice

执行结果如图 10-11 所示。

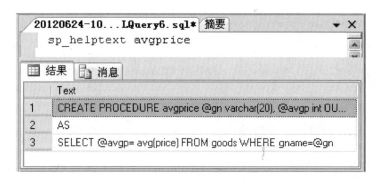

图 10-11　用 sp_helptext 查看存储过程 avgprice

（2）sp_help avgprice

执行结果如图 10-12 所示。

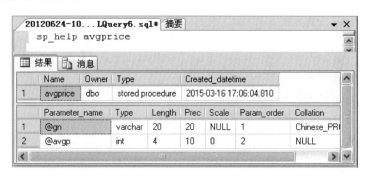

图 10-12　用 sp_help 查看存储过程 avgprice

10.1.6　修改和删除存储过程

1. 修改存储过程

对于修改存储过程，用户可以在 SQL Server Management Studio 中右击要修改的存储过程，选择"修改"命令进行，与创建时的步骤基本相同，也可以通过 T-SQL 中的 ALTER 语句来完成。

ALTER 语句的语法格式如下：

```
ALTER { PROC | PROCEDURE } procedure_name [ ; number ]
    [ { @parameter data_type }
    [ VARYING ] [ = default ] [ [ OUT [ PUT ] ] [ ,…n ]
[ WITH { RECOMPILE | ENCRYPTION | RECOMPILE , ENCRYPTION } [ ,…n ] ]
```

```
[FOR REPLICATION]
AS sql_statement [ …n ]
```

注：其中的参数与 CREATE PROCEDURE 语句中的参数相同。

【例 10-14】 修改存储过程 avgprice 除了用于计算指定商品的平均价格以外，还用于计算此类商品的库存总数量，在存储过程中使用一个输入参数（商品名）和两个输出参数（平均价格和总数量）。

```
USE inventory
GO
ALTER PROCEDURE avgprice
@gn varchar(20), @avgp int OUTPUT, @sum int OUTPUT
AS
SELECT @avgp = avg(price), @sum = sum(number) FROM goods AS g, invent AS i
WHERE gname = @gn AND g.gno = i.gno
GO
```

【例 10-15】 执行修改后的存储过程 avgprice。

```
Declare @avgp int, @sum int
EXECUTE avgprice '冰箱', @avgp OUTPUT, @sum OUTPUT
Print '冰箱的平均价格：' + str(@avgp) + '库存总量：' + str(@sum)
```

执行结果如图 10-13 所示。

图 10-13　修改后的存储过程 avgprice 的执行结果

2. 删除存储过程

对于不需要的存储过程，可以在 SQL Server Management Studio 中右击要删除的存储过程，选择"删除"命令将其删除，也可以使用 T-SQL 语句中的 DROP PROCEDURE 命令将其删除。如果另一个存储过程调用某个已删除的存储过程，则 SQL Server 2008 会在执行该调用过程时显示一条错误信息。如果定义了同名和参数相同的新存储过程来替换已删除存储过程，那么引用该过程的其他过程仍能顺利执行。

删除存储过程的 T-SQL 语句的语法格式如下：

```
DROP PROCEDURE {procedure_name} [, …n]
```

procedure_name 指要删除的存储过程或存储过程组的名称。

【例 10-16】 删除存储过程 avgprice。

```
DROP PROCEDURE avgprice
```

10.2 触 发 器

就本质而言,触发器也是一种存储过程,它在特定语言事件发生时自动执行。

10.2.1 触发器概述

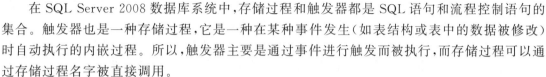

在 SQL Server 2008 数据库系统中,存储过程和触发器都是 SQL 语句和流程控制语句的集合。触发器也是一种存储过程,它是一种在某种事件发生(如表结构或表中的数据被修改)时自动执行的内嵌过程。所以,触发器主要是通过事件进行触发而被执行,而存储过程可以通过存储过程名字被直接调用。

10.2.2 触发器的分类

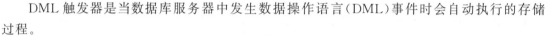

1. DML 触发器

DML 触发器是当数据库服务器中发生数据操作语言(DML)事件时会自动执行的存储过程。

DML 事件包括在指定表或视图中修改数据的 INSERT 语句、UPDATE 语句或 DELETE 语句。当对某一张表或视图进行 UPDATE、INSERT、DELETE 这些操作时,SQL Server 2008 就会自动执行触发器所定义的 SQL 语句,从而确保对数据的处理符合由这些 SQL 语句所定义的规则,触发器的主要作用是其能实现由主键和外键所不能保证的复杂的参照完整性和数据的一致性,有助于强制引用完整性,以便在添加、更新或删除表中的行时保留表之间已定义的关系。

DML 触发器可以查询其他表,还可以包含复杂的 T-SQL 语句。系统将触发器和触发它的语句作为可在触发器内回滚的单个事务对待,如果检测到错误(例如磁盘空间不足),则整个事务自动回滚。

DML 触发器经常用于强制执行业务规则和数据完整性。SQL Server 通过 ALTER TABLE 和 CREATE TABLE 语句来提供声明引用完整性。引用完整性是指有关表的主键和外键之间的关系的规则。若要强制实现引用完整性,请在 ALTER TABLE 和 CREATE TABLE 中使用 PRIMARY KEY 和 FOREIGN KEY 约束。如果触发器所在的表上存在约束,则在 INSTEAD OF 触发器执行之后和 AFTER 触发器执行之前检查这些约束。如果违反了约束,则将回滚 INSTEAD OF 触发器操作,并且不激活 AFTER 触发器。

SQL Server 2008 的 DML 触发器分为下面两类。

(1) AFTER 触发器:这类触发器在记录已经改变完之后才会被激活执行,它主要是用于记录变更后的处理或检查,一旦发现错误,也可以用 ROLLBACK TRANSACTION 语句来回滚本次的操作。

以删除记录为例:当 SQL Server 接收到一个要执行删除操作的 SQL 语句时,SQL Server 先将要删除的记录存放在一个临时表(删除表)里,然后把数据表里的记录删除,再激活 AFTER 触发器,执行 AFTER 触发器里的 SQL 语句。执行完后,删除内存中的删除表,退出整个操作。

(2) INSTEAD OF 触发器:与 AFTER 触发器不同,这类触发器一般是用来取代原本的操作,在记录变更之前发生的,它并不去执行原来 SQL 语句里的操作(UPDATE、INSERT、

DELETE），而是去执行触发器本身所定义的操作。

DML 触发器的优点如下：

由于在 DML 触发器中可以包含复杂的处理逻辑，所以应该将 DML 触发器用来保持低级的数据的完整性，而不是返回大量的查询结果。

使用 DML 触发器主要可以实现以下操作。

（1）强制比 CHECK 约束更复杂的数据的完整性：在数据库中要实现数据的完整性的约束，可以使用 CHECK 约束或触发器来实现。但是在 CHECK 约束中不允许引用其他表中的列来完成检查工作，而触发器可以引用其他表中的列来完成数据的完整性的约束。

（2）使用自定义的错误提示信息：用户有时需要在数据的完整性遭到破坏或其他情况下使用预先自定义好的错误提示信息或动态自定义的错误提示信息。通过使用触发器，用户可以捕获破坏数据的完整性的操作，并返回自定义的错误提示信息。

（3）实现数据库中多张表的级联修改：用户可以通过触发器对数据库中的相关表进行数据的级联修改。

（4）比较数据库修改前后数据的状态：触发器提供了访问由 INSERT、UPDATE 或 DELETE 语句引起的数据前后状态变化的能力，因此用户就可以在触发器中引用由于修改所影响的记录行。

（5）调用存储过程：约束本身是不能调用存储过程的，但是触发器本身就是一种存储过程，而存储过程是可以嵌套使用的，所以触发器也可以调用一个或多个存储过程。

（6）维护非规范化数据：用户可以使用触发器来保证非规范数据库中的低级数据的完整性。维护非规范化数据与表的级联是不同的。表的级联指的是不同表之间的主外键关系，维护表的级联可以通过设置表的主键与外键的关系来实现。而非规范数据通常是指在表中派生的、冗余的数据值，维护非规范化数据应该通过使用触发器来实现。

2. DDL 触发器

DDL 触发器是 SQL Server 2005 以后的版本新增的一个触发器类型，是一种特殊的触发器，它在响应数据定义语言（DDL）语句时触发，一般用于在数据库中执行管理任务。

添加、删除或修改数据库的对象一旦误操作，可能会导致大麻烦，需要一个数据库管理员或开发人员对相关可能受影响的实体重写代码。为了在数据库结构发生变动而出现问题时能够跟踪问题和定位问题的根源，可以利用 DDL 触发器来记录类似"用户建立表"这种变化的操作，这样可以大大减轻跟踪和定位数据库模式变化的烦琐程度。

与 DML 触发器一样，DDL 触发器也是通过事件激活并执行其中的 SQL 语句的。但是与 DML 触发器不同，DML 触发器是响应 UPDATE、INSERT 或 DELETE 语句而激活的，DDL 触发器是响应 CREATE、ALTER、DROP、GRANT、DENY、REVOKE 和 UPDATE STATISTICS 等语句而激活的。

一般来说，在以下几种情况下可以使用 DDL 触发器：

（1）数据库里的库架构或数据表架构很重要，不允许被修改。

（2）防止数据库或数据表被误操作删除。

（3）在修改某个数据表结构的同时修改另一个数据表的相应的结构。

（4）要记录对数据库结构操作的事件。

10.2.3　创建 DML 触发器

用户在创建触发器前需要注意以下问题。

视频讲解

（1）CREATE TRIGGER 语句必须是批处理中的第一条语句，只能用于一个表或视图。

（2）创建触发器的权限默认为表的所有者，不能将该权限转给其他用户。

（3）虽然触发器可以引用当前数据库以外的对象，但只能在当前数据库中创建。

（4）虽然不能在临时表或系统表上创建触发器，但是触发器可以引用临时表。另外，不应引用系统表，而应使用信息架构视图。

（5）在含有用 DELETE 或 UPDATE 操作定义的外键的表中不能定义 INSTEAD OF 触发器。

（6）虽然 TRUNCATE TABLE 语句类似于没有 WHERE 子句的 DELETE 语句，但不会激发 DELETE 触发器，因为 TRUNCATE TABLE 语句没有记录日志。

在创建 DML 触发器时需指定以下几项内容：

（1）触发器的名称。

（2）在其上定义触发器的表。

（3）触发器将何时激发。

（4）激活触发器的数据修改语句，有效选项为 INSERT、UPDATE 或 DELETE，多个数据修改语句可激活同一个触发器。

在 SQL Server 2008 中创建 DML 触发器主要有两种方式，即在 SQL Server Management Studio 中创建或在查询窗口中执行 T-SQL 语句创建。

1. 在 SQL Server Management Studio 中创建 DML 触发器

在 SQL Server Management Studio 中创建 DML 触发器的步骤如下。

（1）打开 SQL Server Management Studio，展开要创建 DML 触发器的数据库和其中的表或视图（如 student 表），右击"触发器"选项，选择"新建触发器"命令，如图 10-14 所示。

图 10-14　在 SQL Server Management Studio 中创建 DML 触发器

（2）出现创建触发器的 T-SQL 语句，编辑相关的命令即可，如图 10-15 所示。

（3）命令编辑成功后进行语法检查，然后单击"！执行"按钮，至此一个 DML 触发器建立成功。

2. 使用 T-SQL 语句创建 DML 触发器

SQL Server 2008 提供了 CREATE TRIGGER 语句创建触发器。

其语法格式如下：

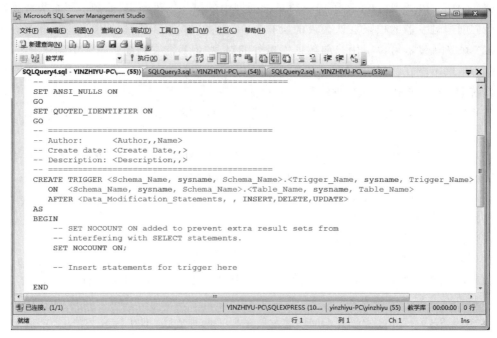

图 10-15　创建 DML 触发器的 T-SQL 语句

```
CREATE TRIGGER trigger_name
ON { table_name | view }
[WITH ENCRYPTION]
{ FOR | AFTER | INSTEAD OF }
{ [ INSERT ] [ DELETE ] [ UPDATE ] }
[NOT FOR REPLICATION]
AS sql_statement [ … n ]
```

其中参数的含义如下。

- trigger_name：触发器的名称，触发器名称必须符合标识符规则，并且在数据库中必须唯一。用户可以选择是否指定触发器的所有者名称。

- table_name | view：在其上执行触发器的表或视图，可以选择是否指定表或视图的所有者名称。

- WITH ENCRYPTION：加密 syscomments 表中包含 CREATE TRIGGER 语句文本的条目。使用 WITH ENCRYPTION 可防止将触发器作为 SQL Server 复制的一部分发布，这是为了满足数据安全的需要。

- AFTER：指定触发器只有在触发 SQL 语句中指定的所有操作都已经成功执行后才激发。所有的引用级联操作和约束检查也必须成功完成后才能执行此触发器。如果仅指定 FOR 关键字，则 AFTER 是默认设置。注意，不能在视图上定义 AFTER 触发器。

- INSTEAD OF：指定执行触发器而不是执行触发语句，从而替代触发语句的操作。在表或视图上，每个 INSERT、DELETE 或 UPDATE 语句最多可以定义一个 INSTEAD OF 触发器。如果在对一个可更新的视图定义时使用了 WITH CHECK OPTION 选项，则 INSTEAD OF 触发器不允许在这个视图上定义，用户必须用 ALTER VIEW 删除该选项后才能定义 INSTEAD OF 触发器。

对于 INSTEAD OF 触发器,不允许在具有 ON DELETE 级联操作引用关系的表上使用 DELETE 选项,同样也不允许在具有 ON UPDATE 级联操作引用关系的表上使用 UPDATE 选项。

- INSERT、DELETE、UPDATE:指在表或视图上执行哪些数据修改语句时激活触发器的关键字。其中必须至少指定一个选项,允许使用以任意顺序组合的关键字,多个选项之间需要用逗号分隔。
- NOT FOR REPLICATION:表示当复制进程更改触发器所涉及的表时不应执行该触发器。
- sql_statement:定义触发器被触发后将执行的数据库操作,它指定触发器执行的条件和动作。触发器条件是除引起触发器执行的操作外的附加条件;触发器动作是指当前用户执行激发触发器的某种操作并满足触发器的附加条件时触发器所执行的动作。

首先举一个在数据库上创建 DDL 触发器的例子,其语法结构与创建 DML 触发器的基本相同。

【例 10-17】 使用 DDL 触发器 limited 防止数据库中的任何一表被修改或删除。

```
USE teaching
GO
CREATE TRIGGER limited ON database
FOR DROP_TABLE, ALTER_TABLE
AS
    PRINT '名为 limited 的触发器不允许您执行对表的修改或删除操作!'
    ROLLBACK
```

以上 T-SQL 语句执行成功之后,在 teaching 中就创建了一个 DDL 触发器 limited。打开 SQL Server Management Studio,展开 teaching 数据库下的"可编程性"选项,再展开"数据库触发器"就可以看到刚刚创建的触发器 limited,如图 10-16 所示。

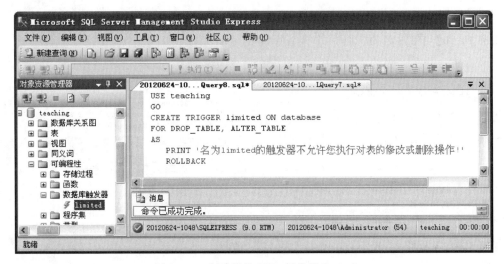

图 10-16 创建好的 DDL 触发器 limited

【例 10-18】 假定有修改 student 表权限的某用户要修改 student 表,添加一个"出生日期"列"birthday datetime"。

```
ALTER TABLE student
ADD birthday datetime
```

执行结果如图 10-17 所示。

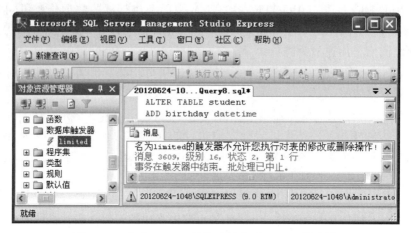

图 10-17　修改 student 结构时触发了 limited 触发器

所以，当任一用户在 teaching 库中试图修改表的结构或删除表时都会触发 limited 触发器。该触发器显示提示信息，并回滚用户试图执行的操作。

【例 10-19】　为 student 表创建一个简单 DML 触发器，在插入和修改数据时都会自动显示提示信息。

视频讲解

```
USE teaching
GO
CREATE TRIGGER reminder ON student
FOR INSERT,UPDATE
AS PRINT '你在插入或修改 student 的数据'
```

【例 10-20】　将姓名为"刘梅"的学生的名字改为"刘小梅"。

```
UPDATE student SET sname = '刘小梅' WHERE sname = '刘梅'
```

执行结果如图 10-18 所示。

【例 10-21】　为 student 表创建一个 DML 触发器，在插入和修改数据时都会自动显示所有学生的信息。

```
CREATE TRIGGER print_table ON student
FOR INSERT,UPDATE
AS SELECT * FROM student
```

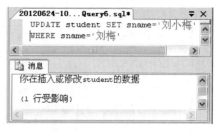

图 10-18　修改学生姓名触发了
reminder 触发器

【例 10-22】　将姓名为"刘小梅"的名字改为"刘梅"。

```
UPDATE student SET sname = '刘梅' WHERE sname = '刘小梅'
```

执行结果如图 10-19 所示。

图 10-19　修改学生姓名触发了 print_table 触发器

【**例 10-23**】　在 student 表上创建一个 DELETE 类型的触发器，删除数据时显示删除学生的个数。

```
CREATE TRIGGER del_count ON student
FOR DELETE
AS
   DECLARE @count varchar(50)
   SET @count = STR(@@ROWCOUNT) + '个学生被删除'
   SELECT @count
RETURN
```

【**例 10-24**】　删除所有"计算机"专业的学生。

```
DELETE FROM student WHERE specialty = '计算机'
```

执行结果如图 10-20 所示。

在 SQL Server 2008 中为每个 DML 触发器都定义了两个特殊的表，一个是插入表（inserted），另一个是删除表（deleted）。这两个表是建在数据库服务器的内存中的，是由系统管理的逻辑表，而不是真正存储在数据库中的物理表。对于这两个表，用户只有读取数据的权限，没有修改数据的权限。

图 10-20　删除学生触发了 del_count 触发器

在触发器的执行过程中，SQL Server 建立和管理这两个临时表。这两个表的结构与触发器所在数据表的结构是完全一致的，其中包含了在激发触发器的操作中插入或删除的所有记录。当触发器的工作完成之后，这两个表也会从内存中删除。

插入表里存放的是更新后的记录：对于插入记录操作来说，插入表里存放的是要插入的数据；对于更新记录操作来说，插入表里存放的是更新后的记录。

删除表里存放的是更新前的记录：对于更新记录操作来说，删除表里存放的是更新前的记录（更新完后即被删除）；对于删除记录操作来说，删除表里存放的是被删除的旧记录。

也就是说，在用户执行 INSERT 语句时所有被添加的记录都会存储在 inserted 表和触发

视频讲解

程序表中;在用户执行 DELETE 语句时,从触发程序表中被删除的行会发送到 deleted 表;对于 UPDATE 语句,SQL Server 先将要进行修改的记录存储到 deleted 表中,然后再将修改后的数据插入到 inserted 表以及触发程序表。

下面使用触发器和这两个特殊的表实现参照完整性约束。

首先创建一个某工程单位信息数据库 dept_project(属性默认),它含有两个表,即部门表 dept 和工程表 project,其结构如下:

视频讲解

```
CREATE TABLE dept (
  dno char(5) primary key,              -- 部门编号
  dname varchar(20),                    -- 部门名
  leader varchar(10)   )                -- 部门负责人
CREATE TABLE project (
  pno char(5) primary key,              -- 工程编号
  pname varchar(20),                    -- 工程名
  Leader varchar(10)   )                -- 工程负责人
```

然后向两个表中插入数据:

```
INSERT INTO dept VALUES(1,'小型工程部','张三')
INSERT INTO dept VALUES (2,'中型工程部','李斯')
INSERT INTO dept VALUES(3,'大型工程部','王五')
INSERT INTO project VALUES(1,'阳光小区','张三')
INSERT INTO project VALUES (2,'华茂小区','张三')
INSERT INTO project VALUES(3,'世纪公寓','李斯')
INSERT INTO project VALUES (4,'淡蓝商务','王五')
INSERT INTO project VALUES (5,'冰海商业','王五')
```

【例 10-25】 为 dept 表创建一个名为 d_tr 的触发器,当执行添加、更新或删除时激活该触发器。通过此例了解 inserted 表和 deleted 表的功能。

```
CREATE TRIGGER d_tr ON dept
FOR INSERT, UPDATE, DELETE
AS SELECT * FROM inserted
   SELECT * FROM deleted
```

【例 10-26】 将"大型工程部"的部门名改为"大型工程一部"。

```
UPDATE dept SET pname = '大型工程一部' WHERE pname = '大型工程部'
```

执行结果如图 10-21 所示。

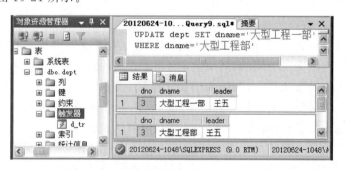

图 10-21　修改工程名触发了 d_tr 触发器

【例 10-27】 为 project 表创建一个名为 p_tr 的触发器，实现参照完整性。

```
CREATE TRIGGER p_tr ON project
FOR INSERT
AS
IF NOT EXISTS (SELECT * FROM dept WHERE
            Leader IN (SELECT leader FROM inserted))
  BEGIN
    DECLARE @lead VARCHAR(10)
    SET @lead = (SELECT leader FROM inserted)
    PRINT '你在 project 表中要插入的记录,
        在 dept 表中不存在这样的 leader:' + @lead
    ROLLBACK
  END
```

【例 10-28】 在 project 表中插入一个新记录。

```
INSERT INTO project VALUES('6','度假村别墅','张力')
```

执行结果如图 10-22 所示。

图 10-22　在 project 表中插入违反触发器 p_tr 规则的记录

将此插入语句改为：

```
INSERT INTO project VALUES('6','度假村别墅','李斯')
```

触发器 p_tr 就会通过检查，允许其执行，如图 10-23 所示。

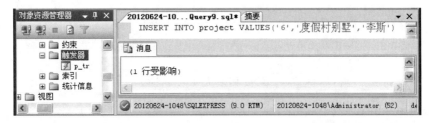

图 10-23　在 project 表中插入满足规则的记录

【例 10-29】 为 dept 表创建一个名为 d_tr1 的实现级联更新的 update 触发器，当执行更新（leader 列）时在激活该触发器的同时更新 project 表中的相应记录。

```
CREATE TRIGGER d_tr1 ON dept
FOR UPDATE
AS UPDATE project SET leader = (SELECT leader FROM inserted)
    WHERE leader = (SELECT leader FROM deleted)
```

【**例 10-30**】 将"大型工程一部"的部门负责人改为"刘学锋"。

UPDATE dept SET leader = '刘学锋' WHERE dname = '大型工程一部'

执行修改操作后对两个表进行查询，结果如图 10-24 所示。

图 10-24 通过触发器实现级联更新

当然也可以通过触发器实现级联删除，读者可以自己完成。

触发器可以实现复杂的约束和特殊的约束，下面用一个详细的例子来介绍。

首先在 teaching 数据库中创建 3 个表。

（1）教师表：包括教师号、姓名和职称属性。

```
CREATE TABLE teacher
   ( tno   int   primary key,
    tname char(6),
    prof_title char(10) )
GO
```

（2）教师工资表：包括教师号和工资属性。

```
CREATE TABLE teacher_salary
   (tno   int primary key foreign key references teacher(tno),
    salary int )
GO
```

（3）工资级别表：包括职称、最小工资和最大工资属性。

```
CREATE TABLE salary_level
   (prof_title char(10) primary key ,
    minsalary int,
    maxsalary int )
GO
```

然后插入数据：

```
INSERT teacher VALUES(1,'郑浩','教授')
INSERT teacher VALUES(2,'王伟','副教授')
INSERT teacher VALUES(3,'李平','讲师')
```

```
INSERT salary_level VALUES('教授',7000,8900)
INSERT salary_level VALUES('副教授',5800,7200)
INSERT salary_level VALUES('讲师',4500,5900)
INSERT salary_level VALUES('助教',3900,4900)
```

【例 10-31】　在教师工资表上创建一个触发器,用于实现复杂的约束:在对教师的工资进行录入和修改时按职称级别进行约束。

```
CREATE TRIGGER teacher_sala1 ON teacher_salary
FOR INSERT, UPDATE
AS
DECLARE @minsalary int, @maxsalary int, @salary int, @prof varchar(10), @tname varchar(10)
SELECT @minsalary = minsalary, @maxsalary = maxsalary, @salary = i.salary,
       @prof = t.prof_title, @tname = t.tname
FROM inserted i, salary_level s, teacher t
WHERE s.prof_title = t.prof_title AND t.tno = i.tno
IF NOT (@salary BETWEEN @minsalary AND @maxsalary)
BEGIN
  PRINT @tname + '的职称为:' + @prof + '工资应该在' + str(@minsalary) +
'到' + str(@maxsalary) + '之间.'
    ROLLBACK
END
```

使用命令触发该触发器:

```
INSERT teacher_salary VALUES(1,6800)
```

执行结果如图 10-25 所示。

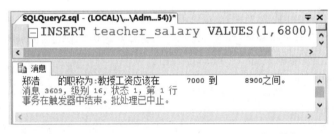

图 10-25　插入违反触发器 teacher_sala1 规则的数据

【例 10-32】　在教师工资表上创建一个触发器,用于实现特殊的约束:规定每月的 10 日前发工资,即对教师的工资进行录入时触发此触发器,时间不对不能录入。

```
CREATE TRIGGER teacher_sala2 ON teacher_salary
FOR INSERT
AS
DECLARE @d int
SET @d = day(getdate())
IF @d > 10
BEGIN
  PRINT '只能在每月的 10 日以前发工资,今天是' + str(@d) + '日.'
    ROLLBACK
END
```

使用下面的命令触发该触发器：

```
INSERT teacher_salary VALUES(2,6200)
```

执行结果如图 10-26 所示。

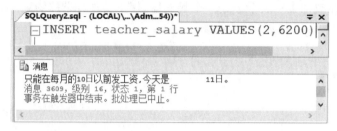

图 10-26　插入违反触发器 teacher_sala2 规则的数据

【例 10-33】　在触发器中调用存储过程，即有些存储过程的功能也可在解发器中应用。
首先创建一个存储过程 p1：

```
CREATE PROC p1 AS
SELECT * FROM student
```

然后为 student 表创建一个触发器 tr1，在插入、修改或删除数据时都会触发此触发器调用存储过程 p1。

```
CREATE TRIGGER tr1 ON student
FOR INSERT,UPDATE,DELETE
AS EXEC p1
```

视频讲解

【例 10-34】　主要针对某些列实施监控的列级触发器。

首先建立用于登记修改人账号的表 change_user，表结构如图 10-27 所示。

然后在课程表上创建触发器 tr_change，用于登记修改数据者及修改时间等信息。

列名	数据类型	允许空
ch_datetime	datetime	☑
ch_column	varchar(20)	☑
ch_name	varchar(20)	☑

图 10-27　change_user 表的表结构

```
CREATE TRIGGER tr_change
ON course FOR UPDATE
AS
IF UPDATE (classhour)
BEGIN
  INSERT change_user
  VALUES (getdate(),'course.classhour',user_name())
END
ELSE IF UPDATE (credit)
  BEGIN
    INSERT change_user
    VALUES(getdate(),'course.credit',user_name())
  END
```

使用下面的命令触发该触发器：

```
UPDATE course SET classhour = 5 WHERE cno = 'C004'
```

执行结果如图 10-28 所示。

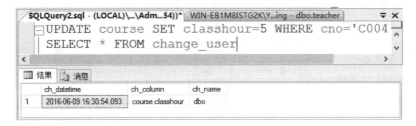

图 10-28　修改 course 表的数据后 change_user 的变化

在 teaching 数据库中的其他表上也可以建立相似的触发器,用于登记修改数据者及修改时间等信息,读者可以自己去完成。

10.2.4　查看触发器信息及修改触发器

在 SQL Server 2008 中一般有两种方法查看触发器信息,即在 SQL Server Management Studio 中查看触发器和使用系统存储过程查看触发器。

1. 在 SQL Server Management Studio 中查看触发器

在 SQL Server Management Studio 中查看触发器信息的具体步骤如下:

(1) 在 SQL Server Management Studio 的对象资源管理器中展开 teaching 选项,再展开"表"选项,选中 dbo.student 选项并展开,最后展开"触发器"选项。

(2) 选中要查看的触发器名,如 del_count,右击,在弹出的快捷菜单中选择"编写触发器脚本为"命令,再选择"CREATE 到",接着选择"新查询编辑器窗口",如图 10-29 所示。在弹出的 T-SQL 命令窗口中显示了该触发器的语句内容,如图 10-30 所示。

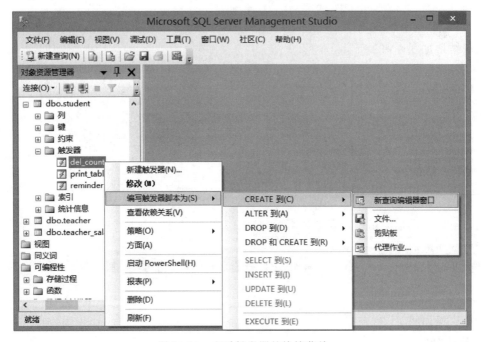

图 10-29　查看触发器的快捷菜单

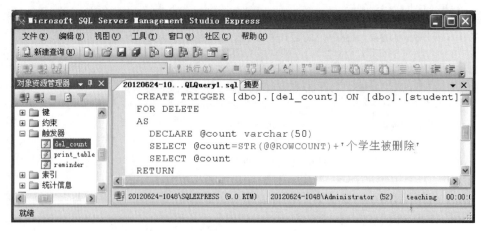

图 10-30　查看创建触发器命令 CREATE TRIGGER

2. 使用系统存储过程查看触发器

系统存储过程 SP_HELP 和 SP_HELPTEXT 分别提供有关触发器的不同信息。

（1）用户通过 SP_HELP 系统存储过程可以了解触发器的一般信息，包括名字、拥有者名称、类型、创建时间。

【例 10-35】　通过 SP_HELP 查看 student 表上的触发器 tr1。

```
SP_HELP tr1
```

执行结果如图 10-31 所示。

（2）用户通过 SP_HELPTEXT 能够查看触发器的定义信息。

【例 10-36】　通过 SP_HELPTEXT 查看 student 表上的触发器 tr1。

```
SP_HELPTEXT tr1
```

执行结果如图 10-32 所示。

图 10-31　通过 SP_HELP 查看触发器 tr1

图 10-32　通过 SP_HELPTEXT 查看触发器 tr1

用户还可以通过使用系统存储过程 SP_HELPTRIGGER 来查看某张特定表上存在的触发器的某些相关信息。

【例 10-37】　通过 SP_HELPTRIGGER 查看 student 表上的触发器信息。

```
SP_HELPTRIGGER student
```

执行结果如图 10-33 所示。

3. 修改触发器

通过使用 SQL Server Management Studio 窗口或 T-SQL 语句可以修改触发器。

	trigger_name	trigger_owner	isupdate	isdelete	isinsert	isafter	isinsteadof	trigger_schema
1	tr1	dbo	1	1	1	1	0	dbo
2	reminder	dbo	1	0	1	1	0	dbo
3	print_table	dbo	1	0	1	1	0	dbo
4	del_count	dbo	0	1	0	1	0	dbo

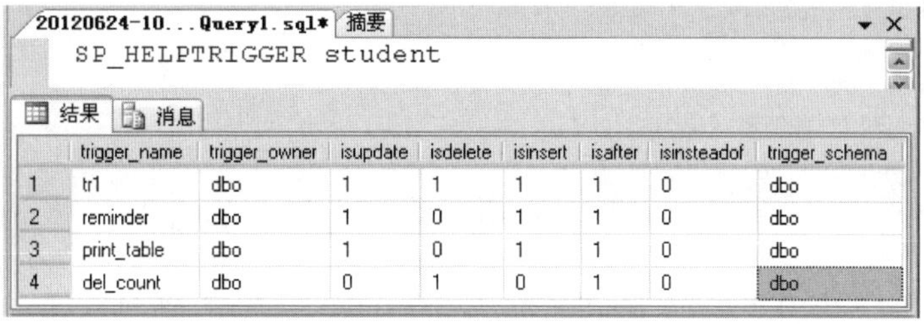

图 10-33　通过 SP_HELPTRIGGER 查看 student 表上的触发器

对于使用 SQL Server Management Studio 窗口修改触发器，请参见“在 SQL Server Management Studio 中查看触发器”，在第(2)步弹出的快捷菜单中选择“修改”命令将出现创建触发器的 T-SQL 语句，修改相关的命令即可，此处不再赘述。

通过使用 SQL Server 2008 提供的 ALTER TRIGGER 语句来修改触发器，其语法格式如下：

```
ALTER RIGGER trigger_name
ON { table_name | view }
[WITH ENCRYPTION ]
{ FOR | AFTER | INSTEAD OF }
{ [ INSERT ] [ DELETE ] [ UPDATE ] }
[NOT FOR REPLICATION ]
AS sql_statement [ …n ]
```

注：该语句中的参数与 CREATE TRIGGER 语句中的参数相同。

【例 10-38】　修改 teaching 库中的 student 表上的触发器 reminder，使得在用户执行添加或修改操作时自动给出错误提示信息，撤销此次操作。

```
ALTER TRIGGER reminder
ON student
INSTEAD OF INSERT , UPDATE
AS print '你执行的添加或修改操作无效!'
```

10.2.5　禁止、启用和删除触发器

视频讲解

禁用触发器与删除触发器不同，在禁用触发器时仍会为数据表定义该触发器，只是在执行 INSERT、UPDATE 或 DELETE 语句时除非重新启用触发器，否则不会执行触发器中的操作；而删除触发器是将该触发器在数据表上的定义完全删除，如果用户想使用此触发器，需重新创建。

1. 禁止和启用触发器

在使用触发器时，用户可能会遇到需要禁止某个触发器起作用的场合，例如在某些表上不允许批量更新操作，使用的触发器里面根据@@ROWCOUNT 进行判断，如果@@ROWCOUNT 大于预设的值就不允许更新，但是作为数据库管理员难免有批量更新的要求，此时就需要让触发器不起作用，即禁止。

当一个触发器被禁止时，该触发器仍然存在于表上，只是触发器的动作将不再执行，直到该触发器被重新启用。ALTER TABLE 语句可以禁止和启用一个表上的一个或者全部的触

发器,禁止和启用触发器的语法格式如下:

```
ALTER TABLE table_name
[ENABLE | DISABLE] TRIGGER
[ ALL | trigger_name [ ,…n ] ]
```

其中参数的含义如下。

- [ENABLE | DISABLE] TRIGGER：指定启用或禁止触发器。当一个触发器被禁止时,它对表的定义依然存在,而当在表上执行 INSERT、UPDATE 或 DELETE 语句时,触发器中的操作将不执行,除非重新启用该触发器。
- ALL：指定启用或禁止表上所有的触发器。
- trigger_name：指定要启用或禁止的一个或几个触发器的名称。

【例 10-39】 禁止在 student 表上创建的所有触发器。

```
ALTER TABLE student
DISABLE TRIGGER ALL
```

2. 删除触发器

删除已创建的触发器一般有以下两种方法:

(1) 在 SQL Server Management Studio 的对象资源管理器中找到相应的触发器,然后右击,在弹出的快捷菜单中选择"删除"命令即可。

(2) 使用 T-SQL 命令 DROP TRIGGER 删除指定的触发器,删除触发器的语法格式如下:

```
DROP TRIGGER trigger_ name
```

【例 10-40】 使用 DROP TRIGGER 命令删除 student 表上的 del_count 触发器。

```
USE teaching
GO
DROP TRIGGER del_count
```

注：当删除触发器所在的表时,SQL Server 将自动删除与该表相关的触发器。

习 题 10

1. 简述存储过程和触发器的优点。

2. 简述 SQL Server 2008 中存储过程和触发器的分类。

3. 创建存储过程,从课程表中返回指定的课程的信息。该存储过程对传递的参数进行模式匹配,如果没有提供参数,则返回所有课程的信息。

4. 创建两个带参数的存储过程：插入某个学生选修的某门课的信息;删除某个学生选修的某门课的信息。

5. 创建存储过程,计算指定学生(姓名)的总成绩,在存储过程中使用一个输入参数(姓名)和一个输出参数(总成绩)。

6. 在 inventory 数据库中创建存储过程,若某商品(如编号为 ds-018 的商品)进了一批货,则如果某仓库目前根本没有任何商品的库存,就存入此仓库;否则修改库存总量最少的那个仓库的库存,如果那个仓库目前没有这种商品,就直接向库存情况表添加一行,否则修改该商品的库存数量的值为原值加上进货量(用形参变量表示进货量)。

7. 为 dept 表创建一个实现级联删除的触发器,当执行删除时激活该触发器,同时删除 project 表中的相应记录(leader 列)。

8. 在 teaching 数据库中创建一个学生党费表 st_dues,属性为 sno、sname、dues,含义为学号、姓名、党费。sno 是主键,也是外键(参考 student 表的 sno);创建一个触发器,保证只能在每年的 6 月和 12 月交党费,如果在其他时间录入则显示提示信息,然后用相关命令语句触发此触发器。

9. 在 sc 表上创建触发器,用于登记修改 score 列数据者及修改时间等信息。

10. 在 inventory 数据库的 invent 表上创建一个触发器,用于实现复杂的约束:在对 invent 表进行插入和修改时按仓库的容量进行约束,即如果此仓库还有空间则可以增加库存,否则提示容量不足。然后用相关命令语句触发此触发器,例如在修改 001 号仓库的库存数量时触发此触发器,如图 10-34 所示。

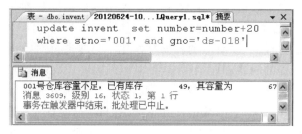

图 10-34　习题 10 的触发器功能

第 11 章

事务与并发控制

关系型数据库有 4 个显著的特征,即安全性、完整性、并发性和监测性。

数据库的安全性就是要保证数据库中数据的安全,防止未授权用户随意修改数据库中的数据。在大多数数据库管理系统中主要是通过身份和权限验证来保证数据库的安全性。

完整性是数据库的一个重要特征,也是保证数据库中的数据切实有效、防止错误、实现商业规则的一种重要机制。在数据库中区别所保存的数据是无用的垃圾还是有价值的信息,主要是依据数据库的完整性是否健全。在 SQL Server 中数据的完整性是通过一系列逻辑来保障的,这些逻辑分为 3 个方面,即实体完整性、域完整性和参照完整性。

对任何系统都可以这样说,没有监测就没有优化。只有通过对数据库进行全面的性能监测才能发现影响系统性能的因素和瓶颈,才能针对瓶颈因素采取切合实际的策略解决问题,提高系统的性能。

为了充分利用数据库资源,发挥数据库共享资源的特点,应该允许多个用户并行地存取数据库。但这样就会产生多个用户程序并发存取同一数据的情况,若对并发操作不加控制可能会存取和存储不正确的数据,破坏数据库的一致性,所以数据库管理系统必须提供并发控制机制。

并发控制机制的好坏是衡量一个数据库管理系统性能的重要标志之一。SQL Server 以事务为单位通常使用锁来实现并发控制。当用户对数据库并发访问时,为了确保事务的完整性和数据库的一致性需要使用锁定,这样就可以保证在任何时候都可以有多个正在运行的用户程序,但是所有用户程序都在彼此完全隔离的环境中运行。

本章主要介绍 SQL Server 2008 数据库系统中事务和锁的基本概念,事务和锁的分类与使用,以及通过锁的机制实现事务的并发控制。

视频讲解

11.1 事 务 概 述

事务处理是数据库的主要工作,事务由一系列的数据操作组成,是数据库应用程序的基本逻辑单元,用来保证数据的一致性。SQL Server 2008 提供了几种自动的可以通过编程来完成的机制,包括事务日志、SQL 事务控制语句,以及事务处理运行过程中通过锁定保证数据完整性的机制。

事务和存储过程类似,由一系列 T-SQL 语句组成,是 SQL Server 2008 系统的执行单元。在数据库处理数据的时候有一些操作是不可分割的整体。例如,当用银行卡消费时首先要从账户扣除资金,然后再添加资金到公司的账户上。在这个过程中用户所进行的实际操作可以理解成不可分割的,不能只扣除不添加,当然也不能只添加不扣除。

使用事务可以解决上面的问题,即把这些操作放在一个容器里,强制用户执行完所有的操作或者不执行任何一条语句。事务就是作为单个逻辑工作单元执行的一系列操作,这一系列的操作或者都被执行或者都不被执行。

在 SQL Server 2008 中,事务要求处理时必须满足 4 个原则,即原子性、一致性、隔离性和持久性。

(1) 原子性:事务必须是原子工作单元,对于其数据修改,要么全都执行,要么全都不执行。这一性质即使在系统崩溃之后仍能得到保证,在系统崩溃之后将进行数据库恢复,用来恢复和撤销系统崩溃处于活动状态的事务对数据库的影响,从而保证事务的原子性。系统在对磁盘上的任何实际数据修改之前都会将修改操作信息本身的信息记录到磁盘上。当发生崩溃时,系统能根据这些操作记录当时该事务处于何种状态,以此确定是撤销该事务所做出的操作,还是将操作提交。

(2) 一致性:一致性要求事务执行完成后将数据库从一个一致状态转变到另一个一致状态。即在相关数据库中所有规则都必须应用于事务的修改,以保持所有数据的完整性,事务结束时所有的内部数据结构都必须是正确的。例如在转账的操作中,各账户金额必须平衡,这一条规则对于程序员而言是一个强制的规定。

(3) 隔离性:也称为独立性,是指并行事务的修改必须与其他并行事务的修改相互独立。保证事务查看数据时数据所处的状态,只能是另一并发事务修改它之前的状态或者是修改它之后的状态,而不能是中间状态。隔离性意味着一个事务的执行不能被其他事务干扰,即一个事务内部的操作及使用的数据对并发的其他事务是隔离的,并发执行的各个事务之间不能互相干扰。

(4) 持久性:在事务完成提交之后会对系统产生持久的影响,即事务的操作将写入数据库中,无论发生何种机器和系统故障都不应该对其有任何影响。例如,自动柜员机(ATM)在向客户支付一笔钱时就不用担心丢失客户的取款记录。事务的持久性保证事务对数据库的影响是持久的,即使系统崩溃。

事务的这种机制保证了一个事务或者成功提交,或者失败回滚,二者必为其一。因此,事务对数据的修改具有可恢复性,即当事务失败时它对数据的修改都会恢复到该事务执行前的状态。若使用一般的批处理则有可能出现有的语句被执行,而另一些语句没有被执行的情况,从而有可能造成数据不一致。

11.2　事务的类型

视频讲解

根据事务的系统设置和运行模式的不同,SQL Server 2008 将事务分为多种类型。

11.2.1　根据系统的设置分类

根据系统的设置,SQL Server 2008 将事务分为两种类型,即系统事务和用户定义事务。

1. 系统事务

系统事务是指在执行某些语句时一条语句就是一个事务。但是要明确,一条语句的对象既可能是表中的一行数据,也可能是表中的多行数据,甚至是表中的全部数据。因此,只有一条语句构成的事务也可能包含了多行数据的处理。

CREATE、ALTER、DROP、INSERT、UPDATE、DELETE、SELECT、FETCH、OPEN、GRANT、REVOKE、TRUNCATE TABLE 等语句本身就构成了一个事务。

【例 11-1】 使用 CREATE TABLE 创建一个表。

```
CREATE TABLE student
(  Id      CHAR(10),
   Name    CHAR(6),
   Sex     CHAR(2)
)
```

这条语句本身就构成了一个事务。

由于没有使用条件限制，这条语句创建包含 3 个列的表，要么创建全部成功，要么全部失败。

2. 用户定义事务

在实际应用中，大多数的事务处理采用了用户定义的事务来处理。在开发应用程序时可以使用 BEGIN TRANSACTION 语句来定义明确的用户定义的事务，在使用用户定义的事务时一定要注意事务必须有明确的结束语句来结束。如果不使用明确的结束语句来结束，那么系统可能把从事务开始到用户关闭连接之间的全部操作都作为一个事务来对待。事务的明确结束可以使用 COMMIT TRANSACTION 语句和 ROLLBACK TRANSACTION 语句中的一个。COMMIT 是提交语句，将全部完成的语句明确地提交到数据库中。ROLLBACK 是回滚语句，该语句将事务的操作全部回滚，即表示事务操作失败。

还有一种特殊的用户定义事务，那就是分布式事务。如果事务是在一个服务器上的操作，其保证的数据完整性和一致性是指一个服务器上的完整性和一致性。但是，一个比较复杂的环境可能有多台服务器，那么要保证在多台服务器环境中事务的完整性和一致性就必须定义一个分布式事务。在这个分布式事务中，所有的操作都可以涉及对多个服务器的操作，当这些操作都成功时，所有这些操作都提交到相应服务器的数据库中，如果这些操作中有一个操作失败，那么这个分布式事务中的全部操作都将被回滚。

11.2.2 根据运行模式分类

根据运行模式的不同，SQL Server 2008 将事务分为 4 种类型，即自动提交事务、显式事务、隐式事务和批处理级事务。

1. 自动提交事务

自动提交事务是指每条单独的 T-SQL 语句都是一个事务。如果没有通过任何语句设置事务，一条 T-SQL 语句就是一个事务，语句执行完事务就结束。以前我们使用的每一条 T-SQL 语句都可以称为一个自动提交事务。

2. 显式事务

显式事务指每个事务均以 BEGIN TRANSACTION 语句、COMMIT TRANSACTION 或 ROLLBACK TRANSACTION 语句明确地定义了什么时候开始、什么时候结束的事务。

3. 隐式事务

隐式事务指在前一个事务完成时新事务隐式开始，但每个事务仍以 COMMIT TRANSACTION 或 ROLLBACK TRANSACTION 语句显式结束。

4. 批处理级事务

批处理级事务是 SQL Server 2005 以后版本的新增功能，该事务只能应用于多个活动结果集（MARS），在 MARS 会话中启动的 T-SQL 显式或隐式事务变为批处理级事务。当批处理完成时,没有提交或回滚的批处理级事务自动由 SQL Server 语句集合分组后形成单个的逻辑工作单元。

11.3 事务处理语句

所有的 T-SQL 语句本身都是内在的事务。另外,SQL Server 中有专门的事务处理语句,这些语句将 SQL 语句集合分组后形成单个的逻辑工作单元。关于事务处理的 T-SQL 语句如下。

(1) 定义一个事务的开始:BEGIN TRANSACTTCN;

(2) 提交一个事务:COMMIT TRANSACTION;

(3) 回滚事务:ROLLBACK TRANSACTION;

(4) 在事务内设置保存点:SAVE TRANSACTION。

BEGIN TRANSACTION 代表一个事务的开始点,每个事务继续执行直到用 COMMIT TRANSACTION 提交,从而正确地完成对数据库做的永久改动;或者遇上错误用 ROLLBACK TRANSACTION 语句撤销所有改动,即回滚整个事务,也可以回滚到事务内的某个保存点,它也标志一个事务的结束。

1. BEGIN TRANSACTION 语句

BEGIN TRANSACTION 语句定义一个显式事务的起始点,即事务的开始。其语法格式如下:

视频讲解

```
BEGIN { TRAN | TRANSACTION }
[ transaction_name | @tran_name_variable ]
[WITH MARK ['description']]
```

其中参数的含义如下。

- TRANSACTION:可以缩写为 TRAN。
- transaction name:给事务分配的名称,事务可以定义名称,也可以不定义名称,但是只能使用符合标识符命名规则的名字。
- @tran_name_variable:含有效事务名称的变量名,必须用数据类型声明这个变量。
- WITH MARK:用于指定在日志中标记事务,description 是描述该标记的字符串。

2. COMMIT TRANSACTION 语句

COMMIT TRANSACTION 语句为提交一个事务,标志一个成功的隐式事务或显式事务的结束。其语法格式如下:

```
COMMIT [{ TRAN | TRANSACTION }
[ transaction_name | @tran_name_variable ] ]
```

用户对于 COMMIT TRANSACTION 语句的使用需要注意以下两点:

(1) 因为数据已经永久修改,所以在 COMMIT TRANSACTION 语句后不能回滚事务。

(2) 在嵌套事务中使用 COMMIT TRANSACTION 时内部事务的提交并不释放资源,也没有执行永久修改,只有在提交了外部事务时数据修改才具有永久性,而且资源才会被释放。

3. ROLLBACK TRANSACTION 语句

ROLLBACK TRANSACTION 语句将显式事务或隐式事务回滚到事务的起点或事务内的某个保存点,它也标志一个事务的结束。其语法格式如下:

```
ROLLBACK [ { TRAN | TRANSACTION }
[ transaction_name | @tran_name_variable
| savepoint_name | @savepoint_variable ] ]
```

用户对于 ROLLBACK TRANSACTION 语句的使用需要注意以下几点：

（1）如果不指定回滚的事务名称或保存点，则 ROLLBACK TRANSACTION 命令会将事务回滚到事务的起点。

（2）在嵌套事务时，该语句将所有内层事务回滚到最远的 BEGIN TRANSACTION 语句，transaction_name 也只能是来自最远的 BEGIN TRANSACTION 语句的名称。

（3）在执行 COMMIT TRANSACTION 语句后不能回滚事务。

（4）如果在触发器中发出 ROLLBACK TRANSACITON 命令，将回滚对当前事务中所做的所有数据修改，包括触发器所做的修改。

（5）事务在执行过程中出现任何错误，SQL Server 都将自动回滚事务。

4. SAVE TRANSACTION 语句

SAVE TRANSACTION 语句用于在事务内设置保存点。其语法格式如下：

```
SAVE { TRAN | TRANSACTION }
    { savepoint_name | @savepoint_variable }
```

在事务内的某个位置建立一个保存点，使用户可以将事务回滚到该保存点的状态，而不回滚整个事务。

用户在使用事务时应注意以下几点：

（1）不是所有的 T-SQL 语句都能放在事务里，通常 INSERT、UPDATE、DELETE、SELECT 等可以放在事务里，创建、删除、恢复数据库等不能放在事务里。

（2）事务要尽量的小，而且一个事务占用的资源越少越好。

（3）如果在事务中间发生了错误，并不是所有情况都会回滚，只有达到一定的错误级别才会回滚，可以在事务中使用@@Error 变量查看是否发生了错误。

【例 11-2】 定义一个事务，将所有选修了"C001"号课程的学生的分数减 5 分，并将所有选修了"C004"号课程的学生的分数加 5 分。

视频讲解

```
DECLARE @t_name CHAR(10)
SET @t_name = 'update_score'
BEGIN TRANSACTION @t_name
USE teaching
UPDATE sc SET score = score - 5
WHERE cno = 'C001'
UPDATE sc SET score = score + 5
WHERE cno = 'C004'
COMMIT TRANSACTION @t_name
```

【例 11-3】 定义一个事务，向 teaching 数据库的 student 表中插入一行数据，然后再删除该行。执行后，新插入的数据行并没有被删除。

```
BEGIN TRANSACTION
USE teaching
INSERT INTO student( sno, sname, ssex, sage, en_time, specialty, grade)
VALUES('1401001', '朱一虹', '女', 19, '2014 - 9 - 9', '计算机', '14 级')
```

```
SAVE TRAN savepoint
DELETE FROM student WHERE sno = '1401001'
ROLLBACK TRAN savepoint
COMMIT
```

【例 11-4】　定义一个事务,向 inventory 数据库的 goods 表中插入一行数据,如果插入成功,则向"库存情况表"中插入一行或多行此商品的库存情况信息,并显示"添加成功!";如果插入失败,则不向 invent 表中插入数据,并显示"添加失败!"。

```
BEGIN TRANSACTION
USE inventory
INSERT INTO goods(gno, gname, price, producer)
VALUES('bx - 159', '冰箱', 2500, '安徽美菱')
IF @@Error = 0
  BEGIN
    INSERT INTO invent(stno, gno, number)
    VALUES('002', 'bx - 159', 20)
    PRINT '添加成功!'
    COMMIT
  END
ELSE
  BEGIN
    PRINT '添加失败!'
    ROLLBACK
  END
```

【例 11-5】　把例 11-2 中的事务定义到一个存储过程中,供用户程序调用。

```
CREATE PROCEDURE up_score @cno1 char(4), @cno2 char(4)
  AS
  BEGIN TRANSACTION
    UPDATE sc SET score = score - 5
    WHERE cno = @cno1
    UPDATE sc SET score = score + 5
    WHERE cno = @cno2
  COMMIT TRANSACTION
```

用户程序调用 up_score,修改 C001 号课和 C004 号课的成绩,语句如下:

```
exec up_score 'C001', 'C004'
```

11.4　事务的并发控制

并发控制是指多个用户同时更新时用于保护数据库完整性的各种技术,目的是保证一个用户的工作不会对另一个用户的工作产生不合理的影响。在某些情况下,这些措施保证了当用户和其他用户一起操作时所得的结果和他单独操作时的结果是一样的。

11.4.1　并发带来的问题

并发性是指多个用户对同一数据进行操作,特别是对于网络数据库来说,这个特点更加突出。提高数据库的处理速度单单依靠提高计算机的物理速度是不够的,还必须充分考虑数据库的并发性问题,提高数据库并发操作的效率。

视频讲解

当多个用户同时读取或修改相同的数据库资源时，通过并发控制机制可以控制用户的读取和修改。如果多个用户同时访问一个数据库且没有加以控制，则当他们的事务同时使用相同的数据时就可能会发生问题，这些问题包括以下几种情况。

（1）丢失修改：指在一个事务读取一个数据时，另外一个事务也访问该同一数据。那么，在第一个事务中修改了这个数据后，第二个事务也修改了这个数据。这样第一个事务内的修改结果就被丢失，因此称为丢失修改。

例如，事务 T_1 读取某表中的数据 $A=20$，事务 T_2 也读取 $A=20$，事务 T_1 修改 $A=A-1$，事务 T_2 也修改 $A=A-1$；最终结果 $A=19$，事务 T_1 的修改被丢失。

（2）脏读：指当一个事务正在访问数据并且对数据进行了修改，而这种修改还没有提交到数据库中，这时另外一个事务也访问这个数据，然后使用了这个数据。因为这个数据是还没有提交的数据，那么另外一个事务读到的这个数据是"脏数据"，依据"脏数据"所做的操作可能是不正确的。

例如，事务 T_1 读取某表中的数据 $A=20$，并修改 $A=A-1$，写回数据库，事务 T_2 读取 $A=19$，事务 T_1 回滚了前面的操作，事务 T_2 也修改 $A=A-1$；最终结果 $A=18$，事务 T_2 读取的就是"脏数据"。

（3）不可重复读：指在一个事务内多次读同一数据。在这个事务还没有结束时，另外一个事务也访问该同一数据。那么，在第一个事务中的两次读数据之间，由于第二个事务的修改，第一个事务两次读到的数据可能是不一样的。这就发生了在一个事务内两次读到的数据是不一样的情况，因此称为是不可重复读。

例如，事务 T_1 读取某表中的数据 $A=20$、$B=30$，求 $C=A+B$，$C=50$，事务 T_1 继续往下执行；事务 T_2 读取 $A=20$，修改 $A=A*2$，$A=40$；事务 T_1 再读取数据 $A=40$、$B=30$，求 $C=A+B$，$C=70$；所以，在事务 T_1 内两次读到的数据是不一样的，即不可重复读。

（4）幻读：与不可重复读相似，是指事务不是独立执行时发生的一种现象。

例如，第一个事务对一个表中的数据进行了修改，这种修改涉及表中的全部数据行。同时，第二个事务也修改这个表中的数据，这种修改是向表中插入一行新数据。那么，以后操作第一个事务的用户会发现表中还有没有修改的数据行，就好像发生了幻觉一样。当对某条记录执行插入或删除操作而该记录属于某个事务正在读取的行的范围时会发生幻读问题。

为防止出现上述数据不一致的情况，必须使并发的事务串行化，使各事务都按照某种次序进行，从而消除相互干扰，这种机制就是锁。

11.4.2 锁的基本概念

视频讲解

锁是实现并发控制的主要方法，是防止其他事务访问指定的资源、实现并发控制的一种手段，是多个用户能够同时操纵同一个数据库中的数据且不发生数据不一致现象的重要保障。

为了提高系统的性能、加快事务的处理速度、缩短事务的等待时间，应该使锁定的资源最小化。为了控制锁定的资源，用户应该首先了解系统的空间管理。在 SQL Server 2008 中，最小的空间管理单位是页，一个页有 8KB。所有的数据、日志、索引都存放在页上。另外，使用页有一个限制，就是表中的一行数据必须在同一个页上，不能跨页。页上面的空间管理单位是簇，一个簇是 8 个连续的页。表和索引的最小占用单位是簇。数据库由一个或多个表或者索引组成,即由多个簇组成。SQL Server 系统的空间管理结构示意图如图 11-1 所示。

　　数据库中的锁是一种软件机制,用来指示某个用户 (即进程会话,下同)已经占用了某种资源,从而防止其他用户做出影响本用户的数据修改或导致数据库数据的非完整性和非一致性。所谓资源,主要指用户可以操作的数据行、索引以及数据表等。根据资源的不同,锁有多粒度 (multigranular)的概念,也就是可以锁定的资源的层次。在 SQL Server 中能够锁定的资源粒度有数据库、表、区域、页面、键值(指带有索引的行数据)、行标识符(RID,即表中的单行数据)。

图 11-1　SQL Server 空间管理

　　采用多粒度锁的重要用途是用来支持并发操作和保证数据的完整性。SQL Server 根据用户的请求做出分析后自动给数据库加上合适的锁。假设某用户只操作一个表中的部分行数据,系统可能会只添加几个行锁(RID)或页面锁,这样可以尽可能多地支持多用户的并发操作。但是,如果用户事务中频繁地对某个表中的多条记录操作,将导致对该表的许多记录行都加上了行锁,数据库系统中锁的数目会急剧增加,这样就加重了系统负荷,影响系统性能。

　　因此,在数据库系统中一般都支持锁升级(lock escalation)。所谓锁升级是指调整锁的粒度,将多个低粒度的锁替换成少数的更高粒度的锁,以此来降低系统负荷。在 SQL Server 中当一个事务中的锁较多,达到锁升级门限时,系统自动将行级锁和页面锁升级为表级锁。特别值得注意的是,在 SQL Server 中锁的升级门限以及锁升级是由系统自动确定的,不需要用户设置。

11.4.3　锁的类型

　　数据库引擎使用不同类型的锁锁定资源,这些锁确定了并发事务访问资源的方式。SQL Server 2008 中常见的锁有以下几种。

1. 共享锁

　　共享锁(Shared Lock,简称 S 锁)允许并发事务读取(SELECT)一个资源。当资源上存在共享 S 锁时,任何其他事务都不能修改数据。一旦已经读取数据,便立即释放资源上的共享 S 锁,除非在事务生存周期内用锁定提示保留共享 S 锁。

2. 排它锁

　　排它(eXclusive Lock,简称 X 锁)锁可以防止并发事务对资源进行访问,其他事务不能读取或修改 X 锁锁定的数据。即 X 锁锁定的资源只允许进行锁定操作的程序使用,其他任何对他的操作均不会被接受。在执行数据更新命令(即 INSERT、UPDATE 或 DELETE 命令)时 SQL Server 会自动使用 X 锁,但当对象上有其他锁存在时无法对其加 X 锁。X 锁一直到事务结束才能被释放。

3. 更新锁

　　更新(Update Lock,简称 U 锁)锁可以防止通常形式的死锁。一般更新模式由一个事务组成,此事务读取记录,获取资源(页或行)的共享锁,然后修改行,此操作要求锁转换为排它锁。如果两个事务获得了资源上的共享锁,然后试图同时更新数据,则一个事务尝试将锁转换为排它锁。共享锁到排它锁的转换必须等待一段时间,因为一个事务的排它锁与其他事务的共享锁不兼容，此时发生锁等待，而第二个事务也试图获取排它锁以进行更新；由于两个事务都要转换为排它锁，并且每个事务都等待另一个事务释放共享锁，因此会发生死锁。

更新锁就是为了防止这种死锁设立的。当SQL Server准备更新数据时，它首先对数据对象加更新锁，锁定的数据将不能被修改，但可以读取，所以更新锁可以与共享锁共存。当等到SQL Server确定要进行更新数据操作时，它会自动将更新锁换为排它锁，但当数据对象上有其他更新锁存在时无法对其做更新锁锁定。

4. 意向锁

视频讲解

如果对一个资源加意向锁（Intent Lock，简称I锁），则说明该资源的下层资源正在被加锁（S锁或X锁）；在对任一资源加锁时，必须先对它的上层资源加意向锁。

系统使用意向锁来最小化锁之间的冲突。意向锁建立一个锁机制的分层结构，这种结构依据锁定的资源范围从低到高依次是行级锁、页级锁和表级锁。意向锁表示系统希望在层次低的资源上获得共享锁或者排它锁。

例如，放置在表级上的意向锁表示一个事务可以在表中的页或者行上放置共享锁。在表级上设置共享锁防止以后另外一个修改该表中页的事务在包含了该页的表上放置排它锁。意向锁可以提高性能，这是因为系统只需要在表级上检查意向锁，确定一个事务能否在那个表上安全地获取一个锁，而不需要检查表上的每一个行锁或者页锁，确定一个事务是否可以锁定整个表。

常用的意向锁有3类，其中意向共享锁简记为IS锁、意向排它锁简记为IX锁、共享意向排它锁简记为SIX锁。

（1）意向共享锁（IS锁）：意向共享锁表示读低层次资源的事务的意向，把共享锁放在这些单个的资源上。也就是说，如果对一个数据对象加IS锁，表示它的后裔资源拟（意向）加S锁。例如要对某个元组加S锁，则要首先对关系和数据库加IS锁。

（2）意向排它锁（IX锁）：意向排它锁表示修改低层次的事务的意向，把排它锁放在这些单个资源上。也就是说，如果对一个数据对象加IX锁，表示它的后裔资源拟（意向）加X锁。例如要对某个元组加X锁，则要首先对关系和数据库加IX锁。

（3）共享意向排它锁（SIX锁）：共享意向排它锁是共享锁和意向排它锁的组合。使用共享意向排它锁表示允许并行读取顶层资源的事务的意向，并且修改一些低层次的资源，把意向排它锁放在这些单个资源上。也就是说，如果对一个数据对象加SIX锁，表示对它加S锁，再加IX锁，即SIX＝S＋IX。例如对某个表加SIX锁，则表示该事务要读整个表（所以要对该表加S锁），同时会更新个别元组（所以要对该表加IX锁）。

5. 模式锁

视频讲解

模式锁（Schema Lock）保证当表或者索引被另外一个会话参考时不能被删除或者修改其结构模式。SQL Server系统提供了两种类型的模式锁，即模式稳定锁（Sch-S）和模式修改锁（Sch-M）。模式稳定锁确保锁定的资源不能被删除，模式修改锁确保其他会话不能参考正在修改的资源。

在执行表的数据定义语言操作（例如添加列或除去表）时使用模式修改锁，在编译查询时使用模式稳定性锁。模式稳定性锁不阻塞任何事务锁，包括排它锁，因此在编译查询时其他事务（包括在表上有排它锁的事务）都能继续运行，但不能在表上执行DDL操作。

6. 大容量更新锁

当将数据大容量复制到表且指定了 TABLOCK 提示或者使用 sp_tableoption 设置了 table_lock_on_bulk 表选项时将使用大容量更新锁(Bulk Update Lock,简称 BU 锁)。大容量更新锁允许进程将数据并发地大容量复制到同一表,同时防止其他不进行大容量复制数据的进程访问该表。

11.4.4 锁的信息

视频讲解

1. 锁的兼容性

在一个事务已经对某个对象锁定的情况下,另一个事务请求对同一个对象的锁定,此时就会出现锁定兼容性问题。当两种锁定方式兼容时可以同意对该对象的第二个锁定请求。如果请求的锁定方式与已挂起的锁定方式不兼容,那么就不能同意第二个锁定请求。相反,请求要等到第一个事务释放其锁定,并且释放所有其他现有的不兼容锁定为止。

例如,当第一个事务控制排它锁时,在第一个事务结束并释放排它锁之前其他事务不能在该资源上获取任何类型的(共享、更新或排它)锁。在另一种情况下,如果共享锁已应用到资源,其他事务还可以获取该项目的共享锁或更新锁,即使第一个事务尚未完成。但是,在释放共享锁之前其他事务不能获取排它锁。

资源锁模式有一个兼容性矩阵,显示了与在同一资源上可获取的其他锁相兼容的锁,如表 11-1 所示。

表 11-1 锁的兼容性

锁 A	锁 B					
	IS	S	IX	SIX	U	X
IS	是	是	是	是	是	否
S	是	是	否	否	是	否
IX	是	否	是	否	否	否
SIX	是	否	否	否	否	否
U	是	是	否	否	否	否
X	否	否	否	否	否	否

对于锁的兼容性的说明如下:

(1) 意向排它(IX)锁与 IX 锁模式兼容,因为 IX 锁表示打算更新一些行而不是所有行,还允许其他事务读取或更新部分行,只要这些行不是其他事务当前更新的行即可。

(2) 模式稳定性锁与除了模式修改锁之外的所有锁兼容。

(3) 模式修改锁与其他所有锁都不兼容。

(4) 大容量更新锁只与模式稳定性锁及其他大容量更新锁相兼容。

2. 查看锁的信息

在 SQL Server 2008 中一般使用 SQL Server Management Studio 中的对象资源管理器查看系统中的锁,也可以使用系统存储过程 SP_LOCK 或查询系统表 sys.dm_tran_locks 查看。

(1) 进入 SQL Server Management Studio 的对象资源管理器,选中服务器。

(2) 右击,选择"活动和监视器"命令,如图 11-2 所示。

图 11-2　在对象资源管理器中查看锁的信息

（3）在"活动监视器"对话框中选择"进程"选项查看进程状态，可以看到锁的具体信息。图 11-3 所示为在"进程状态"中查看锁的具体信息。

进程 ID	打开的事务	命令	等待时间	等待类型	CPU	物理 IO	内存使用量	登录时间	主机	网络库	网络地址	阻塞者	阻塞
51	0	AWAITING COMMAND	0		92	87	2	2015-3-20 7:59:34	20120624-1048	LPC	34F0DF75DD69	0	0
52	0	AWAITING COMMAND	0		0	0	1	2015-3-20 8:07:36	20120624-1048	LPC	8D5759544592	0	0
53	1	WAITFOR	8046	WAITFOR	31	71	2	2015-3-20 8:07:41	20120624-1048	LPC	34F0DF75DD69	0	1
54	2	UPDATE	4828	LCK_M_X	0	18	2	2015-3-20 8:07:53	20120624-1048	LPC	8D5759544592	53	0
55	0	AWAITING COMMAND	0		250	547	2	2015-3-20 8:32:22	20120624-1048	LPC	34F0DF75DD69	0	0
56	2	SELECT INTO	0		110	178	2	2015-3-20 8:33:38	20120624-1048	LPC	34F0DF75DD69	0	0

图 11-3　在"进程状态"中查看锁的信息

视频讲解

11.4.5　死锁的产生及解决办法

封锁机制的引入能解决并发用户的数据不一致性问题，但也会引起事务间的死锁问题。在事务和锁的使用过程中，死锁是一个不可避免的现象。在数据库系统中，死锁是指多个用户分别锁定了一个资源，并试图请求锁定对方已经锁定的资源，这就产生了一个锁定请求环，导致多个用户都处于等待对方释放所锁定资源的状态。通常根据用户操作需求使用不同的锁类型锁定资源，然而当某组资源的两个或多个事务之间有循环相关性时就会发生死锁现象。

产生死锁的情况一般包括以下两种：

第一种情况，当两个事务分别锁定了两个单独的对象时，每一个事务都要求在另外一个事务锁定的对象上获得一个锁，因此每一个事务都必须等待另外一个事务释放占有的锁，这时就发生了死锁。这种死锁是最典型的死锁形式。

第二种情况,在一个数据库中有若干个长时间运行的事务执行并行的操作,当查询分析器处理一种非常复杂的查询(例如连接查询)时,由于不能控制处理的顺序,有可能发生死锁现象。

在数据库中解决死锁常用的方法如下:

(1) 要求每个事务一次就将要使用的数据全部加锁,否则不能继续执行。或者预先规定一个顺序,所有事务都按这个顺序加锁,这样就不会发生死锁。

(2) 允许死锁发生,系统用某些方式诊断当前系统中是否有死锁发生。在 SQL Server 中,系统能够自动定期搜索和处理死锁问题。系统在每次搜索中标识所有等待锁定请求的事务,如果在下一次搜索中该被标识的事务仍处于等待状态,SQL Server 就开始递归死锁搜索。当搜索检测到锁定请求环时,系统将根据事务的死锁优先级别来结束一个优先级最低的事务,此后系统回滚该事务,并向该进程发出 1205 号错误信息,这样其他事务就有可能继续运行了。

死锁优先级的设置语句为“SET DEADLOCK_PRIORITY { LOW | NORMAL }”。其中 LOW 说明该进程会话的优先级较低,当出现死锁时,可以首先中断该进程的事务。另外,通过 LOCK_TIMEOUT 选项能够设置事务处于锁定请求状态的最长等待时间。该设置的语句为“SET LOCK_TIMEOUT { timeout_period }”,其中 timeout_period 以毫秒为单位。

11.4.6　手工加锁

视频讲解

在 SQL Server 中建议让系统自动管理锁,该系统会分析用户的 SQL 语句要求,自动为该请求加上合适的锁,而且当锁的数目太多时系统会自动进行锁升级。如前所述,升级的门限由系统自动配置,并不需要用户配置。

在实际应用中,有时为了应用程序正确运行和保持数据的一致性,必须人为地给数据库的某个表加锁。例如,在某应用程序的一个事务操作中需要根据一个编号对几个数据表做统计操作,为保证统计数据时间的一致性和正确性,从统计第一个表开始到全部表结束,其他应用程序或事务不能再对这几个表写入数据,在这个时候,该应用程序希望从统计第一个数据表开始或在整个事务开始时能够由程序人为地(显式地)锁定这几个表,这就需要用到手工加锁(也称显式加锁)技术。

SQL Server 的 SELECT、INSERT、DELETE、UPDATE 语句支持显式加锁。这 4 个语句在显式加锁的语法上类似,这里仅以 SELECT 语句为例给出语法,即“SELECT FROM [WITH]”。

其中,[WITH]指需要在该语句执行时添加在该表上的锁类型,所指定的锁类型有以下几种。

- HOLDLOCK:在该表上保持共享锁,直到整个事务结束,而不是在语句执行完立即释放所添加的锁。
- NOLOCK:不添加共享锁和排它锁,当这个选项生效后,可能读到未提交读的数据或“脏数据”,这个选项仅应用于 SELECT 语句。
- PAGLOCK:指定添加页面锁(否则通常可能添加表锁)。
- READCOMMITTED:设置事务为读提交隔离性级别。
- READPAST:跳过已经加锁的数据行,这个选项将使事务读取数据时跳过那些已经被其他事务锁定的数据行,而不是阻塞直到其他事务释放锁,READPAST 仅应用于

READ COMMITTED 隔离性级别下事务操作中的 SELECT 语句操作。

- EADUNCOMMITTED：等同于 NOLOCK。
- REPEATABLEREAD：设置事务为可重复读隔离性级别。
- ROWLOCK：指定使用行级锁。
- SERIALIZABLE：设置事务为可串行的隔离性级别。
- TABLOCK：指定使用表级锁，而不是使用行级或页面级的锁，SQL Server 在该语句执行完后释放这个锁，如果同时指定了 HOLDLOCK，该锁一直保持到这个事务结束。
- TABLOCKX：指定在表上使用排它锁，这个锁可以阻止其他事务读或更新这个表的数据，直到这个语句或整个事务结束。
- UPDLOCK：指定在读表中数据时设置修改锁（UPDATE LOCK，U 锁）而不是设置共享锁，该锁一直保持到这个语句或整个事务结束，使用 UPDLOCK 的作用是允许用户先读取数据（而且不阻塞其他用户读数据），并且保证在后来更新数据时，在这一段时间内这些数据没有被其他用户修改。

【例 11-6】 系统自动加排它锁的情况。

新建两个 SQL Server 连接，在第一个连接中执行以下语句：

```
BEGIN TRAN
    UPDATE student SET sname = '张一明' WHERE sno = '1302001'
    WAITFOR DELAY '00:00:30'              -- 等待 30 秒
COMMIT TRAN
```

在第二个连接中执行以下语句：

```
BEGIN TRAN
    SELECT * FROM student WHERE sno = '1302001'
COMMIT TRAN
```

若同时执行上述两个事务，则 SELECT 查询必须等待 UPDATE（系统自动加排它锁）执行完毕才能执行，即要等待 30 秒。

【例 11-7】 人为加 HOLDLOCK 锁的情况。

新建两个 SQL Server 连接，在第一个连接中执行以下语句：

```
BEGIN TRAN
    SELECT * FROM student (HOLDLOCK)      -- HOLDLOCK 人为加锁
    WHERE sno = '1302001'
    WAITFOR DELAY '00:00:30'              -- 等待 30 秒
COMMIT TRAN
```

在第二个连接中执行以下语句：

```
BEGIN TRAN
    SELECT * FROM student WHERE sno = '1302001'
    UPDATE student SET sname = '张明明' WHERE sno = '1302001'
COMMIT TRAN
```

若同时执行上述两个事务，则第二个连接中的 SELECT 查询可以执行，而 UPDATE 必须等待第一个连接中的共享锁结束后才能执行，即要等待 30 秒。

由此可见，在 SQL Server 中可以灵活多样地为 SQL 语句显式加锁，若使用适当，我们完全可以完成一些程序的特殊要求,保证数据的一致性和完整性。对于一般使用者而言,了解锁机制并不意味着必须使用它。事实上,SQL Server 建议让系统自动管理数据库中的锁,而且一些关于锁的设置选项也没有提供给用户和数据库管理人员,对于特殊用户,通过给数据库中的资源显式加锁可以满足很高的数据一致性和可靠性要求,只是需要特别注意避免死锁现象出现。

习　题　11

1. 什么是事务? 如果要提交或取消一个事务,应该使用什么语句?

2. 事务分为哪几类?

3. 简述事务回滚机制。

4. 简述锁机制,锁分为哪几类?

5. 分析各类锁之间的兼容性。

6. 简述死锁及其解决办法。

7. 创建一个事务,将所有女生的考试成绩都加 5 分,将所有男生的考试成绩都减 5 分,并提交。

8. 创建一个事务,向商品表中添加一条记录,设置保存点;再将商品编号为"ds-001"的单价改为"2000"。

第 12 章

数据库的安全管理

安全性对于任何数据库管理系统来说都是至关重要的,数据库的安全性是指保护数据库以防止因不合法用户的访问而造成数据的泄密或破坏。SQL Server 2008 提供了有效的数据访问安全机制,在数据库管理系统中用检查口令等手段来检查用户身份,从而保证只有合法的用户才能进入数据库系统。当用户对数据库执行操作时,系统自动检查用户是否有权限进行这些操作。

对于系统管理员、数据库编程人员甚至每个用户来说,数据库系统的安全性都是至关重要的。本章首先介绍两种数据库身份验证模式及其设置,服务器登录账号的创建方法,数据库用户的创建方法以及角色和权限设置、管理和使用等。

视频讲解

12.1　身　份　验　证

当用户使用 SQL Server 2008 时需要经过两个安全性阶段,即身份验证阶段和权限认证阶段。

在身份验证阶段,用户在 SQL Server 2008 上获得对任何数据库的访问权限之前必须登录到 SQL Server 2008 上,并且被认为是合法的。SQL Server 2008 或者 Windows 对用户进行验证。如果验证通过,用户就可以连接到 SQL Server 2008 服务器上,否则服务器将拒绝用户登录,从而保证了系统的安全性。

用户验证通过以后,登录到 SQL Server 2008 服务器上,需要检测用户是否有访问服务器数据的权限,为此需要将登录账户映射为某些数据库的用户,并为数据库用户授予某些数据的访问权限,权限认证可以控制用户对数据库进行操作。

12.1.1　SQL Server 的身份验证模式

身份验证模式用来确认登录 SQL Server 用户的登录账号和密码的正确性,验证其是否具有连接 SQL Server 的权限。

在身份验证阶段,SQL Server 和 Windows 是组合在一起的,因此 SQL Server 提供了两种确认用户的验证模式,即 Windows 验证模式和混合验证模式。

1. Windows 验证模式

SQL Server 2008 数据库系统通常运行在 Windows 服务器平台之上,Windows 本身具备管理登录、验证用户合法性的能力。SQL Server 使用 Windows 操作系统的安全机制来验证用户身份,在这种模式下,只要用户能够通过 Windows 的用户身份验证,即可连接到 SQL Server 2008 服务器上,而 SQL Server 本身不需要管理一套登录数据。

在 Windows 验证模式下,SQL Server 检测当前使用 Windows 的用户账户,并在系统注册表中查找该用户,以确定该用户是否有权限登录。这种验证模式只适用于能够进行有效身份验证的 Windows 操作系统,在其他的操作系统下无法使用。SQL Server 的登录安全性直接集成到 Windows 的安全上,可以利用 Windows 的安全特性,例如安全验证和密码加密、审核、密码过期、最短密码长度,以及在多次登录请求无效后锁定账号。

Windows 验证模式的优点如下:

(1) 数据库管理员的工作可以集中在管理数据库上,而不是管理用户账户,对用户账户的管理可以交给 Windows 去完成。

(2) Windows 有着更强的用户账户管理工具,可以设置账户锁定、密码期限等,如果不是通过定制来扩展 SQL Server,SQL Server 是不具备这些功能的。

(3) Windows 的组策略支持多个用户同时被授权访问 SQL Server。

2. 混合验证模式

混合身份验证模式使用户可以使用 Windows 身份验证或 SQL Server 身份验证与 SQL Server 2008 服务器连接。它将区分用户账号在 Windows 操作系统下是否可信,对于可信的连接用户系统,直接采用 Windows 身份验证模式,否则 SQL Server 2008 会通过账户的存在性和密码的匹配性自行进行验证。例如,允许某些非可信的 Windows 用户连接 SQL Server 2008 服务器,它通过检查是否已设置 SQL Server 2008 登录账户以及输入的密码是否与设置的相符进行验证,如果 SQL Server 2008 服务器未设置登录信息,则身份验证失败,而且用户会收到错误提示信息。

在混合验证模式下,使用哪个模式取决于最初通信时使用的网络库,如果一个用户使用 TCP/IP SOCKETS 进行登录验证,则将使用 SQL Server 验证模式;如果用户使用命名管道,则登录时使用 Windows 验证。在 SQL Server 验证模式下,处理登录的过程为在输入登录名和密码后,SQL Server 在系统注册表中检测输入的登录名和密码,如果输入的登录名和密码正确,就可以登录到 SQL Server 服务器上。

混合验证模式具有以下优点:

(1) 创建了 Windows 之上的另外一个安全层次。

(2) 支持更大范围的用户,例如非 Windows 客户、Novell 网络等。

(3) 一个应用程序可利用单个的 SQL Server 登录或口令。

12.1.2　设置身份验证模式

在第一次安装 SQL Server 或者使用 SQL Server 连接其他服务器时需要指定验证模式。对于已经指定验证模式的 SQL Server 服务器,在 SQL Server 中还可以进行修改。SQL Server 的安全系统必须保证不能被未通过验证的用户访问。

在 SQL Server Management Studio 中设置身份验证模式的基本步骤如下:

(1) 打开 SQL Server Management Studio,在对象资源管理器中的目标服务器上右击,弹出快捷菜单,选择"属性"命令,如图 12-1 所示。

(2) 出现"服务器属性"对话框,选择"安全性"选项,进入"安全性"选择页,如图 12-2 所示。

(3) 在"服务器身份验证"选项中选择验证模式前的单选按钮,选中需要的验证模式,还可以在"登录审核"选项中设置需要的审核方式。审核方式取决于安全性要求,这 4 种审核级别的含义如下:

图 12-1　使用对象资源管理器设置身份验证模式

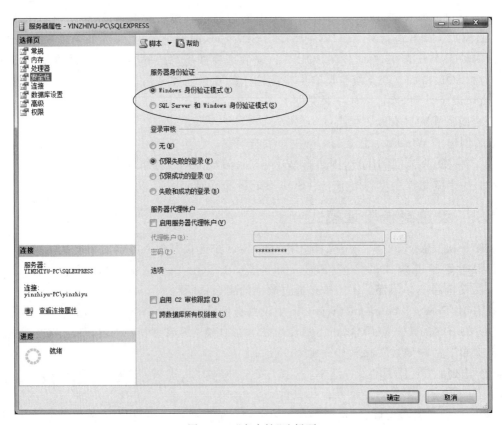

图 12-2　"安全性"选择页

- "无"：不使用登录审核。
- "仅限失败的登录"：记录所有的失败登录。
- "仅限成功的登录"：记录所有的成功登录。
- "失败和成功的登录"：记录所有的登录。

（4）单击"确定"按钮，完成登录验证模式的设置。

12.2 账 号 管 理

Windows 用户账号和 SQL Server 登录账号允许用户登录到 SQL Server 系统中。如果用户想继续对系统中的某个特定数据库进行操作，就必须有一个数据库用户账号。每个数据库要求单独的用户账户，每个用户账户都拥有该数据库中对象（表、视图和存储过程等）应用的一些安全权限，用户在数据库中进行的所有活动由 T-SQL 语句传到 SQL Server 的服务器上，以确定是否有权限。

所以，对于每一个要使用的数据库，用户必须拥有该数据库的账号。当然，如果没有这些特定的账号，用户也可以用 guest 登录。数据库用户账号可以从已经存在的 Windows 用户账号、Windows 用户组、SQL Server 的登录名或者角色映射过来。

12.2.1 服务器登录账号

视频讲解

登录属于服务器级的安全策略，要连接到数据库，首先要存在一个合法的登录账号。

1. 创建服务器登录账号

在 SQL Server Management Studio 中创建服务器登录账号的步骤如下：

（1）在 SQL Server Management Studio 的对象资源管理器中展开"安全性"选项，在"登录名"上右击，在弹出的快捷菜单中选择"新建登录名"命令，如图 12-3 所示。

图 12-3 在对象资源管理器中创建登录账号

（2）在"登录名"对话框中首先选择登录的验证模式，选中其前面的单选按钮，如图 12-4 所示。如果选中了"Windows 身份验证"，则"登录名"设置为 Windows 登录账号即可，无须设置密码；如果选中了"SQL Server 身份验证"，则需要设置一个"登录名"以及"密码"和"确认密码"。之后都可以再进行其他参数的设置。

（3）选择"服务器角色"选项，进入"服务器角色"选择页，如图 12-5 所示，可以为此登录账号的用户添加服务器角色，当然也可以不为此用户添加任何服务器角色。

（4）选择"用户映射"选项，进入"用户映射"选择页，可以为这个新建的登录添加映射到此登录名的用户，并添加数据库角色，从而使该用户获得数据库的相应角色对应的数据库权限，也可以不为此用户添加任何数据库角色，如图 12-6 所示。

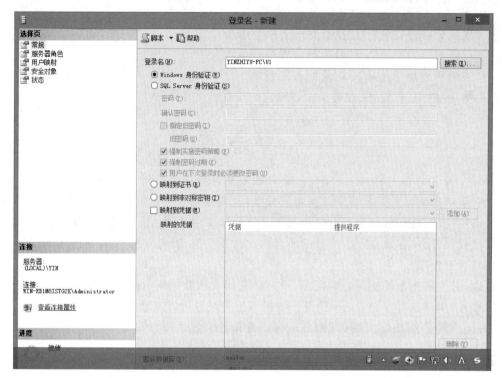

图 12-4　设置登录账号

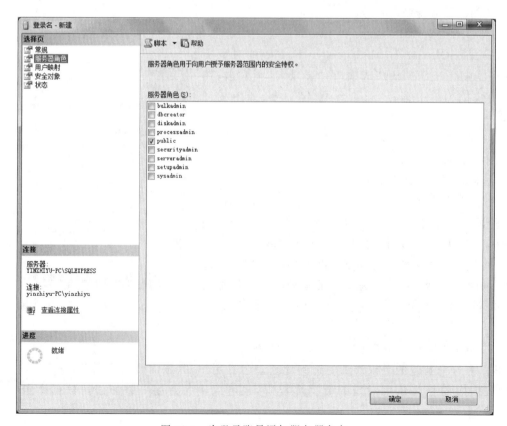

图 12-5　为登录账号添加服务器角色

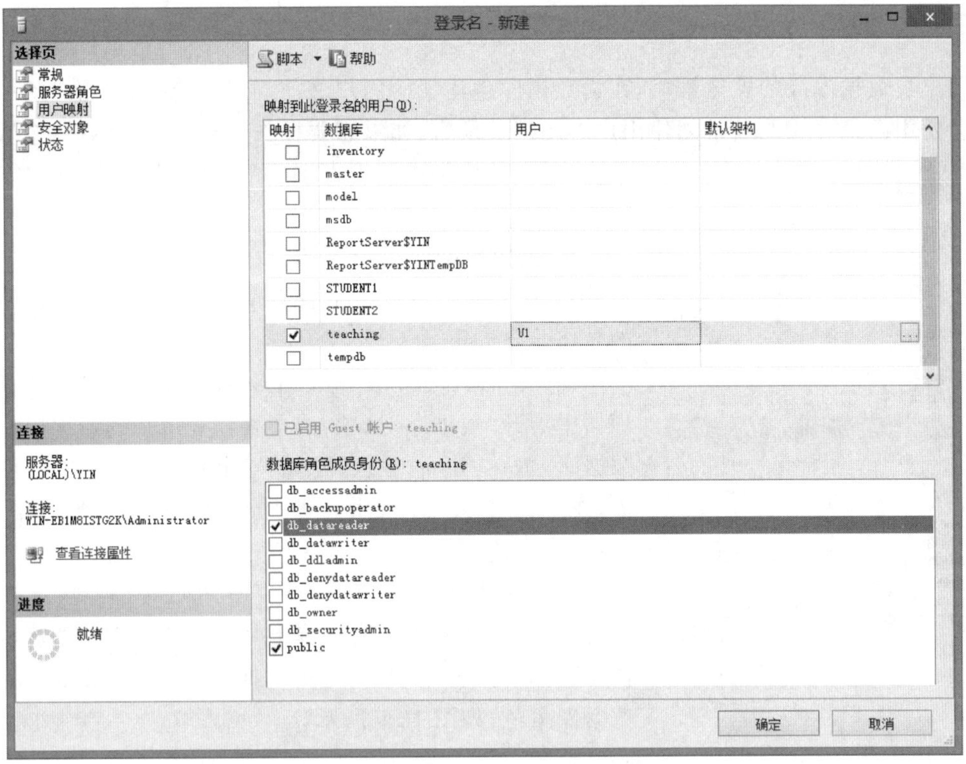

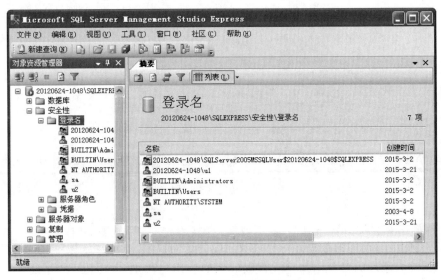

图 12-6　为登录账号添加数据库角色

（5）单击"确定"按钮，服务器登录账号创建完毕。

2. 查看服务器登录账号

用户可以使用对象资源管理器查看登录账号，首先在 SQL Server Management Studio 中进入对象资源管理器，展开"安全性"选项，再展开"登录名"选项，即可看到系统创建的默认登录账号以及建立的其他登录账号，如图 12-7 所示。

图 12-7　查看服务器登录账号

视频讲解

12.2.2 数据库用户账号

用户是数据库级的安全策略，在为数据库创建新的用户之前，必须存在创建用户的一个登录或者使用已经存在的登录创建用户。用户登录后，如果想要操作数据库，必须有一个数据库用户账号，然后为这个数据库用户设置某种角色才能进行相应的操作。

1. 创建数据库用户账号

在 SQL Server Management Studio 中创建数据库用户的具体步骤如下：

（1）在 SQL Server Management Studio 的对象资源管理器中展开"数据库"选项，选中要创建用户的数据库展开此数据库，如 teaching。然后展开"安全性"选项，在"用户"上右击，弹出快捷菜单，从中选择"新建用户"命令，如图 12-8 所示。

（2）在"数据库用户－新建"对话框的"常规"选择页中填写要创建的"用户名"，选择此用户的服务器"登录名"，选择"默认架构"名称，添加此用户拥有的架构，添加此用户的数据库角色，如图 12-9 所示。

图 12-8　新建用户的快捷菜单

图 12-9　新建数据库用户

（3）选择"安全对象"选项，进入"安全对象"选择页。"安全对象"选择页主要用于设置数据库用户拥有的能够访问的数据库对象以及相应的访问权限。单击"添加"按钮为该用户添加数据库对象，并为添加的对象添加显式权限。例如为用户添加 student 表，并设置其拥有"查询（选择）"student 表的权限，如图 12-10 所示。

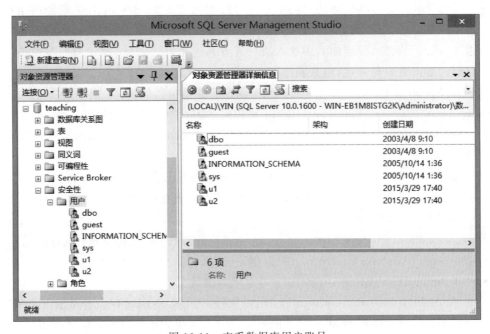

图 12-10　数据库用户的权限设置

（4）单击"确定"按钮，完成此数据库用户的创建。

2. 查看数据库用户账号

可以使用对象资源管理器查看数据库的用户，首先在 SQL Server Management Studio 的对象资源管理器中展开要查看的数据库，然后展开"安全性"选项，再展开"用户"选项，显示目前数据库中的所有用户，如图 12-11 所示。

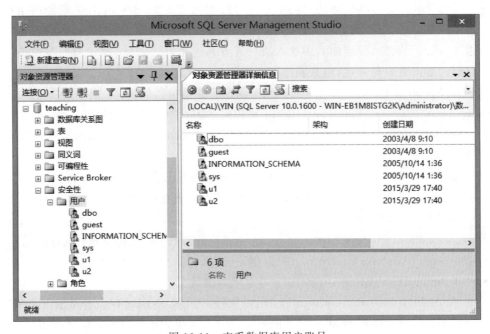

图 12-11　查看数据库用户账号

视频讲解

12.3　角色管理

角色是一种 SQL Server 安全账户，是 SQL Server 内部的管理单元，是管理权限时可以视为单个单元的其他安全账户的集合。角色包含 SQL Server 登录、Windows 登录、组或其他角色（与 Windows 中的用户组类似），若用户被加入到某一个角色中，则具有该角色的权限。用户可以建立一个角色来代表单位中一类工作人员所执行的工作，然后给这个角色授予适当的权限。

利用角色，SQL Server 管理者可以将某些用户设置为某一个角色，这样只对角色进行权限设置便可以实现对所有用户权限的设置，极大地减少了管理员的工作量。SQL Server 提供了用户通常管理工作的预定义服务器角色和数据库角色。如果有几个用户需要在一个特定的数据库中执行一些操作，数据库拥有者可以在这个数据库中加入一个角色。

一般而言，角色是为特定的工作组或者任务分类设置的，用户可以根据自己所执行的任务成为一个或多个角色的成员。当然，用户可以不必是任何角色的成员，也可以为用户分配个人权限。

在 SQL Server 的安全体系结构中包含几个有特定隐含权限的角色。除了两类预定义的角色以外，数据库拥有者还可以自己创建角色，这些角色被分成 3 类，即固定服务器角色、固定数据库角色和用户自定义的数据库角色。

12.3.1　固定服务器角色

固定服务器角色是在服务器级别定义的，所以存在于数据库外面，是属于数据库服务器的。在 SQL Server 安装时就创建了在服务器级别上应用的大量预定义的角色，每个角色对应着相应的管理权限。这些固定服务器角色用于授权给 DBA（数据库管理员），拥有某种或某些角色的 DBA 就会获得与相应角色对应的服务器管理权限。

通过给用户分配固定服务器角色，可以使用户具有执行管理任务的角色权限。根据 SQL Server 的管理任务以及这些任务相对的重要性等级把具有 SQL Server 管理职能的用户划分为不同的用户组，每一组所具有的管理 SQL Server 的权限都是 SQL Server 内置的，即不能对其进行添加、修改和删除，只能向其中加入用户或者其他角色。因此，固定服务器角色的维护比单个权限的维护更容易一些，但是固定服务器角色不能修改。

对 SQL Server 2008 在安装时定义的几个固定服务器角色的具体权限描述如下。

- sysadmin(System Administrators)：可以在 SQL Server 中执行任何活动。
- serveradmin(Server Administrators)：可以设置服务器范围的配置选项，还可以关闭服务器。
- setupadmin(Setup Administrators)：可以管理连接服务器和启动过程。
- securityadmin(Security Administrators)：可以管理登录和创建数据库的权限，还可以读取错误日志和更改密码。
- processadmin(Process Administrators)：可以管理在 SQL Server 中运行的进程。
- dbcreator(Database Creators)：可以创建、更改和删除数据库。
- diskadmin(Disk Administrators)：可以管理磁盘文件。
- bulkadmin(Bulk Administrators)：可以执行 BULK INSERT(大容量插入语句)。

在 SQL Server Management Studio 中可以按以下步骤为用户分配固定服务器角色，从而使该用户获取相应的权限。

（1）在对象资源管理器中展开服务器，再展开"安全性"选项，这时可以看到固定服务器角色，如图 12-12 所示，在要给用户添加的目标角色（如 dbcreator）上右击，弹出快捷菜单，选择"属性"命令。

图 12-12　为用户分配固定服务器角色

（2）在"服务器角色属性"对话框中单击"添加"按钮，如图 12-13 所示，出现"选择登录名"对话框，单击"浏览"按钮。

图 12-13　为服务器角色添加成员-选择登录名

（3）在"查找对象"对话框中选择目标用户前的复选框，选中其用户，如图 12-14 所示，单击"确定"按钮。

图 12-14 "查找对象"对话框

（4）回到"选择登录名"对话框，可以看到选中的目标用户已经包含在对话框中，确定无误后单击"确定"按钮，如图 12-15 所示。

图 12-15 选择登录名

（5）回到"服务器角色属性"对话框，如图 12-16 所示，确定添加的用户无误后单击"确定"按钮，完成为用户分配角色的操作。

12.3.2 数据库角色

在安装 SQL Server 2008 时，数据库级别上也有一些预定义的角色，在创建每个数据库时都会添加这些角色到新创建的数据库中，每个角色对应着相应的权限。这些数据库角色用于授权给数据库用户，拥有某种或某些角色的用户会获得相应角色对应的权限。

当然也可以为数据库添加角色，然后把角色分配给用户，使用户拥有相应的权限，在 SQL Server Management Studio 中给用户添加角色（或者叫将角色授权用户）的操作与将固定服务

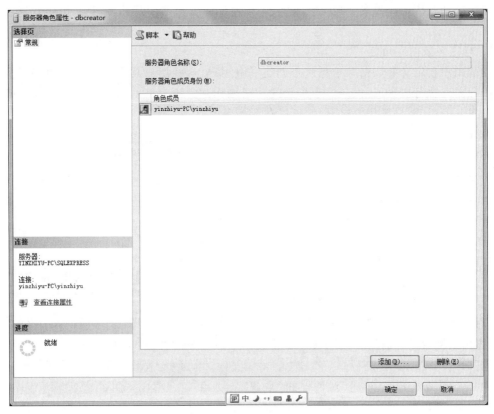

图 12-16　为用户分配服务器角色完成

器角色授予用户的方法类似,通过相应角色的属性对话框可以方便地添加用户,使用户成为角色成员。

1. 固定数据库角色

固定数据库角色是为某一个用户或某一组用户授予不同级别的管理或访问数据库以及数据库对象的权限,这些权限是数据库专有的,并且可以使一个用户具有属于同一个数据库的多个角色。

对 SQL Server 2008 在安装时定义的几个固定数据库角色的具体权限描述如下。

- db_owner:具有数据库中的全部权限。
- db_accessadmin:可以添加和删除用户。
- db_securityadmin:可以管理全部权限、对象所有权限,拥有角色和角色成员资格。
- db_ddladmin:可以发出除 GRANT、REVOKE、DENY 以外的所有数据定义语句。
- db_backupoperator:具有备份数据库的权限。
- db_datareader:可以查询数据库内任何用户表、视图及表值函数中的所有数据。
- db_datawriter:可以更改数据库内任何表、可更新视图及表值函数中的所有数据。
- db_denydatareader:不能选择数据库内任何用户表、视图及表值函数中的任何数据。
- db_denydatawriter:不能更改数据库内任何用户表、视图及表值函数中的任何数据。
- public:最基本的数据库角色。

每个用户可以不属于其他 9 个固定数据库的角色,但至少会属于 public 数据库角色,当在数据库中添加新用户账号时,SQL Server 2008会自动将新的用户账号加入public数据库角色中。

2. 自定义数据库角色

创建用户自定义的数据库角色就是创建一组用户,这些用户具有相同的一组权限。如果一组用户需要执行在SQL Server中指定的一组操作并且不存在对应的Windows组,或者没有管理Windows用户账号的权限,就可以在数据库中建立一个用户自定义的数据库角色。

另外,在创建用户自定义数据库角色时创建者需要完成下列一系列任务:

- 创建新的数据库角色。
- 分配权限给创建的角色。
- 将这个角色授予某个用户。

在SQL Server Management Studio中创建用户自定义的数据库角色的具体步骤如下:

(1) 在SQL Server Management Studio的对象资源管理器中展开要添加新角色的目标数据库,然后展开"安全性"选项,在"角色"选项上右击,弹出快捷菜单,选择"新建"下的"新建数据库角色"命令,如图12-17所示。

图12-17 新建数据库角色的快捷菜单

(2) 在"数据库角色-新建"对话框的"常规"选择页中添加"角色名称"和"所有者",并选择此角色拥有的架构。在此对话框中也可以单击"添加"按钮为新创建的角色添加用户,如图12-18所示。

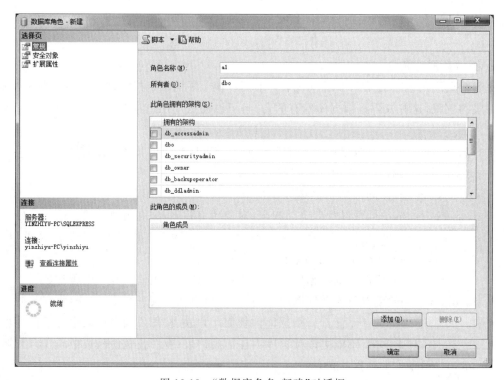

图12-18 "数据库角色-新建"对话框

（3）选择"安全对象"选项，然后单击"搜索"按钮，出现"添加对象"对话框，如图 12-19 所示。

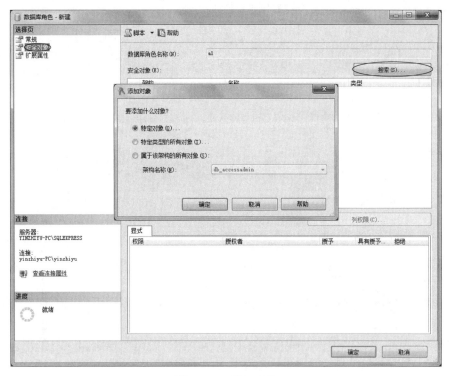

图 12-19 添加对象

（4）选择"特定对象"单选按钮，单击"确定"按钮，出现"选择对象"对话框，然后单击"对象类型"按钮，出现"选择对象类型"对话框，这里选择"表"选项，单击"确定"按钮，如图 12-20 所示。

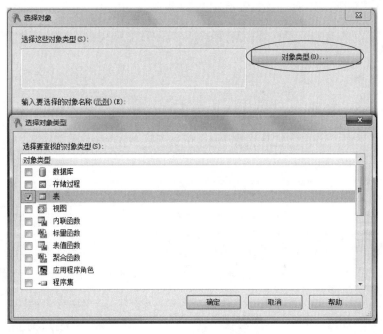

图 12-20 选择对象类型

（5）回到"选择对象"对话框，单击"浏览"按钮，出现"查找对象"对话框，选择设置此角色的表，如 student 表、course 表、sc 表，如图 12-21 所示。

图 12-21　选择表

（6）单击"确定"按钮，再单击"确定"按钮，进入权限设置页面，然后就可以为新创建的角色添加所拥有的数据库对象的访问权限，如 student 表、course 表、sc 表的"更新"和"选择"权限，每一个表都要勾选一次，如图 12-22 所示。

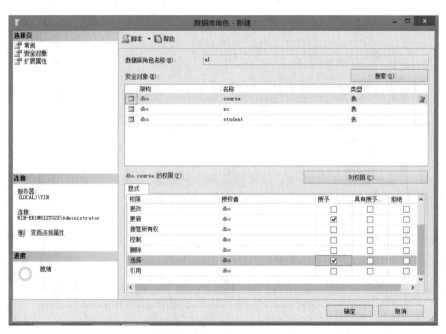

图 12-22　为新创建的角色添加数据库对象的访问权限

（7）单击"确定"按钮，自定义数据库角色创建完成。

12.3.3　应用程序角色

应用程序角色是一种比较特殊的由用户定义的数据库角色。

应用程序角色是用来控制应用程序存取数据库的，本身不包含任何成员。在编写数据库的应用程序时可以自定义应用程序角色，让应用程序的操作者能用编写的程序来存取 SQL Server 的数据。也就是说，应用程序的操作者本身并不需要在 SQL Server 2008 上拥有登录账号以及用户账号，但是仍然可以存取数据库。

如果想让某些用户只能通过特定的应用程序间接地存取数据库中的数据而不是直接地存取数据库中的数据，就应该考虑使用应用程序角色。当某一个用户使用了应用程序角色时便放弃了已被赋予的所有数据库专有权限，所拥有的只是应用程序角色被设置的权限。

应用程序角色可以加强对某一个特别的应用程序的安全性。换句话说，允许应用程序代替 SQL Server 接管用户验证的职责。例如，某公司职员只是用某个特定的应用程序来修改员工数据信息，那么就可以建立应用程序角色。

应用程序角色和所有其他角色都有很大的不同，主要表现在以下两个方面：

（1）应用程序角色没有成员，因为它们只在应用程序中使用，不需要直接对某些用户赋予权限。

（2）必须为应用程序角色设计一个密码以激活它。

当应用程序角色被应用程序的会话激活以后，会话就会失去所有属于登录、用户账号或角色的权限，因为这些角色都只适用于它们所在的数据库内部，所以会话只能通过 guest 用户账号的权限来访问其他数据库。因此，如果在数据库中没有 guest 用户账号，会话就不能获得访问数据库的权限。

在 SQL Server Management Studio 中创建应用程序角色的步骤如下：

（1）在 SQL Server Management Studio 的对象资源管理器中展开要建立应用程序角色的目标数据库，展开"安全性"选项，在"角色"选项上右击，弹出快捷菜单，选择"新建"下的"新建应用程序角色"命令。

（2）在"应用程序角色-新建"对话框中输入角色名称、密码等信息，如图 12-23 所示。

（3）单击"确定"按钮，应用程序角色创建完成。

当一个数据库连接启动以后，必须执行系统存储过程 sp_setapprole 来激活应用程序角色所拥有的权限。这个过程的语法格式如下：

```
sp_setapprole
[@rolename] 'role' [@passwd = ] 'password' [,[@encrypt = ] 'encrypt - style']
```

其中，role 是当前数据库中已经定义过的应用程序角色的名称；password 表示密码；encrypt_style 定义密码的加密模式。

应用程序角色总是和数据库绑定的，也就是说，它作用的范围是当前数据库。如果在会话中改变了当前数据库，那么就只能做那个数据库中允许的操作。

在 SQL Server 的早期版本中，用户若要在激活应用程序角色之后重新获取其原始安全上下文，唯一的方法就是断开 SQL Server 连接，然后重新连接。在 SQL Server 2005 及以后的版本中，sp_setapprole 提供了 Cookie 选项，它可以在激活应用程序之前创建一个包含上下文信息的 Cookie。sp_unsetapprole 可以使用此 Cookie 将会话恢复到其原始上下文。

图 12-23 创建应用程序角色

12.4 权限管理

权限用于控制对数据库对象的访问以及指定用户对数据库可以执行的操作，用户在登录到 SQL Server 之后，其账号所归属的 Windows 组或角色被赋予的权限决定了该用户能够对哪些数据库对象执行哪种操作以及能够访问、修改哪些数据。

12.4.1 权限的类别

用户可以设置服务器和数据库的权限。服务器权限允许数据库管理员执行管理任务，数据库权限用于控制对数据库对象的访问和语句的执行。用户只有在具有访问数据库的权限之后才能够对服务器上的数据库进行权限下的各种操作。

1. 服务器权限

服务器权限允许数据库管理员执行任务，这些权限定义在固定服务器角色中。这些固定服务器角色可以分配给登录用户，但这些角色是不能修改的。一般只把服务器权限授给 DBA（数据库管理员），他不需要修改或者授权其他用户登录。由于在"固定服务器角色"一节中已有详细介绍，这里不再赘述。

2. 数据库对象权限

数据库对象是授予用户以允许他们访问数据库中对象的一类权限，对象权限对于使用 SQL 语句访问表或者视图而言是必需的。除了数据库中的对象权限以外，还可以给用户分配数据库权限。SQL Server 2008 对数据库权限进行了扩充，增加了许多新的权限，这些数据库权限除了授权用户可以创建数据库对象和进行数据库备份以外还增加了一些更改数据库对象的权限。

12.4.2　权限操作

SQL Server 2008 中的权限操作可以通过在 SQL Server Management Studio 中对用户的权限进行设置，也可以使用 T-SQL 提供的 GRANT（授予）、REVOKE（撤销）和 DENY（禁止）语句完成。

1. 在 SQL Server Management Studio 中设置权限

在 SQL Server Management Studio 中给用户设置权限的具体步骤如下：

（1）在 SQL Server Management Studio 的对象资源管理器中展开目标数据库的"用户"选项，然后在目标用户上右击，在快捷菜单中选择"属性"命令，如图 12-24 所示。

（2）在"数据库用户"对话框中选择"安全对象"选项，进入"安全对象"选择页，单击"搜索"按钮，在"添加对象"对话框中选择要添加的对象类别前的单选按钮（如"特定对象"），添加权限的对象类别，然后单击"确定"按钮，如图 12-25 所示。

（3）在"选择对象"对话框中单击"对象类型"按钮，如图 12-26 所示。

图 12-24　在对象资源管理器中为用户添加对象权限

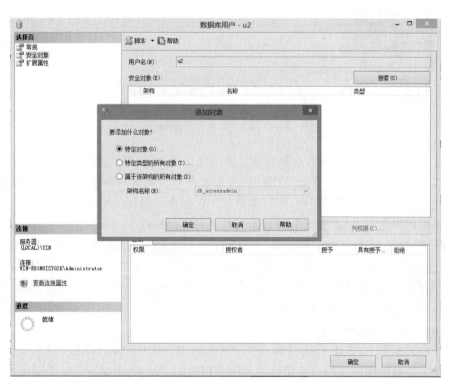

图 12-25　"数据库用户"对话框及"添加对象"对话框

图 12-26　"选择对象"对话框

（4）在"选择对象类型"对话框中选择需要添加权限的对象类型前的复选框，如图 12-27 所示，然后单击"确定"按钮。

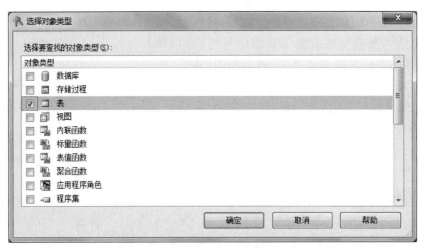

图 12-27　"选择对象类型"对话框

（5）回到"选择对象"对话框，在该对话框中出现了刚才选择的对象类型，单击该对话框中的"浏览"按钮。在"查找对象"对话框中依次选中要添加权限的对象前的复选框，单击"确定"按钮。再次回到"选择对象"对话框，可以看到其中已包含了选择的对象，如图 12-28 所示。确定无误后单击该对话框中的"确定"按钮，完成对象的选择操作。

（6）回到"数据库用户"对话框，可以看到其中已包含用户添加的对象，依次选择每一个对象，并在下面的该对象的"显式"选项卡中根据需要选择"授予"或"拒绝"列的复选框，添加或禁止对该（表）对象的相应访问权限。在设置完每一个对象的访问权限之后，单击"确定"按钮，完成给用户添加数据库对象权限的所有操作，如图 12-29 所示。

2. 使用 T-SQL 设置权限

数据库内的权限始终授予数据库用户、角色和 Windows 用户或组，但从不授予 SQL Server 登录。为数据库内的用户或角色设置适当权限的方法有 GRANT 授予权限、DENY 禁止权限和 REVOKE 撤销权限。

视频讲解

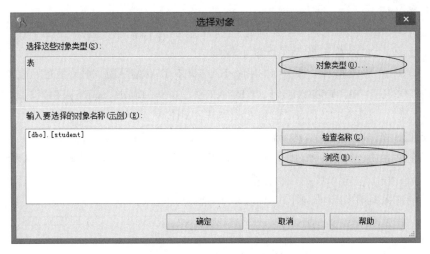

图 12-28 "选择对象"对话框

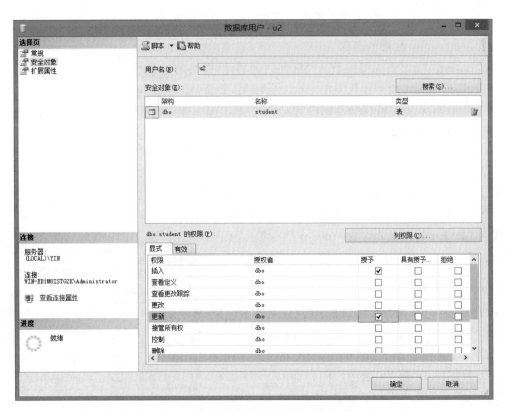

图 12-29 为数据库用户添加对象权限

1) 授权语句

T-SQL 语句中的 GRANT 命令的语法格式如下:

```
GRANT { ALL [ PRIVILEGES ] }
  | permission [ ( column [ , …n ] ) ] [ , …n ]
  [ ON [ class :: ] securable ] TO principal [ , …n ]
  [ WITH GRANT OPTION ] [ AS principal ]
```

其中参数的含义如下。

- ALL：不推荐使用此选项，保留此选项仅用丁向后兼容。它不会授予所有可能的权限，授予 ALL 参数相当于授予以下权限。

如果安全对象是数据库，则 ALL 对应 BACKUP DATABASE、BACKUP LOG、CREATE DATABASE、CREATE DEFAULT、CREATE FUNCTION、CREATE PROCEDURE、CREATE RULE、CREATE TABLE 和 CREATE VIEW。

如果安全对象是标量函数，则 ALL 对应 EXECUTE 和 REFERENCES。

如果安全对象是表值函数，则 ALL 对应 DELETE、INSERT、REFERENCES、SELECT 和 UPDATE。

如果安全对象是存储过程，则 ALL 表示 EXECUTE。

如果安全对象是表，则 ALL 对应 DELETE、INSERT、REFERENCES、SELECT 和 UPDATE。

如果安全对象是视图，则 ALL 对应 DELETE、INSERT、REFERENCES、SELECT 和 UPDATE。

- PRIVILEGES：包含此参数是为了符合 ISO 标准。
- permission：权限的名称。
- column：指定表中将授予其权限的列的名称，需要使用括号( )。
- class：指定将授予其权限的安全对象的类，需要范围限定符::。
- securable：指定将授予其权限的安全对象。
- TO principal：主体的名称，可以为其授予安全对象权限的主体，随安全对象而异。
- GRANT OPTION：指示被授权者在获得指定权限的同时还可以将指定权限授予其他主体。
- AS principal：指定一个主体，执行该查询的主体从该主体获得授予该权限的权利。

在以下例子中，首先假定所有被授权的登录用户已存在。

【例 12-1】 把查询学生表 student 的权限授予用户 U1。

GRANT SELECT ON student TO U1

执行此操作后，用户 U1 就被授予了查询学生表的权限，可以在 SQL Server Management Studio 中查看到用户 U1 被授予了学生表的 SELECT 权限。展开 teaching 数据库的"用户"选项，在目标用户 U1 上右击，在快捷菜单中选择"属性"命令，如图 12-30 所示。

在"数据库用户"对话框中选择"安全对象"选项，可以看到 U1 对学生表的选择权限，如图 12-31 所示。此时，U1 登录 SQL Server 就可以对学生表进行 SELECT 操作。

【例 12-2】 把 student 表的全部操作权限授予用户 U2 和 U3。

GRANT SELECT, INSERT, UPDATE, DELETE ON student TO U2, U3

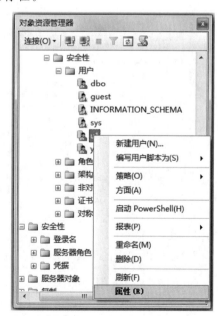

图 12-30　查看用户 U1 的属性

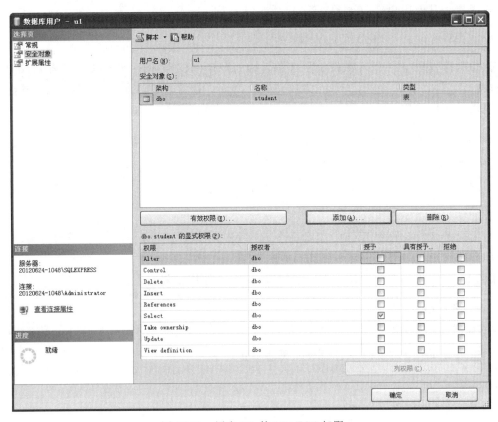

图 12-31　用户 U1 的 SELECT 权限

执行此操作后,用户 U2 和 U3 就被授予了 student 表的 SELECT、INSERT、UPDATE、DELETE 权限,可以在 SQL Server Management Studio 中查看到用户 U2 和 U3 被授予了 student 表的 SELECT、INSERT、UPDATE、DELETE 权限。此时,U2 或 U3 登录 SQL Server 就可以对 student 表进行所有这些操作。

【例 12-3】　把对选课表 sc 的查询权限授予所有用户。

GRANT SELECT ON sc TO PUBLIC

执行此操作后,所有用户都被授予了选课表的查询权限,可以在 SQL Server Management Studio 中查看到 PUBLIC 用户被授予了选课表的 SELECT 权限。此时,所有登录用户都可以对选课表进行 SELECT 操作。

【例 12-4】　把查询学生表 student 和修改学生学号的权限授予用户 U4。

GRANT SELECT,UPDATE(sno) ON student TO U4

【例 12-5】　把对选课表 sc 插入数据的权限授予用户 U5,并允许 U5 再将此权限授予其他用户。

GRANT INSERT ON sc TO U5 WITH GRANT OPTION

执行此操作后,用户 U5 被授予了选课表插入数据的权限,同时允许 U5 再将此权限授予其他用户。例如,下面就是用户 U5 为用户 U6 授予了选课表插入数据的权限,并允许 U6 再将此权限授予其他用户。

```
GRANT INSERT ON sc TO U6 WITH GRANT OPTION
```

执行此操作后，用户 U6 被授予了选课表插入数据的权限，同时允许 U6 再将此权限授予其他用户。例如，下面就是用户 U6 为用户 U7 授予了选课表插入数据的权限，U7 不能再将此权限授予其他用户。

```
GRANT INSERT ON sc TO U7
```

【例 12-6】 将 teaching 数据库中建表的权限授予 U8。

```
USE teaching
GRANT create table TO U8
```

因为标量函数一般用 EXECUTE 命令调用，表值函数一般用 SELECT 语句调用，所以在授予用户调用函数的权限时要明确此函数的类型。

【例 12-7】 将第 9 章创建的表值函数 st_func 的调用权限授予 U1。

```
GRANT SELECT ON st_func TO U1
```

2）撤销权限语句

T-SQL 语句中的 REVOKE 命令的语法格式如下：

```
REVOKE [ GRANT OPTION FOR ]
    {   [ ALL [ PRIVILEGES ] ]
       |permission [ ( column [ , …n ] ) ] [ , …n ] }
    [ ON [ class :: ] securable ]
    { FROM } principal [ , …n ]
    [ CASCADE] [ AS principal ]
```

与 GRANT 命令中不同的参数的含义如下。

- GRANT OPTION FOR：指示将撤销授予指定权限的能力。在使用 CASCADE 参数时需要具备该功能。
- CASCADE：指示当前正在撤销的权限也将从其他被该主体授权的主体中撤销。在使用 CASCADE 参数时还必须同时指定 GRANT OPTION FOR 参数。

【例 12-8】 把用户 U4 修改 student 表学号的权限撤销。

```
REVOKE UPDATE(sno) ON student FROM U4
```

【例 12-9】 撤销所有用户对 sc 表的查询权限。

```
REVOKE SELECT ON sc FROM PUBLIC
```

【例 12-10】 把用户 U5 对 SC 表的 INSERT 权限撤销。

```
REVOKE INSERT ON SC FROM U5 CASCADE
```

注意：执行此操作后，用户 U5 被撤销了选课表的插入权限，U5 授予其他用户的此权限也被一并撤销，包括 U6 和 U7。

3）禁止权限语句

T-SQL 语句中的 DENY 命令的语法格式如下：

```
DENY { ALL [ PRIVILEGES ] }
      | permission [ ( column [ , …n ] ) ] [ , …n ]
      [ ON [ class ∷ ] securable ] TO principal [ , …n ]
      [ CASCADE] [ AS principal ]
```

其中参数的含义与 GRANT 和 REVOKE 命令的完全相同。

DENY 语句拒绝对 SQL Server 2008 的特定数据库对象的权限,防止主体通过其组或角色成员身份继承权限。

【例 12-11】 拒绝用户 U1 对 course 表的 SELECT 权限。

DENY SELECT ON course TO U1

【例 12-12】 拒绝 U2 对第 10 章创建的存储过程 GetStudent 的 EXECUTE 权限。

DENY EXECUTE ON GetStudent TO U2

习　题　12

1. 简述服务器登录账户和数据库用户账号的创建方法。
2. SQL Server 的两种身份验证的优缺点是什么?
3. 简述角色的概念及其分类。
4. 简述什么是固定服务器角色,什么是固定数据库角色。
5. 试述用户自定义数据库角色及应用程序角色的建立方法。
6. 简述进行权限设置时授予、拒绝或撤销三者的关系。
7. 以界面方式创建 Windows 账号 user1,并将 user1 创建为 teaching 数据库的用户。用 T-SQL 语句完成以下题目:

(1) 赋予 user1 用户 db_datareader 角色;

(2) 授予 user1 用户修改 student 表数据的权限;

(3) 授予 user1 用户修改 male_view 视图数据的权限;

(4) user1 登录 SQL Server,对数据库中的所有表和视图进行查询操作;对 student 表和 course 表的某些列进行修改操作;修改 male_view 视图中某学生的信息;并分析为什么有些操作不能执行。

8. 创建一个 SQL Server 账号 user2,并将 user2 创建为 inventory 数据库的用户。用 T-SQL 语句完成以下题目:

(1) 授予 user2 用户查询 goods 表的权限;

(2) 授予 user2 用户查询 invent 表和修改其中的 number 列的权限;

(3) 授予 user2 用户调用 update_price 存储过程的权限;

(4) user2 登录 SQL Server,对 goods 表和 invent 表进行查询操作;对 invent 表的 number 进行修改操作,对 goods 表的 price 进行修改操作;调用 update_price 存储过程;并分析为什么有些操作不能执行。

第 13 章

数据库的备份与还原

avoid避免数据丢失是数据库管理员需要面对的最关键的问题之一。尽管在 SQL Server 2008 中采取了许多措施来保证数据库的安全性和完整性,但故障仍不可避免,仍会影响甚至破坏数据库,造成数据丢失。同时还存在其他一些可能造成数据丢失的因素,例如用户的操作失误、蓄意破坏、病毒攻击和自然界不可抗力等。因此,SQL Server 2008 指定了一个良好的备份还原策略,定期将数据库进行备份以保护数据库,以便在事故发生后还原数据库。

本章主要介绍数据库备份和还原的概念及重要性,SQL Server 2008 对数据库进行备份和还原操作的方法,并简单介绍数据库的分离和附加方法。

视频讲解

13.1 数据库备份概述

对于计算机用户来说,对一些重要文件、资料定期进行备份是一种良好的习惯。如果出现突发情况,比如系统崩溃、系统遭受病毒攻击等,使得原先的文件遭到破坏以至于全部丢失,启用文件备份就可以节省大量的时间和精力。

数据库备份就是在某种介质上(磁盘、磁带等)创建完整数据库(或者其中一部分)的副本,并将所有的数据项都复制到备份集,以便在数据库遭到破坏时能够恢复数据库。

对 SQL Server 2008 数据库或事务日志进行备份就是记录在进行备份这一操作时数据库中所有数据的状态,以便在数据库遭到破坏时能够及时地将其还原。执行备份操作必须拥有对数据库备份的权限许可,SQL Server 2008 只允许系统管理员、数据库所有者和数据库备份执行者备份数据库。

SQL Server 2008 提供了高性能的备份和还原功能以及保护手段,以保护存储在 SQL Server 2008 数据库中的关键数据。通过适当的备份,可以使用户能够在发生多种可能的故障后恢复数据,这些故障主要包括系统故障、用户错误(例如误删除了某个表或某些数据)、硬件故障(例如磁盘驱动器损坏)、自然灾害。

视频讲解

13.1.1 数据库备份计划

创建备份的目的是恢复已损坏的数据库。但是,备份和还原数据需要在特定的环境中进行,并且必须使用一定的资源。因此,在备份数据库之前需要对备份内容、备份频率以及数据备份存储介质等进行计划。

1. 备份内容

备份内容主要包括系统数据库、用户数据库和事务日志。

(1) 系统数据库记录了 SQL Server 系统配置参数、用户资料以及所有用户数据库等重要信息,主要包括 master、msdb 和 model 数据库。

(2) 用户数据库中存储了用户的数据。由于用户数据库具有很强的区别性,即每个用户数据库之间的数据一般都有很大的差异,所以对用户数据库的备份更为重要。

(3) 事务日志记录了用户对数据库中数据的各种操作,平时系统会自动管理和维护所有的数据库事务日志。与数据库备份相比,事务日志备份所需要的时间较少,但是还原需要的时间较多。

2. 备份频率

数据库备份频率一般取决于修改数据库的频繁程度,以及一旦出现意外丢失数据库管理人员工作量的大小,还有发生意外丢失数据的可能性大小。

一般来说,在正常使用阶段对系统数据库的修改不会十分频繁,所以对系统数据库的备份也不需要十分频繁,只需要在执行某些语句或存储过程导致 SQL Server 2008 对系统数据库进行了修改时备份。

当在用户数据库中执行了加入数据、创建索引等操作时应该对用户数据库进行备份,此外,如果清除了事务日志,也应该备份数据库。

3. 备份存储介质

常用的备份存储介质包括硬盘、磁带和命令管道等,具体使用哪一种介质要考虑用户的成本承受能力、数据的重要程度、用户的现有资源等因素。在备份中使用的介质确定以后,一定要保持介质的持续性,一般不要轻易地改变。

4. 其他计划

(1) 确定备份工作的负责人:备份负责人负责备份的日常执行工作,并且要经常进行检查和督促,这样可以明确责任,确保备份工作得到人力保障。

(2) 确定使用在线备份还是脱机备份:在线备份就是动态备份,允许用户继续使用数据库。脱机备份就是在备份时不允许用户使用数据库。虽然备份是动态的,但是用户的操作会影响数据库备份的速度。

(3) 确定是否使用备份服务器:在备份时,如果有条件最好使用备份服务器,这样可以在系统出现故障时迅速还原系统的正常工作。当然,使用备份服务器会增大备份的成本。

(4) 确定备份存储的地方:备份是非常重要的内容,一定要保存在安全的地方。在保存备份时应该实行异地存放,并且每套备份的内容应该有两份以上的备份。

(5) 确定备份存储的期限:对于一般性的业务数据可以确定一个比较短的期限,但是对于重要的业务数据需要确定一个比较长的期限,期限越长,需要的备份介质就越多,备份成本也随之增大。

总之,备份应该按照需要经常进行,并进行有效的数据管理。SQL Server 2008 备份可以在数据库使用时进行,但是一般在非高峰活动时备份效率更高。另外,备份是一种十分耗费时间和资源的操作,不能频繁操作,应该根据数据库的使用情况确定一个适当的备份周期。

13.1.2 　数据库备份的类型

视频讲解

在 SQL Server 系统中有 4 种备份类型,即完整数据库备份、差异数据库备份、事务日志备份、数据库文件或文件组备份,下面分别介绍这 4 种类型的备份。

1. 完整数据库备份

完整数据库备份将备份整个数据库,包括事务日志部分(以使可以恢复整个备份)。完整数据库备份代表备份完成时的数据库,通过包括在备份中的事务日志可以使用备份恢复到备份完成时的数据库。

创建完整数据库备份是单一操作,通常会安排该操作定期发生。如果数据库主要是进行读操作,那么完整数据库备份能有效地防止数据丢失。

完整数据库备份易于使用,因为完整数据库备份包含数据库中的所有数据,所以对于可以快速备份的小型数据库而言,最佳的方法就是使用完整数据库备份。但是,随着数据库不断增大,完整备份需要花费更多的时间才能完成,并且需要更多的存储空间。因此,对于大型数据库而言,用户可以用差异数据库备份来补充完整数据库备份。

2. 差异数据库备份

差异数据库备份只备份自上一次完整数据库备份发生改变的内容和在差异数据库备份过程中所发生的所有活动。差异数据库备份基于以前的完整数据库备份,因此,这样的完整数据库备份称为"基准备份"。差异备份比完整备份更小、更快,可以简化频繁的备份操作,减少数据丢失的风险。为了减少还原频繁修改数据库的时间,可以执行差异备份。

如果数据库的某个子集比该数据库的其余部分修改得更为频繁,则差异数据库备份特别有用。在这些情况下,使用差异数据库备份可以频繁执行备份,并且不会产生完整数据库备份的开销。

对于大型数据库,完整数据库备份需要大量的磁盘空间。为了节省时间和磁盘空间,可以在一次完整数据库备份之后安排多次差异备份。但每次连续的差异数据库备份都大于前一次备份,这就需要更长的备份时间、还原时间和更大的空间。因此,可以定期执行新的完整备份以提供新的差异基准。

当使用差异数据库备份时最好遵循以下原则:

(1) 在每次执行完整数据库备份后定期安排差异数据库备份。例如,可以每4个小时执行一次差异数据库备份,对于活动性较高的系统,此频率可以更高。

(2) 在确保差异数据库备份不会太大的情况下定期安排新的完整数据库备份。例如,可以每周执行一次完整数据库备份。

3. 事务日志备份

事务日志备份是自上次事务日志备份后对数据库执行的所有事务的一系列记录,可以记录数据库的更改,但前提是在执行了完整数据库备份之后。用户可以使用事务日志备份将数据库恢复到特定的即时点(如输入多余数据前的那一点)或恢复到故障点。

在恢复事务日志备份时,SQL Server 2008 重做事务日志中记录的所有更改。当 SQL Server 2008 到达事务日志的最后时,已重新创建了与开始执行备份操作的那一刻完全相同的数据库状态。如果数据库已经恢复,则 SQL Server 2008 将回滚备份操作开始时尚未完成的所有事务。

在一般情况下,事务日志备份比数据库备份使用的资源少,因此可以比数据库备份更经常地创建事务日志备份,经常备份将减少丢失数据的危险。

图 13-1 所示为基于完整恢复模式(详见 13.2 节)的一个完整备份＋N 个连续的事务日志备份的策略。如果中间的日志备份 02 被删除或者损坏,则数据库只能恢复到日志备份 01 的即时点。

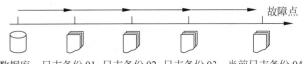

图 13-1　事务日志备份与恢复原理

假如日志备份 01、02 和 03 都是完整的,那么在恢复时先恢复数据库完整备份,然后依次恢复日志备份 01、02 和 03。如果要恢复到故障点,需要看数据库的当前日志是否完整,如果是完整的,可以做一个当前日志的备份,然后依次恢复日志备份 04 就可以了。

注意:

(1) 除非已经至少执行了一次完整数据库备份,否则不用做事务日志备份。

(2) 如果没有了相应的数据库备份,则无法还原事务日志备份。

(3) 当数据库使用简单恢复模式时无法备份事务日志。

4. 数据库文件或文件组备份

对超大型数据库执行完整数据库备份是不可行的,可以执行数据库文件或文件组备份。

在备份文件或文件组时,可以只备份 FILE 或 FILEGROUP 选项中指定的数据库文件。

用户在备份数据库文件或文件组时应注意以下几点:

(1) 必须指定逻辑文件或文件组。

(2) 必须执行事务日志备份,使还原的文件与数据库的其他部分相一致。

(3) 最多可以指定 16 个文件或文件组。

(4) 应制订轮流备份每个文件的计划。

13.2　数据库还原概述

备份是还原数据库最容易和最能防止意外的有效方法。没有备份,所有的数据都可能会丢失,而且将造成不可挽回的损失,这时就不得不从源头重建数据;有了备份,万一数据库被损坏,就可以使用备份来还原数据库。

13.2.1　数据库还原策略

视频讲解

还原数据库是一个装载数据库的备份,然后应用事务日志重建的过程,这是数据库管理员的另一项非常重要的工作。在应用事务日志之后,数据库就会回到最后一次事务日志备份之前的状况。在进行数据库备份之前,应该检查数据库中数据的一致性,这样才能保证顺利地还原数据库备份。在数据库的还原过程中用户不能进入数据库,当数据库被还原之后,数据库中的所有数据都被替换掉。数据库备份是在正常情况下进行的,而数据库还原是在硬件故障、软件故障或误操作等非正常的状态下进行的,因此其工作更加重要、复杂。

数据还原策略认为所有的数据库一定会在它们的生命周期的某一时刻需要还原。在数据库管理员的职责中很重要的部分就是将数据还原的频率降到最低,并在数据库遭到破坏之前进行监视,预计各种形式的潜在风险所能造成的破坏,并针对具体情况制订恢复计划,在破坏发生时及时地恢复数据库。

还原方案从一个或多个备份中还原数据,并在还原最后一个备份后恢复数据库。如果数据库做过完整备份和事务日志备份，那么还原它是很容易的，倘若保持着连续的事务日志，就能快速地重新构造和建立数据库。还原数据库是一个装载最近备份的数据库和应用事务日志来重建数据库到失效点的过程。定点还原可以把数据库还原到一个固定的时间点，这种选项仅适用于事务日志备份。当还原事务日志备份时，必须按照它们的创建顺序还原。

在还原一个失效的数据库之前，调查失效背后的原因是很重要的。倘若是由于用户的问题而引起的，那么就需要针对发生的问题和今后如何避免采取相应的对策。如果是由系统故障或自然灾害引起的，那么就只能具体问题具体分析，根据损害的程度采取相应的对策。比如死机，只需重新启动操作系统和 SQL Server 服务器，重做没有提交的事务；如果数据库损坏，可以通过备份还原；如果数据库存储介质损坏，那么就需要替换损坏的介质；等等。

视频讲解

13.2.2 数据库恢复模式

数据库的恢复模式是数据库遭到破坏时还原数据库中数据的数据存储方式，它与可用性、性能、磁盘空间等因素相关。备份和还原操作是在恢复模式下进行的，恢复模式是一个数据库属性，用于控制数据库备份和还原操作基本行为。

每一种恢复模式都按照不同的方式维护数据库中的数据和日志。Microsoft SQL Server 2008 系统提供了 3 种数据库的恢复模式，即完整恢复模式、简单恢复模式、大容量日志恢复模式。

1. 完整恢复模式

完整恢复模式是等级最高的数据库恢复模式。在完整恢复模式中，对数据库的所有操作都记录在数据库的事务日志中，即使那些大容量数据的操作和创建索引的操作，也都记录在数据库的事务日志中。当数据库遭到破坏之后，可以使用该数据库的事务日志迅速还原数据库。

在完整恢复模式中，由于事务日志记录了数据库的所有变化，所以可以使用事务日志将数据库还原到任意的时刻点。但是，这种恢复模式会耗费大量的磁盘空间，除非是那种事务日志非常重要的数据库备份策略，一般不使用这种恢复模式。

这种恢复模式的特点如下。

（1）允许将数据库还原到故障点状态。

（2）数据库可以进行 4 种备份方式中的任何一种。

（3）可以还原到某个即时点。

这种模式的优点是数据丢失或损坏不会导致工作损失，可还原到即时点。但所有修改都记录在日志中，发生某些大容量操作时日志文件的增长太快。如果系统符合下列任何要求则使用完整恢复模式。

（1）用户必须能够恢复所有数据。

（2）数据库包含多个文件组，并且希望逐段还原读写辅助文件组（以及只读文件组）。

（3）必须能够恢复到故障点。

2. 简单恢复模式

简单恢复模式简略地记录大多数事务，记录信息只是为了确保在系统崩溃或还原数据备份之后数据库的一致性。

对于那些规模比较小的数据库或数据不经常改变的数据库来说，可以使用简单恢复模式。当使用简单恢复模式时，可以通过执行完整数据库备份和差异数据库备份来还原数据库，数据库只能还原到执行备份操作的时刻点，执行备份操作之后的所有数据修改都丢失并且需要重建。

这种恢复模式的特点如下。

（1）允许将数据库还原到最新的备份。

（2）数据库只能进行完整数据库备份和差异备份，不能进行事务日志备份以及文件和文件组备份。

（3）不能还原到某个即时点。

这种模式的优点是所有操作使用最少的日志空间记录，节省空间，恢复模式最简单；缺点是还原后需重做更改，不能还原到即时点。如果系统符合下列所有要求，则使用简单恢复模式。

（1）丢失日志中的一些数据无关紧要。

（2）无论何时还原主文件组，用户都希望始终还原读写辅助文件组（如果有）。

（3）是否备份事务日志无所谓，只需要完整和差异备份。

（4）不在乎无法恢复到故障点以及丢失从上次备份到发生故障之间的任何更新。

3. 大容量日志恢复模式

和完整恢复模式一样，大容量日志恢复模式也使用数据库备份和日志备份来还原数据库。但是，在使用了大容量日志恢复模式的数据库中，其事务日志耗费的磁盘空间远远小于使用完整恢复模式的数据库的事务日志。

此模式简略地记录大多数大容量操作（例如索引的创建和大容量的加载），完整地记录其他事务。大容量日志恢复提高大容量操作的性能，常用作完整恢复模式的补充。

这种恢复模式的特点如下。

（1）还原允许大容量日志记录的操作。

（2）数据库可以进行 4 种备份方式中的任何一种。

（3）不能还原到某个即时点。

这种模式的优点是对大容量操作使用最少的日志记录，节省日志空间；缺点是丧失了恢复到即时点的功能，如非特别需要，不建议使用此模式。

在 Microsoft SQL Server 2008 系统中有两种设置数据库恢复模式的方式，即使用 SQL Server Management Studio 和 ALTER DATABASE 语句。

这里主要介绍前一种方法：在 SQL Server Management Studio 环境下选中将要设置恢复模式的数据库，右击数据库，从弹出的快捷菜单中选择"属性"命令，将出现图 13-2 所示的"数据库属性"对话框。在该对话框的"选项"选择页中，可以从"恢复模式"下拉列表中选择恢复模式，在图中所示的椭圆形区域内指定了 teaching 数据库的恢复模式，即完整恢复模式。

简单恢复模式同时支持数据库备份和文件备份，但不支持事务日志备份。备份非常易于管理，因为始终不会备份事务日志。但是，如果没有日志备份，数据库只能还原到最近数据备份的末尾。如果操作失败，则在最近数据备份之后所做的更新会全部丢失。

在完整恢复模式和大容量日志恢复模式下，差异数据库备份将最大限度地减少在还原数据库时回滚事务日志备份所需的时间。

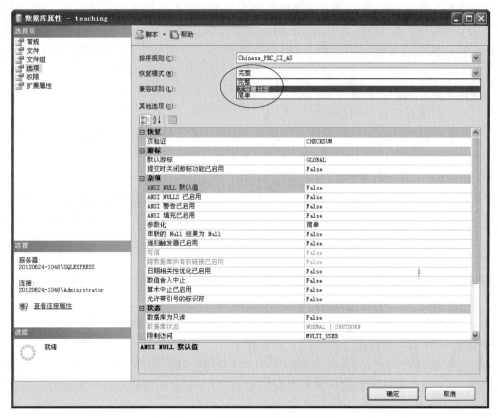

图 13-2　设置数据库恢复模式

　　事务日志备份只能与完整恢复模式和大容量日志恢复模式一起使用。在简单恢复模式下,事务日志有可能被破坏,所以事务日志备份可能不连续,不连续的事务日志备份没有意义,因为基于日志的恢复要求日志是连续的。

13.3　数据库备份操作

视频讲解

　　在 Microsoft SQL Server 2008 中数据库备份操作有两种方式,即在 SQL Server Management Studio 中使用界面备份数据库和使用 T-SQL 语句备份数据库。

1. 在 SQL Server Management Studio 中使用界面备份数据库

　　【例 13-1】　在 SQL Server Management Studio 的对象资源管理器中创建 teaching 的完整数据库备份。

　　其操作步骤如下:

　　(1)在对象资源管理器中展开 teaching 数据库。

　　(2)右击 teaching,在弹出的快捷菜单中选择"任务",然后选择"备份"命令,弹出"备份数据库-teaching"对话框,如图 13-3 所示。

　　(3)在"数据库"下拉列表框中选择 teaching 作为准备备份的数据库。在"备份类型"下拉列表框中选择需要的类型,由于这是第一次备份,选择"完整"选项,在"名称"文本框中输入要备份的名称。

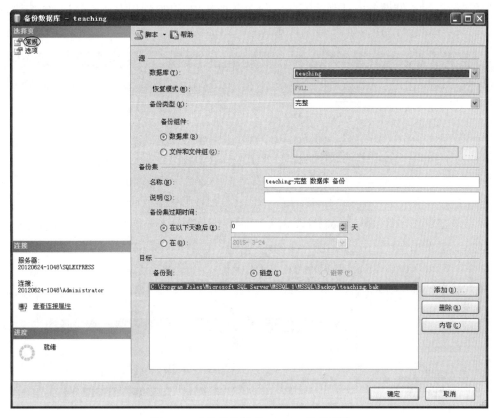

图 13-3　"备份数据库-teaching"对话框

（4）由于没有磁带设备，所以只能备份到"磁盘"。单击"添加"按钮，重新选择路径并命名文件名，然后单击"确定"按钮，如图 13-4 所示。

图 13-4　选择路径并命名文件名

（5）选择对话框左边的"选项"，进入"选项"选择页，如图 13-3 所示，对"备份到现有媒体集"选项进行设置，此选项的含义是备份媒体的现有内容被新备份重写。在"备份到现有媒体集"中含有两个选项，即"追加到现有备份集"和"覆盖所有现有备份集"。其中，"追加到现有备份集"是媒体上以前的内容保持不变，新的备份在媒体上次备份的结尾处写入；"覆盖所有现

有备份集"是重写备份设备中任何现有的备份。此处选中"追加到现有备份集"单选按钮，单击
"确定"按钮，数据备份完成，如图 13-5 所示。

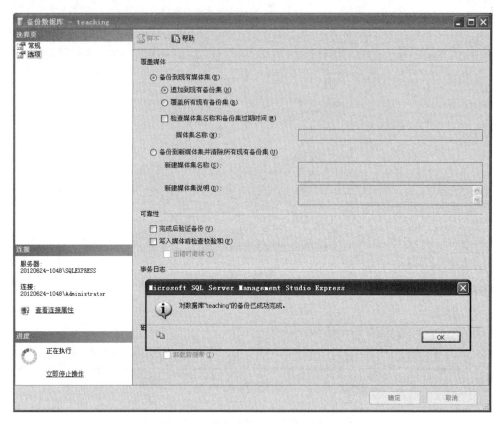

图 13-5　数据库 teaching 备份完成

2. 使用 T-SQL 语句备份数据库

使用 T-SQL 语句备份数据库的基本语法格式如下：

```
BACKUP DATABASE { database_name | @database_name_var }
TO < backup_device > [ , …n ]
[ WITH
    [ BLOCKSIZE = { blocksize | @blocksize_variable } ]
    [ [ , ] DESCRIPTION = { 'text' | @text_variable } ]
    [ [ , ] DIFFERENTIAL ]
    [ [ , ] EXPIREDATE = { date | @date_var }]
    [ [ , ] PASSWORD = { password | @password_variable } ]
    [ [ , ] FORMAT | NOFORMAT ]
    [ [ , ] { INIT | NOINIT } ]
]
```

其中参数的含义如下。

- { database_name | @database_name_var }：指定了一个数据库，对该数据库进行完整
  数据库备份或差异数据库备份。如果作为变量（@database_name_var）提供，则可将
  该名称指定为字符串常量（@database_name_var ＝ database name）或字符串数据类
  型（ntext 和 text 数据类型除外）的变量。

- < backup_device >：指定备份操作时要使用的逻辑或物理备份设备。其中，{ logical_ backup_device_name } | { @logical_backup_device_name_var }指备份设备的逻辑名称，数据库将备份到该设备中；{ DISK | TAPE } = 'physical_backup_device_name' | @physical_backup_device_ name_var 表示允许在指定的磁盘或磁带设备上创建备份。在执行 BACKUP 语句之前不必存在指定的物理设备。如果存在物理设备且 BACKUP 语句中没有指定 INIT 选项，则备份将追加到该设备。

- BLOCKSIZE = { blocksize | @blocksize_variable }：用字节数来指定物理块的大小。在 Windows NT 系统上，默认设置是设备的默认块大小。在一般情况下，当 SQL Server 选择适合设备的块大小时不需要此参数。

- DESCRIPTION = { 'text' | @text_variable }：指定描述备份集的自由格式文本，该字符串最长为 255 个字符。

- DIFFERENTIAL：指定数据库备份或文件备份应该与上一次完整备份后改变的数据库或文件部分保持一致。差异备份一般会比完整备份占用更少的空间。对于上一次完整备份时备份的全部单个日志，使用该选项可以不必再进行备份。

- EXPIREDATE = { date | @date_var }：指定备份集到期和允许被重写的日期。如果将该日期作为变量（@date_var）提供，则可以将该日期指定为字符串常量（@date_var = date）、字符串数据类型变量（ntext、text 数据类型除外）、smalldatetime 或者 datetime 变量，并且该日期必须符合已配置的系统 datetime 格式。

- PASSWORD = { password | @password_variable }：为备份集设置密码。PASSWORD 是一个字符串。如果为备份集定义了密码，必须提供这个密码才能对该备份集执行任何还原操作。

- FORMAT：指定应将媒体头写入用于此备份操作的所有卷。任何现有的媒体头都被重写。FORMAT 选项使整个媒体内容无效，即格式化备份设备。

- NOFORMAT：指定媒体头不应写入所有用于该备份操作的卷中，并且不会格式化备份设备，除非指定了 INIT。

- INIT：表示如果备份集已经存在，新的备份集会覆盖旧的备份集，但不会格式化备份设备。

- NOINIT：表示新的备份集会追加到旧的备份集的后面，不会覆盖，但不会格式化备份设备。

注意：如果要备份特定的文件或文件组，在 BACKUP DATABASE 语句中加入< file_or_ filegroup >[，…n]参数即可；如果要进行事务日志备份，则使用 BACKUP LOG。对于详细内容请读者参考 Microsoft SQL Server 2008 的联机帮助。

【例 13-2】　将整个 teaching 数据库完整备份到磁盘上，并创建一个新的媒体集。

```
BACKUP DATABASE teaching
TO DISK = 'F:\BACKUP\teaching.Bak'
    WITH FORMAT,
    NAME = 'teaching 的完整备份'
```

命令执行后，在对象资源管理器中展开 teaching 数据库，然后右击 teaching，在弹出的快捷菜单中选择任务，再选择"备份"命令，弹出"备份数据库-teaching"对话框，就可以看到创建后的备份文件，如图 13-6 所示。

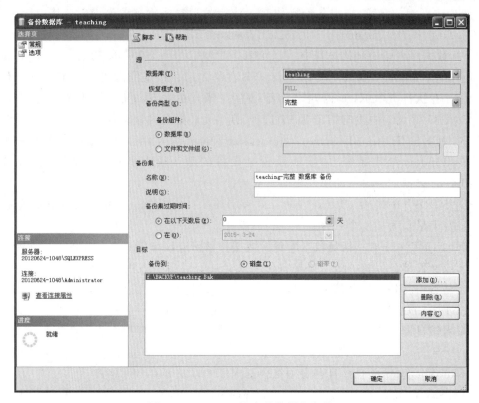

图 13-6 teaching 的完整数据库备份

在 teaching 数据库中创建一个任意的新表，表名为 Table_1。

【**例 13-3**】 创建 teaching 的差异数据库备份。

```
BACKUP DATABASE teaching
TO DISK = 'F:\BACKUP\teaching差异备份.Bak'
    WITH DIFFERENTIAL
```

命令执行后，可以用与上例相同的方法查看创建后的备份文件。

13.4 数据库还原操作

视频讲解

SQL Server 提供了数据库的两种还原，即自动还原和手动还原。

13.4.1 自动还原

自动还原是指 SQL Server 数据库在每次出现错误或关机重启之后 SQL Server 都会自动运行带有容错功能的特性。SQL Server 用事务日志来完成这项任务，它读取每个数据库事务日志的活动部分，并且检查所有自最新的检查点以来发生的事务。检查点就是最近一次从内存中把数据变化永久写入到数据库中的那个时间点，标识所有已经提交的事务，把它们重新应用于数据库，然后标识所有未提交的事务并回滚，这样可以保证删除所有未完全写入数据库的未提交事务。这个过程保证了每个数据库逻辑上的一致性。

SQL Server 最先还原 master 数据库，接着还原 model 数据库和 msdb 数据库，然后还原每一个用户数据库,最后清除并启动 tempdb 数据库,结束还原过程。

13.4.2　手动还原

手动还原数据库需要指定数据库还原工作的应用程序和接下来按照创建顺序排列的事务日志的应用程序。完成这些操作之后,数据库就会处于和事务日志最后一次备份时一致的状态。

如果使用完整数据库备份来还原,SQL Server 重新创建这些数据库文件和所有的数据库对象;如果使用差异数据库备份来还原,则可以还原最近的差异数据库备份。

在 Microsoft SQL Server 2008 中数据库还原操作有两种方式,即在 SQL Server Management Studio 中使用界面还原数据库和使用 T-SQL 语句还原数据库。

1. 在 SQL Server Management Studio 中使用界面还原数据库

【例 13-4】 在 SQL Server Management Studio 的对象资源管理器中利用 teaching 的完整数据库备份还原 teaching 数据库。

其操作步骤如下:

(1) 在对象资源管理器中展开 teaching 数据库。

(2) 右击 teaching,在弹出的快捷菜单中选择"任务",然后选择"还原"下的"数据库"命令,弹出"还原数据库-teaching"对话框,如图 13-7 所示。

图 13-7　"还原数据库-teaching"对话框

(3) 选择要还原的目标数据库为 teaching,选择用于还原的备份集为"teaching 的完整备份",然后选择左边的"选项",进入"选项"选择页,如图 13-8 所示。在"还原选项"中选择"覆盖现有数据库"复选框；在"将数据库文件还原为"中查看或修改"原始文件名"和"还原为"中的文件名，此处都为 teaching 的相应文件；在"恢复状态"区域中选择需要的选项，此处选择默认的第一项。

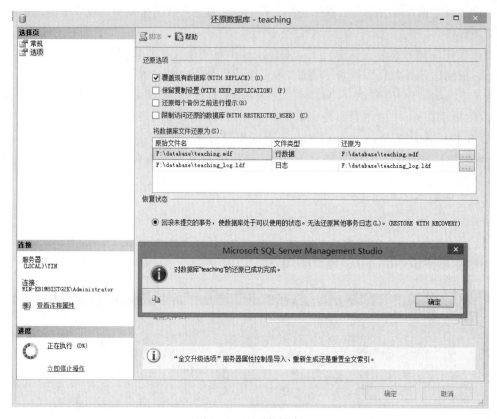

图 13-8　还原数据库

（4）单击"确定"按钮，数据库还原操作完成。打开 teaching 库，可以看到其中的数据已经进行了还原，但看不到其中的 table 表，因为只进行了完整数据库备份的还原。

【例 13-5】　在对象资源管理器中利用 teaching 教学库的差异数据库备份还原 teaching 教学库，其操作步骤和还原完整数据库备份的基本相同。

在"还原数据库-teaching"对话框中选择用于还原的备份集为"teaching 的差异备份"，"数据库完整备份"会被自动选中，因为在还原差异备份之前必须先还原其基准备份，如图 13-9 所示。在还原操作完成后，打开 teaching 库，可以看到完整备份时的数据，也可以看到其中的 table 表，因为还原了完整数据库备份后的差异数据库备份。

2. 使用 T-SQL 语句还原数据库

使用 T-SQL 语句还原数据库的基本语法格式如下：

```
RESTORE DATABASE { database_name | @database_name_var }
[ FROM < backup_device > [ , … n ] ]
[ WITH
    [ [ , ] FILE = { backup_set_file_number | @backup_set_file_number } ]
    [ [ , ] KEEP_REPLICATION ]
    [ [ , ] MEDIANAME = { media_name | @media_name_variable } ]
```

```
    [ [ , ] MEDIAPASSWORD = { mediapassword | @mediapassword_variable } ]
    [ [ , ] MOVE 'logical_file_name_in_backup' TO 'operating_system_file_name' ]
            [ , …n ]
  [ [ , ] PASSWORD = { password | @password_variable } ]
  [ [ , ] { RECOVERY | NORECOVERY | STANDBY =
          {standby_file_name | @standby_file_name_var } } ]
  [ [ , ] REPLACE ]
]
```

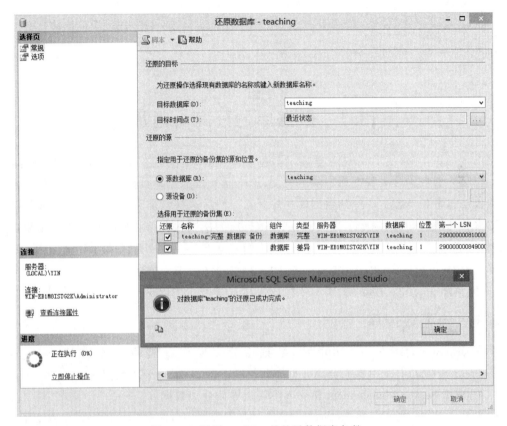

图 13-9　还原 teaching 的差异数据库备份

其中大部分参数在备份数据时已经介绍,下面对一些没有介绍过的参数进行介绍。

- KEEP_REPLICATION:将复制设置为与日志传送一同使用。设置该参数后,在备用服务器上还原数据库时可防止删除复制设置。
- MOVE:将逻辑名指定的数据文件或日志文件还原到指定的位置。
- RECOVERY:回滚未提交的事务,使数据库处于可以使用的状态,但无法还原其他事务日志。
- NORECOVERY:不对数据库执行任何操作,不回滚未提交的事务,但可以还原其他事务日志。
- STANDBY:使数据库处于只读模式,撤销未提交的事务,但将撤销操作保存在备用文件中,以便可以恢复效果逆转。
- standby_file_name | @standby_file_name_var:指定一个允许撤销恢复效果的备用文件或变量。

- REPLACE：覆盖所有现有数据库以及相关文件，包括已存在的同名的其他数据库或文件。

【例 13-6】 将 teaching 数据库的完整数据库备份进行还原。

```
RESTORE DATABASE teaching
FROM DISK = 'F\BACKUP\teaching.Bak'
WITH REPLACE, NORECOVERY
```

【例 13-7】 将 teaching 数据库的差异数据库备份进行还原。

```
RESTORE DATABASE teaching
FROM DISK = 'F:\BACKUP\teaching 差异备份.Bak'
WITH RECOVERY
```

13.5　数据库的分离与附加

SQL Server 2008 允许分离数据库的数据和事务日志文件，然后将其重新附加到同一台或另一台服务器上。分离数据库将从 SQL Server 服务器上删除数据库，但是保证在组成该数据库的数据和事务日志文件中的数据库完好无损。然后这些数据和事务日志文件可以用来将数据库附加到任何 SQL Server 实例上，这使数据库的使用状态与它分离时的状态完全相同。

例如，如果用户的数据库存放在系统盘（比如 C 盘）上，由于 C 盘容易受病毒破坏，用户也许希望将数据存放在非系统盘（比如 D 盘）上，要做到这一点很简单，用户并不需要重装数据库，只要把数据库"分离"，然后将相关文件移动到 D 盘的某个目录，接着"附加"数据库即可。

视频讲解

13.5.1　分离数据库

在 Microsoft SQL Server 2008 中，数据库分离操作有两种方式，即在 SQL Server Management Studio 中使用界面分离数据库和使用 T-SQL 语句分离数据库。

1. 在 SQL Server Management Studio 中使用界面分离数据库

在 SQL Server Management Studio 对象资源管理器中分离数据库的操作步骤如下：

（1）在对象资源管理器中展开要分离的数据库。

（2）右击数据库名称，在弹出的快捷菜单中选择"任务"，然后选择"分离"命令，如图 13-10 所示。

（3）弹出"分离数据库"对话框，如图 13-11 所示，单击"确定"按钮即可完成数据库的分离。

再打开对象资源管理器，可以发现被分离的数据库不存在了。但是，在存储此数据库的物理位置（即在某磁盘目录下），其数据文件和日志文件仍然存在，可以随便复制。

注意：只有当"使用本数据库的连接"数为 0 时该数据库才能分离，所以分离数据库时应尽量断开所有对要分离数据库操作的连接，如果还有连接数据库的程序，会出现分离数据库失败的对话框，如图 13-12 所示。用户可以在图 13-11 所示的对话框中选中"删除连接"复选框，从服务器强制断开现有的连接。

2. 使用 T-SQL 语句分离数据库

用户可以使用系统存储过程 sp_detach_db 分离数据库。sp_detach_db 存储过程从服务器分离数据库，并可以选择分离前在所有的表上运行 UPDATE STATISTICS。

图 13-10　在对象资源管理器中分离数据库

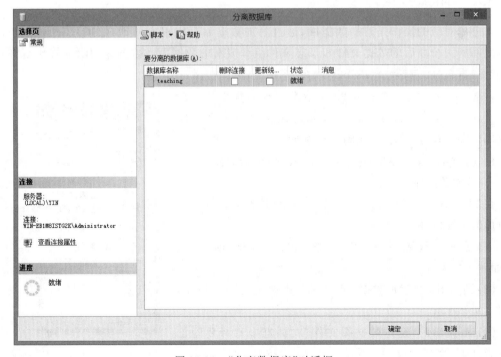

图 13-11　"分离数据库"对话框

图 13-12　分离数据库失败

其语法格式如下：

```
sp_detach_db [ @dbname = ] 'dbname'
    [ , [ @skipchecks = ] 'skipchecks' ]
```

其中参数的含义如下。

- ［@dbname ＝］'dbname'：要分离的数据库名称。@dbname 的数据类型为 sysname，默认值为 NULL。
- ［@skipchecks ＝］'skipchecks'：@skipchecks 的数据类型为 nvarchar(10)，默认值为 NULL。如果为 true，则跳过 UPDATE STATISTICS；如果为 false，则运行 UPDATE STATISTICS。对于要移动到只读媒体上的数据库，此选项很有用。

【例 13-8】　分离 inventory 数据库，并将 skipchecks 设为 true。

```
EXEC sp_detach_db 'inventory', 'true'
```

13.5.2　附加数据库

视频讲解

　　与分离对应的操作是附加数据库，通过附加数据库可以很方便地在 SQL Server 2008 服务器之间利用分离后的数据文件和日志文件组织成新的数据库。数据库的附加好比是将衣服（数据库）重新挂上衣架（SQL Server 2008 服务器）。

　　在 Microsoft SQL Server 2008 中数据库附加操作有两种方式，即在 SQL Server Management Studio 中使用界面附加数据库和使用 T-SQL 语句附加数据库。

1. 在 SQL Server Management Studio 中使用界面附加数据库

　　在 SQL Server Management Studio 的对象资源管理器中附加数据库的操作步骤如下：

　　（1）在对象资源管理器中右击数据库，选择"附加"命令，如图 13-13 所示。

　　（2）在弹出的"附加数据库"对话框中单击"添加"按钮，如图 13-14 所示。

　　（3）在弹出的"定位数据库文件"对话框中选择要附加的磁盘上的数据库文件，再单击"确定"按钮，如图 13-15 所示。

图 13-13　在对象资源管理器中
附加数据库

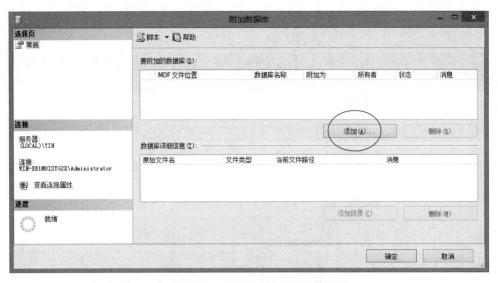

图 13-14 "附加数据库"对话框

图 13-15 附加磁盘上的数据库文件

（4）进入图 13-16 所示的对话框，用户就可以看到添加进来的数据库的数据文件和日志文件，单击"确定"按钮，完成数据库的附加。

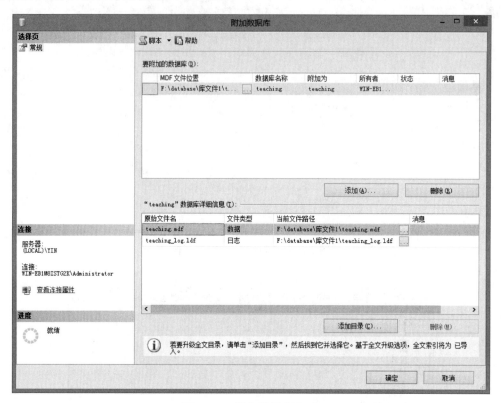

图 13-16　附加数据库完成

2. 使用 T-SQL 语句附加数据库

用户可以使用系统存储过程 sp_attach_db 将数据库附加到当前服务器或使用系统存储过程 sp_attach_single_file_db 将只有一个数据文件的数据库附加到当前服务器。

（1）使用系统存储过程 sp_attach_db 附加数据库的语法格式如下：

```
sp_attach_db [ @dbname = ] 'dbname'
, [ @filename1 = ] 'filename_n' [ , … 16 ]
```

其中参数的含义如下。

- ［@dbname ＝］'dbname'：要附加到服务器的数据库的名称，该名称必须是唯一的。dbname 的数据类型为 sysname，默认值为 NULL。
- ［@filename1 ＝］'filename_n'：数据库文件的物理名称，包括路径。filename_n 的数据类型为 nvarchar(260)，默认值为 NULL，最多可以指定 16 个文件名。参数名称以 @filename1 开始递增到 @filename16。文件名列表必须包括主文件，主文件包含指向数据库中其他文件的系统表。该列表还必须包括数据库分离后所有被移动的文件。

【例 13-9】　附加 inventory 数据库到当前服务器。

```
EXEC sp_attach_db @dbname = 'inventory',
@filename1 = 'F:\DATA\inventory.mdf',
@filename2 = 'F:\DATA\inventory_log.ldf'
```

（2）使用系统存储过程 sp_attach_single_file_db 附加只有一个数据文件的数据库的语法格式如下：

```
sp_attach_single_file_db [ @dbname = ] 'dbname', [ @physname = ] 'physical_name'
```

其中，[@physname ＝] 'phsyical_name'为数据库文件的物理名称，包括路径。physical_name 的数据类型为 nvarchar(260)，默认值为 NULL。

【例 13-10】　附加 inventory 数据库到当前服务器。

```
EXEC sp_attach_single_file_db @dbname = 'inventory',
    @physname = 'F:\DATA\inventory.mdf'
```

通过分离和附加数据库的操作可以将数据库从一台计算机移到另一台计算机，而不必重新创建数据库。附加数据库时，必须指定主数据文件的名称和物理位置，因为主文件包含查找组成数据库的其他文件所需的信息。如果存储的文件位置发生了改变，则需要手工指定次要数据文件和日志文件的存储位置。

习　题　13

1. 简述数据库备份和还原的基本概念。

2. 数据库备份有哪几种类型？

3. 简述数据库的恢复模式。

4. 简述在 SQL Server Management Studio 中使用界面进行备份和还原数据库的操作过程。

5. 使用 T-SQL 语句分别实现数据库的备份和还原操作。

6. 了解数据库的分离和附加的作用及操作方法。

第 14 章

基于 C#.NET 的数据库系统开发

SQL Server 2008 作为一个数据库管理系统,最终要向应用程序提供数据,供用户使用,所以数据库的开发是数据库系统必不可少的内容。

ASP.NET 是一种用于创建基于 Web 的应用程序的编程模型。它在 Web 服务器的环境中运行,例如 Microsoft Internet Information Server(Microsoft 互联网信息服务器,IIS),并且根据服务浏览器请求指示在服务器上执行程序。

C#(读作 C-Sharp)语言是 ASP.NET 平台的第一语言,也是目前程序开发人员使用最广泛的开发工具。因此,如何使用 C#语言开发数据库应用程序,是软件开发人员最有必要了解的内容之一。

本章首先介绍 C#语言及 ASP.NET 中的访问数据库组件 ADO.NET,然后介绍一个基于 C#.NET 的数据库系统开发实例"教学管理系统"。

14.1　C#语言简介

自 20 世纪 80 年代以来,C/C++语言一直是使用最广泛的商业化开发语言,但在带来强大控制能力和高度灵敏性的同时,其代价是相对较长的学习周期和较低的开发效率,对控制能力的滥用也给程序的安全性带来了潜在的威胁。C++语言过度的功能扩张也破坏了面向对象的设计理念。因此,软件行业迫切需要一种全新的现代程序设计语言,它能够在控制能力与生产效率之间达到良好的平衡,特别是将高端应用开发与底层平台访问紧密结合在一起,并与 Web 标准保持同步,C#语言就是这一使命的承担者。

C#语言是从 C/C++语言发展而来的,它汲取了包括 C++、Java、Delphi 在内的多种语言的精华,是一种简单易学、类型安全和完全面向对象的高级程序设计语言。它的设计目标就是在继承 C/C++强大功能的同时兼有 RAD(快速应用程序开发)语言的高效性。作为.NET 的核心编程语言,C#充分享受了 CLR 提供的优势,能够与其他应用程序方便地集成和交互。

C#语言的突出特点如下。

(1) 语法简洁:C#取消了指针,也不定义烦琐的伪关键字。它使用有限的指令、修饰符和操作符,语法上几乎不存在任何冗余,整个语言结构十分清晰。初学者通常能够快速掌握 C#的基本特性,而 C/C++程序员转入 C#几乎不会有什么障碍。

(2) 完全面向对象:C#具有面向对象的语言所应有的基本特性(封装、继承和多态性)。它禁止多继承,禁止各种全局方法、全局变量和常量。C#以类为基础来构建所有的类型,并通过命名空间对代码进行层次化的组织和管理。许多精巧的对象设计模式都在 C#语言中得到了有效的应用。

(3) 与 Web 紧密结合:借助 Web 服务框架,C#使得网络开发和本地开发几乎一样简单。

开发人员无须了解网络的细节,可以用统一的方式处理本地的和远程的 C# 对象,而 C# 组件能够方便地转为 Web 服务,并被其他平台上的各种编程语言调用。

(4) 目标软件的安全性:C# 符合通用类型系统的类型安全性要求,并用 CLR 所提供的代码访问安全特性,从而能够在程序中方便地配置安全等级和用户权限。此外,垃圾收集机制自动管理对象的生命周期,这使得开发人员无须再负担内存管理的任务,应用程序的可靠性进一步得到提高。

(5) 版本管理技术:C# 语言中内置了版本控制功能,并通过接口和继承实现应用的可扩展性。应用程序的维护和升级更加易于管理。

(6) 灵活性与兼容性:在 C# 中允许使用非托管代码与其他程序(包括 COM 组件、WIN32API 等)进行集成和交互。它还可以通过委托(delegate)来模拟指针的功能,通过接口来模拟多继承的实现。

14.2　使用 ADO.NET 访问 SQL Server 2008 数据库

ADO.NET 是 .NET Framework 中的一套类库,它将会让用户更加方便地在应用程序中使用数据。Microsoft 收集了过去几十年中最佳的数据连接的实践操作,并编写代码实现这些实践。这些代码被包装进了一些对象中,以便其他软件可以方便地使用。

ADO.NET 中的代码处理了大量的数据库特有的复杂情况,所以当 ASP.NET 页面设计人员想读取或者写入数据时,他们只需编写少量的代码,并且这些代码都是标准化的。和 ASP.NET 一样,ADO.NET 不是一种语言。它是对象(类)的集合,在对象(类)中包含了由 Microsoft 编写的代码。用户可以使用 C#、Visual Basic 等编程语言在对象外部运行这些代码。

用户可以将 ADO.NET 看作是一个介于数据源和数据使用者之间的非常灵巧的转换层。ADO.NET 可以接收数据使用者语言中的命令,然后将这些命令转换成在数据源中可以正确执行任务的命令。另外,ASP.NET 3.5 提供了服务器端数据控件,可以更方便地与 ADO.NET 交互工作,所以有时基本上减少了直接使用 ADO.NET 对象的需求。

14.2.1　ADO.NET 的对象模型

ADO.NET 是 .NET 应用程序的数据访问模型,它能用于访问关系型数据库系统。ADO.NET 对象模型有 5 个主要的组件,分别是 Connection 对象、Command 对象、DataReader 对象、DataSet 对象以及 DataAdapter 对象。

上面几个对象组成的数据操作组件主要用来当作 DataSet 对象以及数据源之间的“桥梁”,负责将数据源中的数据读取到 DataSet 对象中,以及将数据存回到数据源中。ADO.NET 的对象结构模型示意图如图 14-1 所示。

1. Connection 对象

Connection(连接)对象表示与数据源之间的连接,用它来建立或断开与数据库的连接。Connection 对象起到渠道的作用,其他对象(如 DataAdapter 和 Command 对象)通过它与数据库通信,以提交查询并获取查询结果。

Connection 对象提供了对数据源连接的封装,其中包括连接方法及描述当前连接状态的属性。在 Connection 类中最重要的属性是 ConnectionString(连接字符串),该属性用来指定服务器名称、数据源信息及其他登录信息。

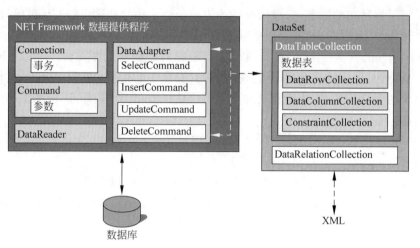

图 14-1　ADO.NET 的对象结构模型示意图

在 ConnectionString 中有两个重要的部分，即字符串的内容和数据提供器名称。在字符串内容中包含有 DataSource（数据源）、Initial Catalog（默认连接数据库）及用于描述用户身份的 User ID 和 Password。

2. Command 对象

Command（命令）对象主要用来对数据库发出一些指令，例如对数据库下达查询、插入、修改、删除等数据指令，以及呼叫存在数据库中的预存程序等。这个对象架构在 Connection 对象上，也就是 Command 对象是通过连接到数据源的 Connection 对象来下命令的。所以 Connection 连接到哪个数据库，Command 对象的命令就下到哪里。

数据库支持多种不同类型的查询。有些查询通过引用一个或多个表、视图或者是通过调用一个存储过程获取数据行，有些查询会对数据行进行修改，还有一些查询通过创建或修改表、视图或存储过程等对象对数据库的结构进行有关操作。用户可使用 Command 对象对数据库执行任何一种查询操作。

使用 Command 对象查询数据库相当简单，先将 Connection 属性设置为连接数据库的 Connection 对象，然后在 CommandText 属性中指定查询文本即可。

3. DataReader 对象

DataReader 用于以最快的速度检索并检查查询所返回的行，可使用 DataReader 对象来检查查询结果，一次检查一行。当移向下一行时，前一行的内容就会被放弃。由 DataReader 返回的数据是只读的，不支持更新操作。所以 DataReader 对象使用起来不仅节省了资源，而且效率好。另外，因为 DataReader 对象不用把数据全部传回，所以降低了网络的负载。

4. DataSet 对象

DataSet 对象可视为暂存区，可以把数据库中查到的信息保存起来，甚至可以显示整个数据库。从其名称可以看出，DataSet 对象包含一个数据集。另外，可以将 DataSet 对象视为许多 DataTable 对象（存储在 DataSet 对象的 Tables 集合中）的容器。

创建 ADO.NET 的目的是帮助开发人员建立大型的多层数据库应用程序。有时，开发人员可能希望访问一个运行在中间层服务器上的组件，以获取许多表的内容。这时不必重复调用该服务器以便每次从一个表中获取数据，而是可以将所有数据都封装入一个 DataSet 对象之中，并在一次单独调用中将其返回。DataSet 对象的功能绝不仅仅是作为多个 DataTable 对象的容器。

存储在 DataSet 对象中的数据未与数据库连接,对数据所做的任何更改都只是缓存在每个 DataRow 之中。如果要将这些更改传递给数据库,将整个 DataSet 回传给中间层服务器可能并非一种有效方法,可以使用 GetChanges 方法仅从 DataSet 中选出被修改的行。通过这样的方式,可以在不同进程或服务器之间传递较少数据。

5. DataAdapter 对象

DataAdapter 对象充当数据库和 ADO. NET 对象模型中非连接对象之间的"桥梁"。DataAdapter 对象类的 Fill 方法提供了一种高效机制,用于将查询结果引入 DataSet 或 DataTable 中,以便能够脱机处理数据,还可以利用 DataAdapter 对象向数据库提交存储在 DataSet 对象中的挂起更改。

利用 DataAdapter 对象可以设置 UpdateCommand、InsertCommand 以及 DeleteCommand 属性来调用存储过程,这些存储过程将修改、添加或删除数据库中相应表的数据行。然后只调用 DataAdapter 对象的 Update 方法,ADO. NET 就会使用所创建的 Command 对象向数据库提交 DataSet 中缓存的更改。

14.2.2　利用 ADO. NET 访问数据库的基本操作

ADO. NET 提供了两种访问数据库的方法,如图 14-2 所示。

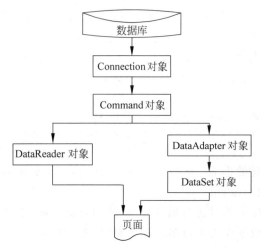

图 14-2　ADO. NET 访问数据库的方法

利用 Connection、Command 和 DataReader 对象访问数据库只能从数据库读取数据,不能添加、修改和删除记录,如果只想进行查询,这种方式的效率更高一些。利用 Connection、Command、DataAdapter 和 DataSet 对象的方式比较灵活,不仅可以对数据库进行查询操作,还可以进行增加、删除和修改等操作。

访问数据库中的数据,首先要实现数据库的连接,然后才能实现对数据库的各种操作。这里以访问 SQL Server 2008 数据库为例介绍利用 ADO. NET 访问数据库的基本步骤。

(1) 引入数据命名空间和 SQL 命名空间,语句分别为 using System. Data 和 using System. Data. SqlClient。

(2) 创建连接对象并实例化,填充连接字符串变量以存放建立连接所需要的信息。例如连接一个名为 school 的 SQL Server 数据库:

```
SqlConnection con = new SqlConnection( );
con.ConnectionString = @"Data Source = .\SQLEXPRESS; AttachDbFilename = E:\data\ school_Data.
MDF; Integrated Security = True;Connect Timeout = 30;User Instance = True";
```

（3）打开数据库连接。

```
con.Open( );
```

（4）使用连接：从数据源中读取数据或向数据源中写入数据，具体实现依据执行的 SQL 操作的不同而有所区别。

首先要创建命令对象并实例化，填充命令字符串变量以存放对数据库的操作命令，即 SQL 语句。

如果只是从数据库读取数据，可以使用 DataReader 对象和 Command 对象的 ExecuteReader( )方法访问数据库；如果对数据库进行增加、删除或修改等操作，可以直接使用 Command 对象的 ExecuteNonQuery( )方法；如果想在内存中直接操作数据库的数据，可以使用 DataAdapter 和 DataSet 对象实现对数据库的查询和进行增加、删除或修改等操作。

例如只是从数据库读取数据，其语句如下：

```
SqlCommand cmd = con.CreateCommand();          //创建命令对象并实例化
cmd.CommandText = "SELECT * FROM student";      //SqlCommand 的属性 CommandText 是一条 SQL 语句，
                                                //student 为数据库 school 中的表
SqlDataReader dr = cmd.ExecuteReader();         //建立 DataReader 对象迅速获取查询结果
```

用户也可以使用 .NET 中的控件来实现数据库中数据的操作，例如 GridView、FormView、DetailsView 和 DataList 控件等，主要的数据控件如图 14-3 所示。

这里以 GridView 控件为例，显示数据库表中数据的步骤如下。

（1）在配置文件（web.config）中加入以下语句：

```
< connectionStrings >
< add name = "数据源名称" ConnectionString = @"Data Source = .\SQLEXPRESS; AttachDbFilename =
E:\data\school_Data.MDF; Integrated Security = True;Connect Timeout = 30; User Instance = True"; />
</connectionStrings >
```

（2）为 GridView 新建数据源：选择 ConnectionString 连接串，设置参数 SQL 查询语句，例如 SELECT * FROM student。

（3）还可以为 GridView 控件进行属性设置，例如分页显示、排序显示等。

GridView 控件显示数据库表中数据的样式如图 14-4 所示。

图 14-3　.NET 中的数据控件

图 14-4　GridView 控件显示数据库表中的数据

14.3　数据库系统开发实例

本节主要通过一个完整的开发实例即"教学管理系统",讨论后台数据库使用 SQL Server 2008、前台开发工具使用 ASP. NET(C♯语言)进行数据库系统开发的过程和方法。

14.3.1　数据库设计

数据库应用系统的开发也是一项软件工程,称为数据库工程。按照规范化设置的方法,考虑数据库及其应用系统开发的全过程,将"教学管理系统"数据库设计分为 6 个阶段,即需求分析阶段、概念设计阶段、逻辑设计阶段、物理设计阶段、数据库实施阶段和运行维护阶段。

1. 需求分析阶段

通过对教学管理的日常工作进行详细的调查和分析,确定"教学管理系统"实现的功能。通过该系统,学校中不同角色的用户可以通过网络完成教学管理功能:管理员通过该系统实现对学生、教师、课程的添加和维护及对学生成绩的维护;教师通过该系统实现查看个人任课情况、课程选修情况和课程成绩录入等功能;学生通过该系统实现选课和个人成绩查询等功能;另外还有公有模块,实现修改个人密码功能。

2. 概念设计阶段

通过需求分析阶段的分析结果,本系统所要设计的实体和属性如下:

学生(学生号,密码,姓名,性别,年级,专业)

教师(教师号,密码,姓名,性别,院系)

课程(课程号,课程名,学分,课时)

管理员(管理员账号,密码)

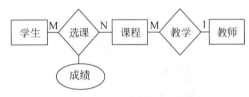

图 14-5　教学管理系统的 E-R 图

该系统的 E-R 图如图 14-5 所示,其中省略了实体中的属性。

3. 逻辑设计阶段

将概念设计阶段的 E-R 图转换成关系模式,设计出"教学管理系统"的逻辑结构,并根据程序需要设计视图。

1) 关系设计

根据转换原则转换成 5 个关系模式,关系的主码用下画线标出。

学生(学生号,密码,姓名,性别,年级,专业)

教师(教师号,密码,姓名,性别,院系)

课程(课程号,课程名,学分,课时,教师号)

选课(学生号,课程号,成绩)

管理员(管理员账号,密码)

将关系模式转换为具体的 RDBMS 中支持的关系数据模型(表结构)。本系统在 SQL Server 2008 数据库管理系统中共设计 5 个表,分别为学生表、教师表、课程表、选课表和管理员表,表结构如图 14-6~图 14-10 所示。

表 - dbo.学生*

	列名	数据类型	允许空
🔑	学生号	char(11)	☐
	密码	varchar(16)	☐
	姓名	char(8)	☐
	性别	char(2)	☐
	年级	smallint	☑
	专业	varchar(20)	☑

图 14-6　学生表

表 - dbo.教师*

	列名	数据类型	允许空
🔑	教师号	char(5)	☐
	密码	varchar(16)	☐
	姓名	char(8)	☐
	性别	char(2)	☑
	院系	varchar(20)	☑
			☐

图 14-7　教师表

表 - dbo.课程*

	列名	数据类型	允许空
🔑	课程号	char(4)	☐
	课程名	varchar(20)	☐
	学分	smallint	☑
	课时	smallint	☑
	教师号	char(5)	☐
			☐

图 14-8　课程表

表 - dbo.选课*

	列名	数据类型	允许空
🔑	学生号	char(11)	☐
🔑	课程号	char(4)	☐
	成绩	int	☑

图 14-9　选课表

表 - dbo.管理员

	列名	数据类型	允许空
🔑	管理员账号	char(5)	☐
	密码	varchar(16)	☐
			☐

图 14-10　管理员表

2）设计视图

视图 1：用于管理员查询每门课的选修人数。

其创建代码如下：

```
CREATE VIEW 选课人数
AS
SELECT 课程.课程号,课程名,课程.教师号,姓名,院系,COUNT(选课.课程号) AS 选课人数
FROM 选课 RIGHT JOIN 课程 ON 选课.课程号 = 课程.课程号
    FULL JOIN 教师 ON 课程.教师号 = 教师.教师号
GROUP BY dbo.课程.课程号,课程名, 课程.教师号,姓名,院系
```

视图 2：用于管理员查询每门课的平均成绩。

其创建代码如下：

```
CREATE VIEW 平均成绩
AS
SELECT 课程.课程号,课程名,课程.教师号,姓名,院系, AVG(选课.成绩) AS 平均成绩
FROM 选课 JOIN 课程 ON 选课.课程号 = 课程.课程号
     JOIN 教师 ON 课程.教师号 = 教师.教师号
GROUP BY 课程.课程号,课程名,课程.教师号,姓名,院系
```

4. 物理设计阶段

根据教学管理系统的数据操作，需要为各个表设计索引文件。每个表已经按主码自动创建了一个聚集索引，其他索引如下：

（1）按学生表的“姓名”列升序创建一个非聚集索引。

（2）按学生表的"年级"列升序、"专业"列升序创建一个非聚集索引。

（3）按课程表的"课程名"列升序创建一个非聚集索引。

（4）按课程表的"教师号"列升序创建一个非聚集索引。

（5）按教师表的"姓名"列升序创建一个非聚集索引。

（6）按教师表的"院系"列升序创建一个非聚集索引。

5. 数据库实施阶段

在 SQL Server 2008 中创建数据库"教学库"，创建其中的 5 个表，并为表创建索引，然后向表中添加数据，创建两个视图。再根据程序功能设计一个存储过程和一个表值函数。

（1）存储过程 teacherQElect，用于实现教师查询学生选课情况。

```
CREATE PROCEDURE teacherQElect @cno varchar(6)
AS
    IF (SELECT COUNT( * ) FROM 学生, 选课
        WHERE 学生.学生号 = 选课.学生号 AND 课程号 = @cno)> 0
    SELECT 学生.学生号, 姓名, 年级, 专业 FROM 学生, 选课
    WHERE 学生.学生号 = 选课.学生号 AND 课程号 = @cno ORDER BY 专业, 年级
    ELSE
    SELECT  0  AS  选课人数
    RETURN
```

（2）函数 stuscore，用于实现学生查询考试成绩。

```
CREATE FUNCTION stuscore(@sno varchar(11))
RETURNS TABLE
AS
RETURN
    SELECT 选课.课程号, 课程名, 成绩 FROM 选课, 课程
    WHERE 课程.课程号 = 选课.课程号 AND 学生号 = @sno
```

6. 运行维护阶段

数据库投入运行标志着开发任务的基本完成和维护工作的开始。维护工作是一个长期的过程，包括对数据库设计的评价、调整、修改等工作，这里不再讲述。

14.3.2　系统设计与实现

根据需求分析阶段的系统功能将"教学管理系统"分成 4 个模块，包括管理员管理模块、教师管理模块、学生管理模块和登录用户模块，如图 14-11 所示。

根据以上 4 个模块准备设计以下页面。

（1）登录页面：Login.aspx；

（2）管理员主页面：Main.aspx；

（3）添加学生页面：adminStudentAdd.aspx；

（4）学生信息维护页面：adminStudentDetails.aspx；

（5）添加课程页面：adminCourseAdd.aspx；

（6）课程信息维护页面：adminCourseDetails.aspx；

（7）添加教师页面：adminTeacherAdd.aspx；

（8）教师信息维护页面：adminTeacherDetails.aspx；

（9）学生成绩维护页面：adminStudentScore.aspx；

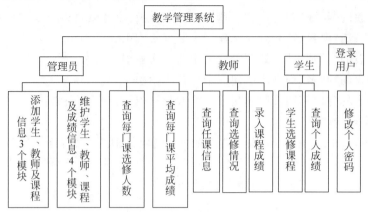

图 14-11　系统功能模块

（10）查询每门课的选修人数页面：adminSearchNumber. aspx；

（11）查询每门课的平均成绩页面：adminSearchScore. aspx；

（12）教师查询任课信息页面：teacherCourseDetails. aspx；

（13）教师查询选课情况页面：teacherQueryElect. aspx；

（14）教师录入成绩页面：teacherSubmitScore. aspx；

（15）学生选修课程页面：studentElect. aspx；

（16）个人成绩查询页面：studentQueryScore. aspx；

（17）修改个人密码页面：ModifyPwd. aspx。

1. 创建项目

（1）启动 Microsoft Visual Studio 2010，进入. NET 的 IDE 界面，创建一个新项目，然后选择"文件"→"新建"→"网站"命令，如图 14-12 所示。

图 14-12　新建网站

（2）在"新建网站"对话框中选择建立 ASP.NET 网站，设置网站文件的存储位置，指定开发语言为 Visual C♯，如图 14-13 所示。

图 14-13　新建 ASP.NET 网站

（3）单击"确定"按钮，网站建立成功。在窗口右侧的"解决方案资源管理器"中可以看到网站目录，以及默认主页 Default.aspx、网页文件等，如图 14-14 所示。

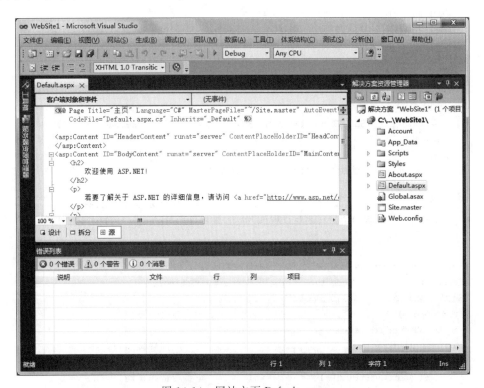

图 14-14　网站主页 Default.aspx

2. 设计登录页面

登录页面(Login.aspx)是教学管理系统的入口页面,任何未登录的用户都不允许访问本系统的任何信息。教师、学生和管理员用户都可以通过登录页面进入教学管理系统。

登录页面的网页设计前台界面使用表格及各种 ASP. NET 控件(如 TextBox、RadioButtonList、Button 等)来实现,如图 14-15 所示。

图 14-15 登录页面的前台设计界面

登录页面的后台功能代码如下:

```
protected void imgbtnLogin_Click(object sender, ImageClickEventArgs e)
{
    //接收用户输入的参数
    string userName = txtUserName.Text.Trim();          //登录名
    string userPwd = txtPwd.Text.Trim();                //密码
    string userRole = rblClass.SelectedValue.Trim();    //身份
    string selectStr = "";
    switch (userRole)
    {
        case "0":                                       //身份为教师时
            selectStr = "SELECT * FROM 教师 WHERE 教师号 = '" + userName + "'";
            break;
        case "1":                                       //身份为学生时
            selectStr = "SELECT * FROM 学生 WHERE 学生号 = '" + userName + "'";
            break;
        case "2":                                       //身份为管理员时
            selectStr = "SELECT * FROM 管理员 WHERE 管理员账号 = '" + userName + "'";
            break;
    }
    SqlConnection conn = new SqlConnection(ConfigurationManager.
    ConnectionStrings["ConnectionString"].ConnectionString);
    SqlCommand cmd = new SqlCommand(selectStr,conn);
    conn.Open();                                        //打开连接
    SqlDataReader sdr = cmd.ExecuteReader();            //执行查询
    if (sdr.Read())                                     //如果该用户存在
    {
        if (sdr.GetString(1) == userPwd)               //密码正确
        {
            Session["userName"] = userName;
```

```
        Session["userRole"] = userRole;
        conn.Close();
        switch (userRole)
        {
            case "0":                              //身份为教师时
                Response.Redirect("teacherCourseDetails.aspx");
                break;
            case "1":                              //身份为学生时
                Response.Redirect("studentQueryScore.aspx");
                break;
            case "2":                              //身份为管理员时
                Response.Redirect("Main.aspx");
                break;
        }
    }
    else                                           //密码错误,给出提示信息!
    {
        lblMessage.Text = "您输入的密码错误,请检查后重新输入!";
    }
}
else                                               //用户不存在或用户名输入错误
    lblMessage.Text = "该用户不存在或用户名输入错误,请检查后重新输入!";
conn.Close( );
}
```

3. 管理员主页面

管理员主页面(Main.aspx)实现管理员修改个人密码和引导管理员用户进入其各个管理功能页面。只有管理员才能进入管理员主页面,其他用户禁止进入。管理员主页面的网页设计前台界面使用表格及各种 ASP.NET 控件(如 Button 等)来实现,如图 14-16 所示。

图 14-16　管理员主页面的前台设计界面

管理员主页面的后台功能代码如下:

```
protected void Page_Load(object sender, EventArgs e)
{
    if (!this.IsPostBack)
    {
    Label1.Text = "欢迎管理员" + Session["userName"].ToString() + "进入本系统!";
    }
}
//"添加学生"按钮的 Click 事件
protected void Button1_Click(object sender, EventArgs e)
{
```

```
        Response.Redirect("adminStudentAdd.aspx");
    }
//"添加教师"按钮的 Click 事件
protected void Button3_Click(object sender, EventArgs e)
{
        Response.Redirect("adminTeacherAdd.aspx");
}
//"添加课程"按钮的 Click 事件
protected void Button5_Click(object sender, EventArgs e)
{
        Response.Redirect("adminCourseAdd.aspx");
}
//"学生信息维护"按钮的 Click 事件
protected void Button2_Click(object sender, EventArgs e)
{
        Response.Redirect("adminStudentDetails.aspx");
}
//"教师信息维护"按钮的 Click 事件
protected void Button4_Click(object sender, EventArgs e)
{
        Response.Redirect("adminTeacherDetails.aspx");
}
//"课程信息维护"按钮的 Click 事件
protected void Button6_Click(object sender, EventArgs e)
{
        Response.Redirect("adminCourseDetails.aspx");
}
//"学生成绩维护"按钮的 Click 事件
protected void Button7_Click(object sender, EventArgs e)
{
        Response.Redirect("adminStudentScore.aspx");
}
//"退出系统"按钮的 Click 事件
protected void Button8_Click(object sender, EventArgs e)
{
    Response.Write("<a href = 'javascript:window.opener = null;window.close()'>
    关闭窗口</a>");
}
//"修改密码"按钮的 Click 事件
protected void Button9_Click(object sender, EventArgs e)
{
    Response.Redirect("ModifyPwd.aspx");
}
//"查询选课人数"按钮的 Click 事件
protected void Button10_Click(object sender, EventArgs e)
    {
        Response.Redirect("adminSearchNumber.aspx");
    }
//"查询平均成绩"按钮的 Click 事件
protected void Button11_Click(object sender, EventArgs e)
    {
        Response.Redirect("adminSearchScore.aspx");
    }
```

4. 添加学生页面

添加学生页面(adminStudentAdd. aspx)只有管理员用户可以进入,管理员用户在此页面可以完成新学生信息的添加。添加学生页面的前台界面使用表格及各种 ASP. NET 控件(如 TextBox、Button、DropDownList 等)来设计实现,其中添加"专业"用 DropDownList 控件,绑定"学生表"中的"专业"列,并过滤掉重复行,如图 14-17 所示。

添加学生页面的后台功能代码如下:

图 14-17　添加学生页面的前台设计界面

```csharp
//设置只有管理员用户可以进入
protected void Page_Load(object sender, EventArgs e)
 {
     if( (string)Session["userRole"]!= "2")
     Response. Redirect("Login.aspx");
 }
 //"添加"按钮的 Click 事件
protected void imgBtnAdd_Click(object sender, ImageClickEventArgs e)
{
    SqlConnection conn = new SqlConnection(ConfigurationManager. ConnectionStrings["ConnectionString1"].
ConnectionString);                                         //创建连接对象
    string insql = "INSERT INTO 学生(学生号,密码,姓名,性别,年级,专业) values('" + txtID. Text + "',
'" + txtID. Text + "', '" + txtName. Text + "', '" + RadSex. Text + "'," +  int. Parse (ddlGrade.
SelectedValue) + ",'" + ddlDepart. SelectedValue + "')";
    SqlCommand insertCmd = new SqlCommand(insql, conn);
conn. Open();
    int flag = insertCmd. ExecuteNonQuery();                //执行添加
    if (flag > 0)                                           //如果添加成功
      {
          lblMessage. Text = "成功添加学生信息!";
      }
    else                                                    //如果添加失败
      {
          lblMessage. Text = "添加学生信息失败,查看输入是否正确!";
      }
    conn. Close();
}
//"重置"按钮的 Click 事件
protected void imgBtnReset_Click(object sender, ImageClickEventArgs e)
    {
        txtID. Text = "";
        txtName. Text = "";
    }
```

添加成功后的页面运行结果如图 14-18 所示。

5. 添加教师页面

添加教师页面(adminTeacherAdd. aspx)只有管理员用户可以进入,管理员用户在此页面可以完成新教师信息的添加。添加教师页面的前台界面利用表格及各种 ASP. NET 控件(如 TextBox、Button、DropDownList 等)来设计实现,其中添加"院系"用 DropDownList 控件,绑定"教师表"中的"院系"列,并过滤掉重复行,如图 14-19 所示。

图 14-18　成功添加一个学生 　　　　　图 14-19　添加教师页面的前台设计界面

添加教师页面的后台功能代码如下：

```
//设置只有管理员用户可以进入
protected void Page_Load(object sender, EventArgs e)
  {
      if( (string)Session["userRole"]!= "2")
      Response.Redirect("Login.aspx");
  }
//"添加"按钮的 Click 事件
protected void imgBtnAdd_Click(object sender, ImageClickEventArgs e)
  {
    SqlConnection conn = new SqlConnection(ConfigurationManager.
        ConnectionStrings["ConnectionString1"].ConnectionString);      //创建连接对象
    string insql = "INSERT INTO 教师(教师号,密码,姓名,性别,院系) values('" + txtID.Text + "',
'" + txtID.Text + "','" + txtName.Text + "','" + RadSex.Text + "','" + ddlDepart.SelectedValue + "')";
    SqlCommand insertCmd = new SqlCommand(insql, conn);
    conn.Open();
    int flag = insertCmd.ExecuteNonQuery();            //执行添加
    if (flag > 0)                                      //如果添加成功
      {
          lblMessage.Text = "成功添加教师信息!";
      }
    else                                               //如果添加失败
      {
          lblMessage.Text = "添加教师信息,查看输入是否正确!";
      }
    conn.Close();
  }
protected void imgBtnReset_Click(object sender, ImageClickEventArgs e)
  {
      txtID.Text = "";
      txtName.Text = "";
  }
```

添加成功后的页面运行结果如图 14-20 所示。

6. 添加课程页面

添加课程页面（adminCourseAdd.aspx）只有管理员用户可以进入，管理员用户在此页面可以完成新课程信息的添加。添加课程页面的前台界面使用表格及各种 ASP. NET 控件（如

TextBox、Button、DropDownList 等）来设计实现,其中添加"任课教师"用 DropDownList 控件,绑定"教师表"中的"教师号"列,如图 14-21 所示。

图 14-20　成功添加一个教师

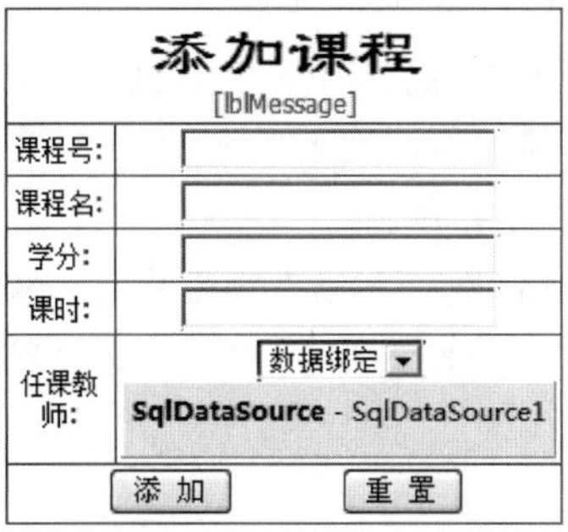

图 14-21　添加课程页面的前台设计界面

添加课程页面的后台功能代码如下:

```csharp
//设置只有管理员用户可以进入
protected void Page_Load(object sender, EventArgs e)
  {
      if( (string)Session["userRole"]!= "2")
      Response.Redirect("Login.aspx");
  }
//"添加"按钮的 Click 事件
protected void imgBtnAdd_Click(object sender, ImageClickEventArgs e)
{
    SqlConnection conn = new SqlConnection(ConfigurationManager.
        ConnectionStrings["ConnectionString1"].ConnectionString);     //创建连接对象
    string insql = "INSERT INTO 课程(课程号,课程名,学分,课时,教师号) values('" + txtID.Text + "','
" + txtName.Text + "'," + txtXuefen.Text + "," + txtKeshi.Text + ",'" + DDLteacher.SelectedValue + "')";
    SqlCommand insertCmd = new SqlCommand(insql, conn);
    conn.Open();
    int flag = insertCmd.ExecuteNonQuery();          //执行添加
    if (flag > 0)                                     //如果添加成功
      {
          lblMessage.Text = "成功添加课程信息!";
      }
    else                                             //如果添加失败
      {
          lblMessage.Text = "添加课程信息失败,查看输入是否正确!";
      }
    conn.Close();
}
protected void imgBtnReset_Click(object sender, ImageClickEventArgs e)
  {
      txtID.Text = "";
      txtName.Text = "";
      txtXuefen.Text = "";
      txtKeshi.Text = "";
  }
```

添加成功后的页面运行结果如图 14-22 所示。

7. 学生信息维护页面

学生信息维护页面（adminStudentDetails.aspx）只有管理员用户可以进入，管理员用户在此页面可以完成对学生信息的维护，包括对学生信息的修改和删除。

学生信息维护页面直接使用 GridView 控件的自带功能来实现修改和删除。首先添加一个 GridView 控件，然后为其设置数据源为"教学库"中的"学生表"，并按"专业"和"学生号"升序排序，其设计界面如图 14-23 所示。

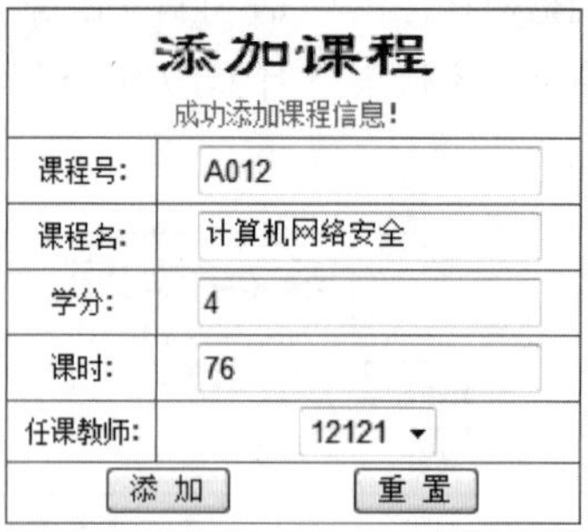

图 14-22　添加课程成功后的页面

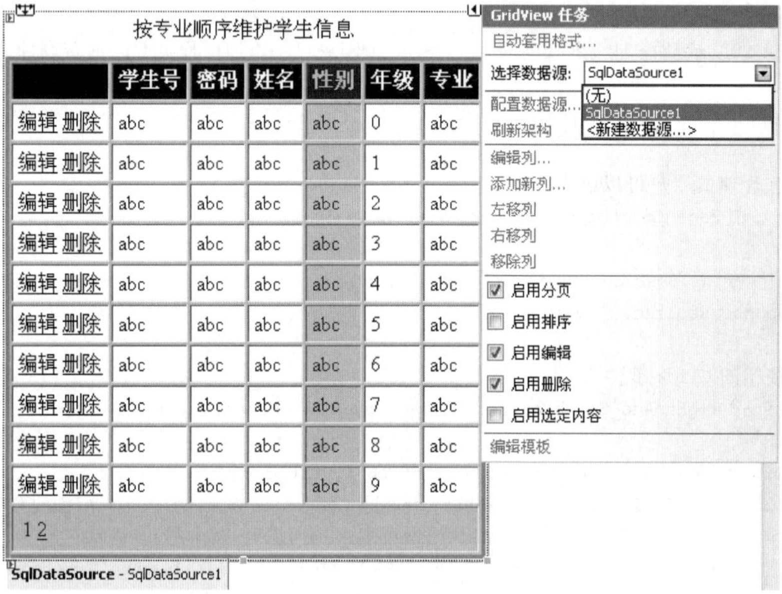

图 14-23　学生信息维护页面的网页设计界面

学生信息维护网页的运行情况如图 14-24 所示。

	学生号	密码	姓名	性别	年级	专业
更新 取消	20120102005	20120102005	刘梅	女	2012	电子
编辑 删除	20140202003	20140202003	张强	男	2014	电子
编辑 删除	20130101001	20130101001	王小明	男	2013	计算机
编辑 删除	20140303001	20140303001	赵丽红	女	2014	计算机
编辑 删除	20141089356	20141089356	张力力	男	2014	计算机
编辑 删除	20151101002	20151101002	魏平	男	2015	计算机
编辑 删除	20120401001	20120401001	张江	男	2012	通信
编辑 删除	20130304006	20130304006	刘景鹏	男	2013	通信
编辑 删除	20151102001	20151102001	张丽红	女	2015	通信

图 14-24　学生信息维护网页的编辑状态

教师信息维护页面（adminTeacherDetails.aspx）和课程信息维护页面（adminCourseDetails.aspx）同样只有管理员用户可以进入。

管理员用户在这两个页面可以完成教师信息的维护和课程信息的维护，具体功能包括教师信息和课程信息的修改和删除。这两个页面的实现方式都与学生信息维护页面相似,因此不再赘述。

8. 学生成绩维护页面

学生成绩维护页面(adminStudentScore.aspx)只有管理员用户可以进入,管理员用户在此页面可以完成对学生成绩的维护,包括对学生成绩的修改和删除。

学生成绩维护页面直接使用 GridView 控件的自带功能来实现。首先添加一个 GridView 控件,然后为其设置数据源为"教学库"中的"选课表"。此网页的设计界面如图 14-25 所示。

在学生信息维护网页的执行状态下只有"成绩"列可以修改或删除,如图 14-26 所示。

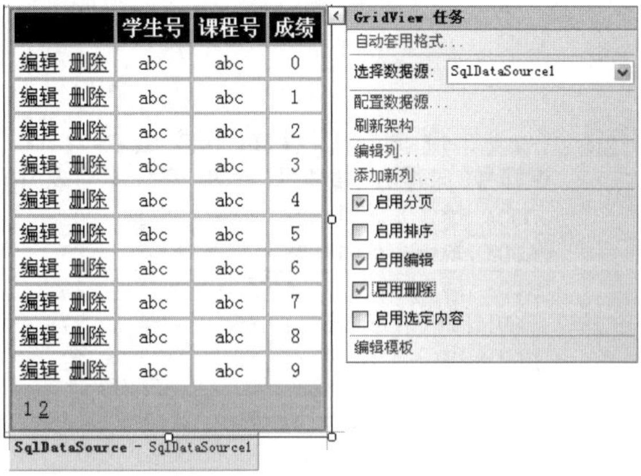

图 14-25 学生成绩维护页面的网页设计界面

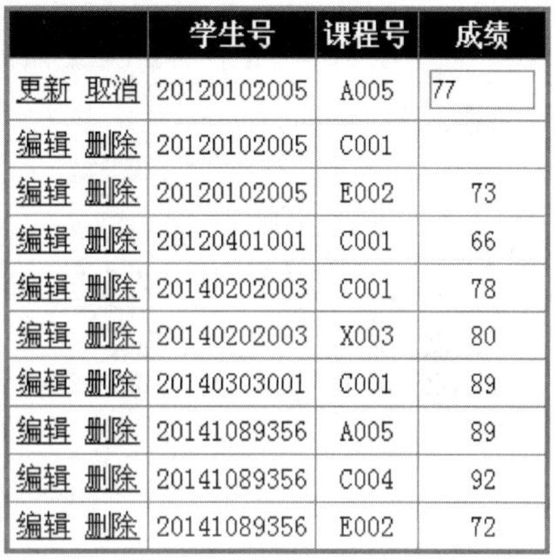

图 14-26 学生成绩维护网页的执行状态

9. 查询每门课的选修人数页面

查询每门课的选修人数页面(adminSearchNumber.aspx)只有管理员用户可以进入,管理员用户在此页面可以查询每门课的选修人数,以确定哪些课程适合开课,哪些课程不适合开课。

查询每门课的选修人数页面直接使用 GridView 控件的自带功能来实现。首先添加一个 GridView 控件,然后为其设置数据源为"教学库"中的"选课人数",并按"选课人数"降序排列显示。此网页的设计界面如图 14-27 所示。

查询每门课的选修人数页面的运行结果如图 14-28 所示。

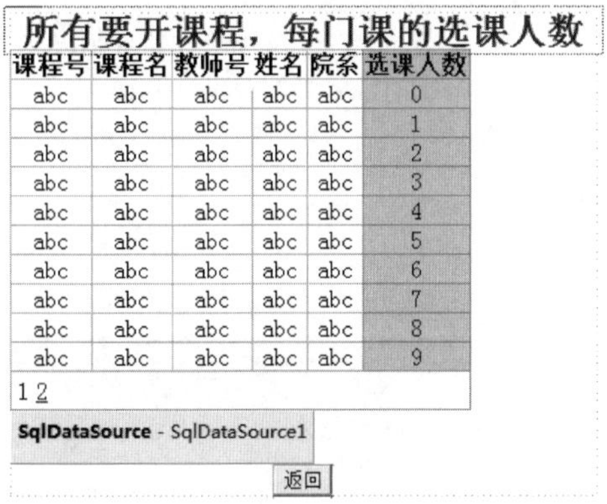

图 14-27 查询每门课的选修人数页面的
网页设计界面

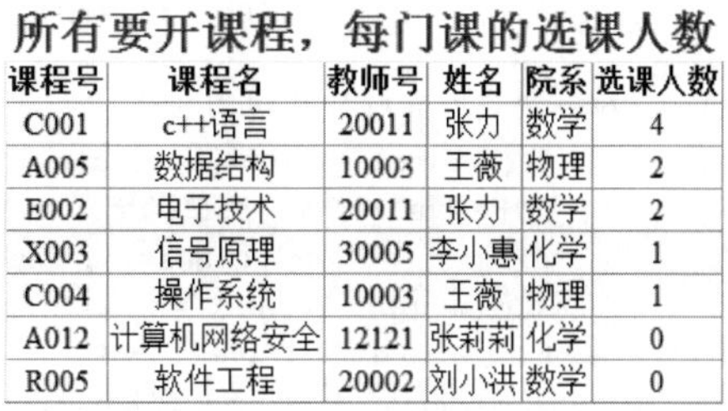

图 14-28 查询每门课的选修人数页面的
运行结果

10. 查询每门课的平均成绩页面

查询每门课的平均成绩页面（adminSearchScore.aspx）只有管理员用户可以进入，管理员用户在此页面可以查询每门课的平均成绩，以了解学生的考试成绩情况。

查询每门课的平均成绩页面直接使用 GridView 控件的自带功能来实现。首先添加一个 GridView 控件，然后为其设置数据源为"教学库"中的"平均成绩"，并按"平均成绩"降序排列显示。此网页的设计界面如图 14-29 所示。

查询每门课的平均成绩页面的运行结果如图 14-30 所示。

查询每门课的平均成绩

课程号	课程名	教师号	姓名	院系	平均成绩
abc	abc	abc	abc	abc	0
abc	abc	abc	abc	abc	1
abc	abc	abc	abc	abc	2
abc	abc	abc	abc	abc	3
abc	abc	abc	abc	abc	4
abc	abc	abc	abc	abc	5
abc	abc	abc	abc	abc	6
abc	abc	abc	abc	abc	7
abc	abc	abc	abc	abc	8
abc	abc	abc	abc	abc	9

图 14-29　查询每门课的平均成绩页面的
网页设计界面

查询每门课的平均成绩

课程号	课程名	教师号	姓名	院系	平均成绩
C004	操作系统	10003	王薇	物理	92
A005	数据结构	10003	王薇	物理	83
X003	信号原理	30005	李小惠	化学	80
C001	c++语言	20011	张力	数学	77
E002	电子技术	20011	张力	数学	72

图 14-30　查询每门课的平均成绩页面的
运行结果

11. 教师查询任课信息页面

教师查询任课信息页面（teacherCourseDetails.aspx）只有教师用户可以进入，教师用户在此页面可以查看自己的任课情况，包括此教师所任课程的详细信息。

教师查询任课信息页面使用 GridView 控件显示进行查询的教师所任课程的详细信息。首先添加一个 GridView 控件，然后使用后台代码实现查询数据与此控件的绑定，通过此页面还可以引导教师用户进行课程选修情况的查询、成绩录入以及修改个人密码，其设计界面如图 14-31 所示。

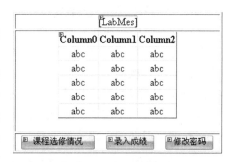

图 14-31　教师查询任课信息页面的
前台设计界面

教师查询任课信息页面的后台功能代码如下：

```
protected void Page_Load(object sender, EventArgs e)
  {
    //设置只有教师用户可以进入
    if ((string)Session["userRole"] != "0")
        Response.Redirect("Login.aspx");
    string tn = (string)Session["userName"];
    SqlConnection conn = new SqlConnection (ConfigurationManager. ConnectionStrings
["ConnectionString1"].ConnectionString);           //创建连接对象
    SqlCommand cmd = conn.CreateCommand();
    cmd.CommandText = "SELECT * FROM 课程 WHERE 教师号 = '" + tn + "'";
    conn.Open();
    //建立 DataReader 对象迅速获取查询结果
    SqlDataReader dr = cmd.ExecuteReader();
```

```
        GridView1.DataSource = dr;
        GridView1.DataBind();
        dr.Close();
        SqlCommand cmd1 = conn.CreateCommand();
        cmd1.CommandText = "SELECT 姓名 FROM 教师 WHERE 教师号 = '" + tn + "'";
        SqlDataReader dr1 = cmd1.ExecuteReader();
        dr1.Read();
        LabMes.Text = (string)dr1[0] + " 老师的任课情况：";
        Session["teacher"] = (string)dr1[0];
        conn.Close();
    }
//"课程选修情况"按钮的 Click 事件
protected void ButQE_Click(object sender, EventArgs e)
{
        Response.Redirect("teacherQueryElect.aspx ");
}
//"录入成绩"按钮的 Click 事件
protected void ButSS_Click(object sender, EventArgs e)
{
        Response.Redirect("teacherSubmitScore.aspx");
}
//"修改密码"按钮的 Click 事件
protected void ButMP_Click(object sender, EventArgs e)
{
        Response.Redirect("ModifyPwd.aspx");
}
```

教师查询任课信息页面的运行结果如图 14-32 所示。

12. 教师查询选课情况页面

教师查询选课情况页面（teacherQueryElect.aspx）只有教师用户可以进入，教师用户在此页面可以查看自己所任课程的选修情况，包括每门课程选修的学生的详细信息。

教师查询选课情况页面使用 GridView 控件显示进行查询的教师所任课程的选修情况。首

课程号	课程名	学分	课时	教师号
C001	c++语言	4	72	20011
E002	电子技术	5	90	20011

张力 老师的任课情况：

课程选修情况　　录入成绩　　修改密码

图 14-32　教师查询任课信息页面的运行结果

先添加一个下拉列表控件，用于选择要查询的"课程名"，再添加一个 GridView 控件，然后使用后台代码实现查询数据与此控件的绑定。通过此页面还可以引导教师用户进行任课情况的查询、成绩录入以及修改个人密码，其设计界面如图 14-33 所示。

图 14-33　教师查询选课情况页面的前台设计界面

教师查询选课情况页面的后台功能代码如下：

```
protected void Page_Load(object sender, EventArgs e)
  {                                              //设置只有教师用户可以进入
      if ((string)Session["userRole"] != "0")
         Response.Redirect("Login.aspx");
      if (!this.IsPostBack)
        {
         Label1.Text = "请" + (string)Session["teacher"] + "老师选择要查询的课程 ";
         BindDDL();
         BindGridView();
        }
  }
  private void BindDDL()                          //为"课程名称"下拉列表框绑定数据
  {
      SqlConnection conn  =  new  SqlConnection ( ConfigurationManager. ConnectionStrings
["ConnectionString1"].ConnectionString);          //创建连接对象
      string SqlStr = "SELECT DISTINCT 课程.课程号,课程.课程名 FROM 课程 WHERE 教师号 = '" +
(string)Session["userName"] + "'";
      DataSet ds = new DataSet();
      conn.Open();
      SqlDataAdapter da = new SqlDataAdapter(SqlStr, conn);
      da.Fill(ds);                                //从数据库中取数据放到 DataSet 数据集中
      conn.Close();
      ddlCourse.DataSource = ds.Tables[0].DefaultView;
      ddlCourse.DataTextField = "课程名";          //下拉列表框的每项显示课程名称
      ddlCourse.DataValueField = "课程号";         //下拉列表框每项的值为课程编号
      ddlCourse.DataBind();
  }
  //为 GridView 控件绑定数据,执行存储过程 teacherQElect
  private void BindGridView()
  {
      SqlConnection conn  =  new  SqlConnection ( ConfigurationManager. ConnectionStrings
["ConnectionString1"].ConnectionString);
      SqlCommand cmd = new SqlCommand("teacherQElect", conn); cmd.CommandType = CommandType.
StoredProcedure;
      cmd.Parameters.Add("@cno", SqlDbType.VarChar, 6);
      cmd.Parameters["@cno"].Value = ddlCourse.SelectedValue.ToString();
      conn.Open();                                //打开连接对象,建立到数据库的连接
      //建立 DataReader 对象,迅速获取查询结果
      SqlDataReader dr = cmd.ExecuteReader();
      GridView1.DataSource = dr;
      GridView1.DataBind();
      conn.Close();
  }
  //下拉列表的选择发生变化的事件
  protected void ddlCourse_SelectedIndexChanged(object sender, EventArgs e)
  {
```

```
            BindGridView();
        }
    }
```

对于几个按钮的 Click 事件这里不再赘述。

教师查询选课情况页面的运行结果如图 14-34 所示。

请张力 老师选择要查询的课程

课程名称： [c++语言 ▼]

c++语言
电子技术

学生号		级	专业
20120102005	刘梅	2012	电子
20140202003	张强	2014	电子
20140303001	赵丽红	2014	计算机
20120401001	张江	2012	通信

[任课情况]　　　　　[录入成绩]　　　　　[修改密码]

图 14-34　教师查询选课情况页面的运行结果

13. 教师录入成绩页面

教师录入成绩页面(teacherSubmitScore. aspx)只有教师用户可以进入,教师用户在此页面可以录入自己所任课程的考试成绩。

教师录入成绩页面使用 GridView 控件显示选修了此教师所任课程的学生的基本信息和"成绩"列,其中"成绩"列被设置为文本框控件,可以录入和修改,其他列均为只读的 Label 控件。首先添加一个下拉列表控件,用于选择录入成绩的"课程名",再添加一个 GridView 控件,然后使用后台代码实现查询数据与此控件的绑定。通过此页面还可以引导教师用户进行任课情况的查询、学生选修情况的查询以及修改个人密码,其设计界面如图 14-35 所示。

图 14-35　教师录入成绩页面的前台设计界面

教师录入成绩页面的后台功能代码如下：

```
protected void Page_Load(object sender, EventArgs e)
  {                                                      //设置只有教师用户可以进入
      if ((string)Session["userRole"] != "0")
      Response.Redirect("Login.aspx");
      if (!this.IsPostBack)
      {
      Label1.Text = "请" + (string)Session["teacher"] + "老师选择要录入成绩的课程";
      BindDDL();
      BindGridView();
      }
  }
//为"课程名称"下拉列表框绑定数据
private void BindDDL()
  {
      SqlConnection conn = new SqlConnection(ConfigurationManager. ConnectionStrings["Conne-
ctionString1"]. ConnectionString);
      string SqlStr = "SELECT DISTINCT 课程.课程号,课程.课程名 FROM 课程 WHERE 教师号 = '" +
(string)Session["userName"] + "'";
      DataSet ds = new DataSet();
      conn.Open();
      SqlDataAdapter da = new SqlDataAdapter(SqlStr, conn);
      da.Fill(ds);                                       //从数据库中取数据放到 DataSet 数据集中
      conn.Close();
      ddlCourse.DataSource = ds.Tables[0].DefaultView;
      ddlCourse.DataTextField = "课程名";               //下拉列表框的每项显示课程名称
      ddlCourse.DataValueField = "课程号";              //下拉列表框每项的值为课程编号
      ddlCourse.DataBind();
      }
private void BindGridView()
  {
      SqlConnection conn = new SqlConnection(ConfigurationManager. ConnectionStrings["Conn-
ectionString1"]. ConnectionString);
      SqlCommand cmd = conn.CreateCommand();
      cmd.CommandText = "SELECT 学生.学生号,姓名,年级,专业,成绩 FROM 学生,选课,课程 WHERE 学生.学生
号 = 选课.学生号 AND 选课.课程号 = 课程.课程号 AND 课程.课程号 = '" + ddlCourse.SelectedValue + "'";
      conn.Open();                                        //打开连接对象,建立到数据库的连接
      //建立 DataReader 对象迅速获取查询结果
      SqlDataReader dr = cmd.ExecuteReader();
      GridView1.DataSource = dr;
      GridView1.DataBind();
      conn.Close();
  }
protected void ddlCourse_SelectedIndexChanged(object sender, EventArgs e)
  {
      BindGridView();
  }
protected void ButSC_Click(object sender, EventArgs e)
  {
```

```
SqlConnection conn = new SqlConnection(ConfigurationManager. ConnectionStrings["Conne-
ctionString1"].ConnectionString);
SqlCommand cmd = conn.CreateCommand();
string courseID = ddlCourse.SelectedValue;        //课程号
int score;
string stuID;
conn.Open();
int i;
for (i = 0; i < GridView1.Rows.Count; i++)
  {
    score = int.Parse(((TextBox)GridView1.Rows[i].FindControl("txtScore")). Text.Trim());
                                        //取出学生成绩
    stuID = GridView1.Rows[i].Cells[0].Text;
    cmd.CommandText = "UPDATE 选课 SET 成绩 = " + score + " WHERE 学生号 = '" + stuID +
"' AND 课程号 = '" + courseID + "'";
    cmd.ExecuteNonQuery();
  }
conn.Close();
Label2.Text = "成功录入学生成绩!";
}
```

对于几个按钮的 Click 事件不再赘述。

教师录入成绩页面的运行结果如图 14-36 和图 14-37 所示。

图 14-36　运行教师录入成绩页面

图 14-37　教师成功提交成绩

14. 学生选修课程页面

学生选修课程页面(studentElect. aspx)只有学生用户可以进入,学生用户在此页面可以选修自己想选的课程和退选已选的课程。

学生选修课程页面采用 GridView 控件显示所有此学生可选的课程和已选的课程。首先添加两个 GridView 控件,分别为它们设置可选的课程和已选的课程作为数据源,并分别在每个 GridView 控件的"编辑列"选项加入一个 ButtonField 按钮,将 GridView1 控件命名为"Selt"、文本显示为"选修",如图 14-38 所示,将 GridView2 控件命名为"Tui"、文本显示为"退选",然后使用后台代码实现选修和退选功能。

通过此页面还可以引导学生用户查询个人成绩和修改个人密码,也可以退出本系统。其设计界面如图 14-39 所示。

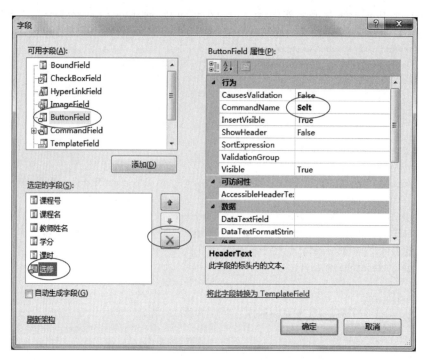

图 14-38　GridView 控件的"选修"按钮设计

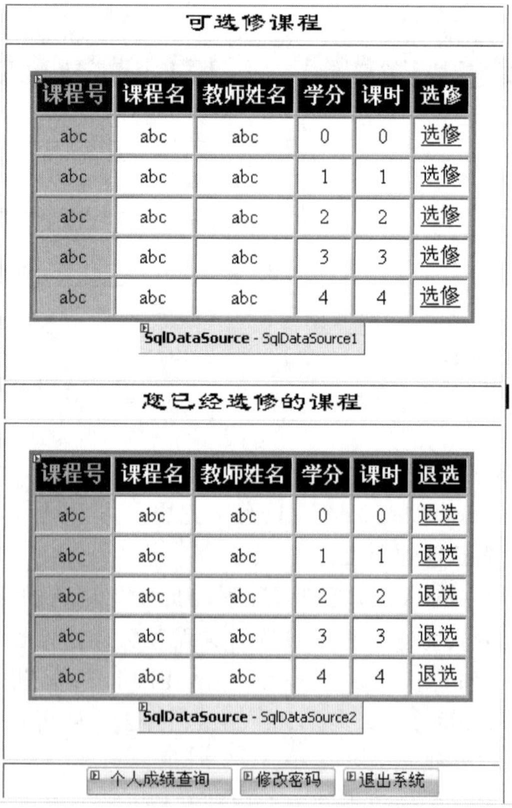

图 14-39　学生选修课程页面的前台设计界面

学生选修课程页面的后台功能代码如下：

```
protected void Page_Load(object sender, EventArgs e)
  {
    //设置只有学生用户可以进入
    if ((string)Session["userRole"] != "1")
    Response.Redirect("Login.aspx");
    }
//GridView1 控件的 RowCommand 事件
protected void GridView1_RowCommand(object sender, GridViewCommandEvent Args e)
{
  if (e.CommandName == "Selt")                    //如果单击的是"选修"按钮
  {
    int index = Convert.ToInt32(e.CommandArgument); //取出选修课程所在的行索引
    string courseID = GridView1.DataKeys[index].Values[key].ToString().Trim();
    //取出课程号主键值
    string connStr = ConfigurationManager.ConnectionStrings["ConnectionString1"].Connecti-
onString;
    string SqlStr = "INSERT INTO 选课(学生号,课程号) values('" + (string)Session ["userName"]
+ "','" + courseID + "')";
    SqlConnection conn = new SqlConnection(connStr); //创建连接对象
    conn.Open();
    SqlCommand comm = new SqlCommand(SqlStr, conn);
    comm.ExecuteNonQuery();                        //执行插入选修课程
    conn.Close();
  }
}
//GridView2 控件的 RowCommand 事件
protected void GridView2_RowCommand(object sender, GridViewCommandEvent Args e)
{
  if (e.CommandName == "Tui")                      //如果单击的是"退选"按钮
  {
    int index = Convert.ToInt32(e.CommandArgument); //取出选修课程所在的行索引
    string courseID = GridView2.DataKeys[index].Values[0].ToString().Trim();
    //取出课程号主键值
    string userName = Session["userName"].ToString();
    string connStr = ConfigurationManager.ConnectionStrings["ConnectionString1"].Connecti-
onString;
    string SqlStr = "DELETE FROM 选课 WHERE 学生号 = '" + userName + "' AND 课程号 = '" + courseID
+ "'"; ;
    SqlConnection conn = new SqlConnection(connStr);  //创建连接对象
    conn.Open();
    SqlCommand comm = new SqlCommand(SqlStr, conn);
    comm.ExecuteNonQuery();                          //执行删除选修课程
    conn.Close();
  }
}
```

对于几个按钮的 Click 事件不再赘述。

学生选修课程页面的运行结果如图 14-40 所示。

图 14-40　学生选修课程页面的运行结果

15. 学生个人成绩查询页面

学生个人成绩查询页面（studentQueryScore. aspx）只有学生用户可以进入，学生用户在此页面可以查看自己所选的每门课程的考试成绩。

学生个人成绩查询页面采用 GridView 控件显示进行查询的学生的考试成绩情况。首先添加一个 GridView 控件，然后使用后台代码实现查询数据与此控件的绑定。通过此页面还可以引导学生用户进入选修课程页面和修改个人密码，其设计界面如图 14-41 所示。

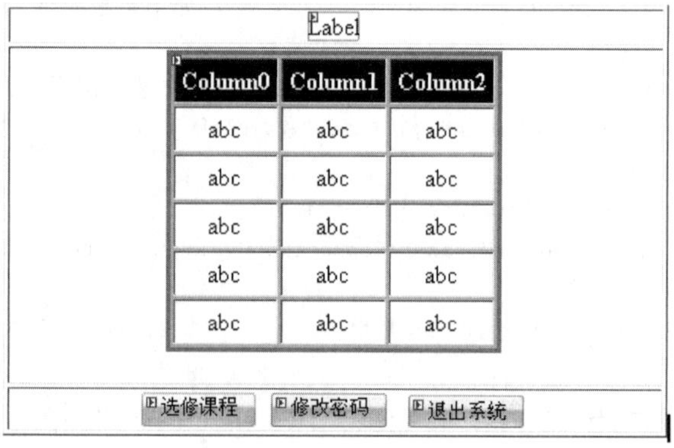

图 14-41　学生个人成绩查询页面的前台设计界面

学生个人成绩查询页面的后台功能代码如下：

```
protected void Page_Load(object sender, EventArgs e)
  {
    //设置只有学生用户可以进入
    if ((string)Session["userRole"] != "1")
```

```
      Response.Redirect("Login.aspx");
      SqlConnection conn = new SqlConnection(ConfigurationManager. ConnectionStrings
      ["ConnectionString1"].ConnectionString);      //创建连接对象
      SqlCommand cmd = conn.CreateCommand();
      //调用函数 stuscore
      cmd.CommandText = "select * from stuscore(" + (string)Session["username"] + ")";
       //打开连接对象
      conn.Open();
       //建立 DataReader 对象迅速获取查询结果
      SqlDataReader dr = cmd.ExecuteReader();
      GridView1.DataSource = dr;
      GridView1.DataBind();
      dr.Close();
      SqlCommand cmd1 = conn.CreateCommand();
      cmd1.CommandText = "SELECT 姓名 FROM 学生 WHERE 学生号 ='" + (string)Session["username"] + "'";
      SqlDataReader dr1 = cmd1.ExecuteReader();
      dr1.Read();
      Label1.Text = "学生" + (string)dr1[0] + "的考试成绩";
      conn.Close();
        }
```

对于几个按钮的 Click 事件不再赘述。

学生个人成绩查询页面的运行结果如图 14-42 所示。

图 14-42　学生个人成绩查询页面的运行结果

16. 修改密码页面

对于修改密码页面(ModifyPwd.aspx),所有登录用户都可以进入,登录用户在此页面可以修改自己的登录密码。

修改密码页面的前台界面使用表格和各种 ASP.NET 控件(如 TextBox、Button 等)来实现,如图 14-43 所示。

图 14-43　修改密码页面的前台界面

修改密码页面的后台功能代码如下:

```
protected void Page_Load(object sender, EventArgs e)
{
    //设置只有登录用户可以进入
    if (this.Session["userName"] == null)
      {
          Response.Redirect("Login.aspx");
```

```
        }
    }
//修改密码按钮事件
protected void imgBtnConfirm_Click(object sender, ImageClickEventArgs e)
    {
        //取参数
        string userName = Session["userName"].ToString();
        string oldPwd = txtOldPwd.Text.Trim();
        string newPwd = txtNewPwd.Text.Trim();
        string selectStr = "";
        string updateStr = "";
        switch (Session["userRole"].ToString())
         {
            case "0":                                    //身份为教师时
              selectStr = "SELECT * FROM 教师 WHERE 教师号 = '" + userName + "' AND 密码 = '" +
        oldPwd + "'";
              updateStr = "UPDATE 教师 SET 密码 = '" + newPwd + "' WHERE 教师号 = '" + userName + "'";
              break;
            case "1":                                    //身份为学生时
              selectStr = "SELECT * FROM 学生 WHERE 学生号 = '" + userName + "' AND 密码 = '" +
        oldPwd + "'";
              updateStr = "UPDATE 学生 SET 密码 = '" + newPwd + "' WHERE 学生号 = '" + userName + "'";
              break;
            case "2":                                    //身份为管理员时
              selectStr = "SELECT * FROM 管理员 WHERE 管理员账号 = '" + userName + "' AND 密码 = '" +
        oldPwd + "'";
              updateStr = "UPDATE 管理员 SET 密码 = '" + newPwd + "' WHERE 管理员账号 = '" +
        userName + "'";
              break;
          }
SqlConnection conn = new SqlConnection (ConfigurationManager. ConnectionStrings [ " Con-
ectionString1"].ConnectionString);
SqlCommand selectCmd = new SqlCommand(selectStr, conn);
conn.Open();
SqlDataReader sdr = selectCmd.ExecuteReader();
if (sdr.Read())                                  //如果用户存在且输入密码正确,修改密码
    {
        sdr.Close();
        SqlCommand updateCmd = new SqlCommand(updateStr, conn);
        int i = updateCmd.ExecuteNonQuery();
        if (i > 0)                               //根据修改后返回的结果给出提示
          {
              Label1.Text = "成功修改密码";
          }
        else
          {
              Label1.Text = "修改密码失败!";
          }
    }
    else
    {
        Response.Write("您输入的旧密码错误,检查后重新输入!");
```

```
        }

    conn.Close();
    }
    protected void imgBtnReset_Click(object sender, ImageClickEventArgs e)
      {
          txtOldPwd.Text = "";
          txtNewPwd.Text = "";
          txtConfirmPwd.Text = "";
      }
```

习　题　14

1. 简述 C♯ 语言的特点。

2. 简述 ADO.NET 对象模型的 5 个主要组件。

3. 简述 ADO.NET 访问数据库的两种方法。

4. 使用 C♯ 语言通过 ASP.NET 技术创建一个"仓库库存管理系统"的数据库应用系统。包括进货录入、产品库存查询、产品库存维护、出货等功能。数据库的设计过程和程序的开发全部由读者自行完成。

图书资源支持

感谢您一直以来对清华版图书的支持和爱护。为了配合本书的使用，本书提供配套的资源，有需求的读者请扫描下方的"书圈"微信公众号二维码，在图书专区下载，也可以拨打电话或发送电子邮件咨询。

如果您在使用本书的过程中遇到了什么问题，或者有相关图书出版计划，也请您发邮件告诉我们，以便我们更好地为您服务。

我们的联系方式：

地　　址：北京市海淀区双清路学研大厦 A 座 714

邮　　编：100084

电　　话：010-83470236　　010-83470237

客服邮箱：2301891038@qq.com

QQ：2301891038（请写明您的单位和姓名）

资源下载：关注公众号"书圈"下载配套资源。

资源下载、样书申请	图书案例	
书圈	清华计算机学堂	观看课程直播